化学工业出版社“十四五”普通高等教育规划教材

简明物理化学实验

JIANMING
WULI HUAXUE
SHIYAN

任冬梅 李 慧 李亚航 赵 岩 主编

化学工业出版社
·北 京·

内容简介

《简明物理化学实验》主要分为三个部分。第一部分是物理化学实验基础知识，涵盖了物理化学实验的目的、要求、安全知识，以及误差分析及计算机软件在数据处理中的应用。第二部分包含28个实验项目。第三部分则是物理化学实验习题，书的末尾还附有物理化学实验常用的数据表。

书中不仅包含了物理化学的经典实验内容，还有旨在培养综合能力的设计性实验项目。每个实验项目详细阐述了八个方面：实验目的、预习要求、实验原理、仪器及试剂、实验步骤、注意事项、数据记录和处理以及思考题。这样的结构设计是为了培养学生的动手操作能力、逻辑思维能力以及将理论知识应用到实践中的创新能力。

本书适合作为化学专业及相关专业的本科生教材，同时也可供相关领域的专业人员参考使用。

图书在版编目（CIP）数据

简明物理化学实验 / 任冬梅等主编. -- 北京 : 化学工业出版社，2025. 12. --（化学工业出版社"十四五"普通高等教育规划教材）. -- ISBN 978-7-122-49625-6

Ⅰ. O64-33

中国国家版本馆CIP数据核字第2025VX5041号

责任编辑：汪　靓　　　文字编辑：杨凤轩　师明远
责任校对：边　涛　　　装帧设计：史利平

出版发行：化学工业出版社
（北京市东城区青年湖南街13号　邮政编码100011）
印　　装：三河市航远印刷有限公司
787mm×1092mm　1/16　印张12¾　字数315千字
2026年1月北京第1版第1次印刷

购书咨询：010-64518888　　售后服务：010-64518899
网　　址：http://www.cip.com.cn
凡购买本书，如有缺损质量问题，本社销售中心负责调换。

定　　价：38.00元

前言

物理化学实验是化学专业的主要实验课程之一，在化学、化工、环境、材料等相关专业人才培养中扮演着至关重要的角色。近年来，随着物理化学研究方法的进步，实验教学中引入了更多数字化和智能化的仪器设施。为响应国家对创新人才培养的战略需求，渤海大学化学与材料工程学院的物理化学教学团队基于长期的教学经验，借鉴省级一流课程建设经验，并吸纳国内其他高校在物理化学实验教学改革中的优秀成果，考虑到地方院校物理化学实验室的普遍条件，精心编写了这本教材。

本教材分为基础知识、实验和习题三大部分。基础知识部分详细介绍了物理化学实验的目的、要求、安全知识，以及误差分析方法及计算机软件在数据处理中的应用；实验部分包含 28 个实验项目，其中 23 个为基础实验，全面覆盖了化学热力学、电化学、化学动力学、胶体及表面化学等领域，另外 5 个为综合型实验项目，涉及化工生产和科研领域的最新成果。本教材旨在反映物理化学实验教学内容、方法和手段的最新进展，全面提升学生的实验技能及初步科学研究能力。

本教材具有以下特点：首先，选用国内多数地方院校物理化学实验室标准配置的仪器设备，并在每个实验的附录中对相关设备进行进一步阐述。其次，实验内容融合了我们多年物理化学实验教学改革的经验与成果，如在“燃烧热的测定”实验中，采用的样品准备技巧——穿针引线法，有效提升了实验的成功率。最后，我们精选了一系列经典实验习题，旨在加强学生的实验操作技能，并对物理化学研究生入学考试中的实验题目复习提供帮助。

在编写本书的过程中，我们参考了众多物理化学实验教材和辅导书籍。在此，我们向这些资料的作者们、试题库的贡献者表示衷心的感谢。本书中使用的专有名词、公式符号和基础数据均与南京大学傅献彩教授主编的《物理化学》（第六版）保持一致。

鉴于编者能力所限，书中难免存在疏漏和不足，恳请广大读者不吝赐教。

编者

2025 年 7 月于渤海大学

目录

第一章
物理化学实验基础知识

第一节　物理化学实验目的及要求

物理化学实验是研究化学基本理论和问题的重要手段。这些实验的特点是综合运用物理学和化学领域的实验技术及数学手段，来探索物质的性质和化学反应的规律。物理化学实验课程是化学专业基础实验课程的重要部分，与无机化学实验、有机化学实验和分析化学实验共同构建了完整的化学专业实验教学体系。物理化学实验的教学任务是通过严格且定量的实验训练，加强学生的实验技能和科研能力，促进从知识学习向科研工作的过渡。

一、实验目的

① 掌握物理化学实验的基本实验方法和实验技术，主要包括温度测量、热化学测量、电学测量、光学测量及磁学测量。学会一些常用实验仪器的操作，了解近代大中型仪器在物理化学实验中的应用，培养学生的动手能力。

②通过实验操作、现象观察和数据处理，锻炼学生分析问题、解决问题的能力。

③加深对物理化学基本原理的理解，并通过研究性、综合型实验，使学生得到科学实验的综合训练，培养研究和创新思维，以及独立工作的能力及科研能力。

④ 通过本课程的学习，进一步培养学生实事求是的科学态度、刻苦钻研的科学精神和严谨的科学作风。

二、验证性实验要求

验证性实验是科学研究中用于检验已有理论、假设或现象可靠性的实验类型，其核心目标是确认特定结论是否成立，而非探索未知规律。

1. 实验前的预习

在进入实验室之前，必须仔细阅读实验内容及基础知识与技术部分的相关资料。明确本次实验中采用的实验方法、仪器、实验条件和测定的物理量等。结合实验讲义和有关参考资料写出预习报告。预习报告的内容包括：实验目的、简单原理、操作步骤和注意事项、原始数据记录表格及数据处理的方法。

2. 实验操作与记录

实验准备：进入实验室后，根据实验分组到达指定实验台，记录实验条件，如室温和大气压。根据预习内容核对主要仪器的名称、型号、编号以及主要试剂的级别和浓度等。发现问题及时向指导教师提出。对照仪器进一步预习，接受教师的提问并听取讲解。在教师指导下做好实验准备工作。

实验操作：整个实验过程应认真、仔细、严格按实验操作规程进行。在实验过程中要认真观察和记录实验现象，认真分析和思考问题。发现异常现象应仔细查明原因，或请教指导教师帮助分析处理。实验结果必须经教师检查，数据不合格的应重做，直至获得满意结果。要养成良好的记录习惯，实验数据应记录于预习报告的数据记录表中，不得使用零散纸张随意记录。记录内容要包括：环境条件、实验条件和试剂、仪器条件（如大气压、室温、实验温度及压力、试剂名称、试剂浓度等）。因为实验结果与实验条件有密切的关系，它可提供分析实验中出现的问题及误差大小的重要依据。数据记录尽量采用表格形式，做到整洁、清楚，不随意涂改。实验过程中，严格按照操作规程使用仪器，不得擅自拆卸仪器或做其他测试。

实验结束：清洗核对仪器，关闭水及电源，经指导教师同意后，方可离开实验室。

3. 实验报告的完成

实验报告是整个实验的总结，完成实验报告是物理化学实验的一个重要组成部分。学生应在规定时间内独立完成实验报告，及时送指导教师批阅。一份完整的实验报告应包括如下内容：实验目的及简明原理、实验仪器和实验条件、具体操作步骤及流程图、原始数据、数据处理、结果讨论和思考题。数据处理应有处理步骤，而不是只列出处理结果。结果讨论应包括对实验现象的分析解释、查阅文献的情况、对实验结果误差的定性分析或定量计算、实验的心得体会及对实验的改进意见等。这是实验报告中的重要一项，可以锻炼学生分析问题的能力。

三、设计型实验要求

设计型实验并非基础实验的简单重复，而是对其的提高和深化，旨在培养学生的科研能力和创新精神。在教师指导下，学生选择实验课题，应用已学的物理化学实验原理、方法和技术，查阅文献资料，独立设计实验方案，选择合理的仪器设备，组装实验装置，并进行独立的实验操作。最终以科学论文的形式撰写实验报告。由于设计型实验与科学研究在设计思路、测量原理和方法上有许多相似之处，因此，对学生进行设计型实验的训练，可以较全面地提升他们的实验技能和综合素质，对于初步培养科学研究能力至关重要。

1. 设计型实验的一般步骤

选择课题：在教材提供的设计型实验题目中选择感兴趣的题目，或自行确定实验题目。自行选题时，难度不宜过大，花费不宜过多，可从扩大实验内容、改进实验方法、提高实验精确度及开辟新的物理化学实验等方面考虑。

查阅文献：查阅包括实验原理、实验方法、仪器装置等方面的文献，并对不同方法进行对比、综合和归纳。

拟定方案：设计方案应包括实验装置示意图、详细的实验步骤、所需仪器和药品清单等。在满足实验要求的前提下，力求设备简单、操作方便、安全可靠。尽量选择适用价廉、无毒的药品和不造成环境污染的反应体系。并在实验开始前一周进行实验可行性论证，请老师和同学提出问题，优化实验方案。

进行实验：提前一周前往实验室准备实验仪器和药品。实验过程中注意随时观察实验现象，准确记录测量数据，考察影响因素。遇到异常情况要客观分析，寻找解决方法，并及时与指导教师交流沟通，反复进行实验直到成功。

处理数据：综合处理实验数据，根据实验现象进行误差分析，按科学论文形式撰写有一定见解的实验报告并进行交流答辩。

2. 设计型实验报告的要求

设计型实验报告应包括以下内容：报告封面、分工介绍、以学术论文形式书写的实验报告、设计方案、原始数据和参考文献。要求所查文献至少包括一篇外文文献。

第二节　物理化学实验的安全知识

化学是一门实验科学，实验室的安全至关重要。化学实验室里常常存在潜在的危险，包括爆炸、着火、中毒、灼伤、割伤和触电等。因此，实验者必须掌握实验安全知识，并学会基本的应急措施来防止事故的发生。针对物理化学实验的特点，我们将介绍一些安全用电常识、化学药品的安全防护措施以及高压钢瓶的使用及相关注意事项。

一、安全用电常识

物理化学实验使用的电器较多，违章用电可能导致仪器设备损坏、火灾甚至人身伤亡等严重事故。因此，安全用电至关重要，实验室内必须严格遵守安全用电规则。

1. 防止触电

① 不用潮湿的手接触电器。

② 电源裸露部分应有绝缘装置，例如电线接头处应裹上绝缘胶布。

③ 所有电器的金属外壳都应保护接地。

④ 实验时，应先连接好电路后再接通电源；实验结束时，先切断电源再拆线路。

⑤ 修理或安装电器时，应先切断电源。

⑥ 不能用试电笔去试高压电。使用高压电源时应有专门的防护措施。

⑦ 如有人触电，应迅速切断电源，然后进行抢救。

2. 防止火灾

① 使用的保险丝要与实验室允许的用电量相符。

② 电线的安全通电量应大于用电功率。

③ 室内若有氢气、煤气等易燃易爆气体，应避免产生电火花。继电器工作和开关电闸时，易产生电火花，需特别小心。电器接触点（如电插头）接触不良时，应及时修理或更换。

④ 如遇电线起火，立即切断电源，用沙或二氧化碳、四氯化碳灭火器灭火，禁止用水或泡沫灭火器等导电液体灭火。

3. 防止短路

① 线路中各连接点应牢固，电路元件两端接头不要互相接触，以防短路。

② 电线、电器不要被水淋湿或浸在导电液体中，例如实验室加热用的灯泡接口不要浸在水中。

4. 电器仪表的安全使用

① 在使用前，先了解电器仪表要求使用的电源类型（交流电或直流电）、相数（三相电或单相电）及电压大小（380V、220V、110V 或 6V）。须确认电器功率是否符合要求及直流电器仪表的正、负极是否连接正确。

② 仪表量程应大于待测量值。若待测量大小不明时，应从最大量程开始测量。

③ 实验之前要检查线路连接是否正确，经教师检查同意后方可接通电源。

④ 在电器仪表使用过程中，如发现有不正常声响、局部温升或嗅到绝缘漆过热产生的焦味，应立即切断电源，并报告教师进行检查。

二、化学药品的安全防护措施

1. 防毒

实验前，应了解所用药品的毒性及防护措施。操作有毒化学药品应在通风橱内进行，避免与皮肤接触。剧毒药品应妥善保管并小心使用，不要在实验室内喝水、吃东西。离开实验室时要洗净双手。

2. 防爆

可燃气体与空气混合后，当其浓度处于爆炸极限范围内时，若遇到热源（例如电火花），则可能引发爆炸。具体的一些气体爆炸极限数据请参见表 1。

表 1　与空气相混合的某些气体的爆炸极限（20 ℃，101325 Pa）

气体	爆炸高限/%	爆炸低限/%	气体	爆炸高限/%	爆炸低限/%
氢	74.2	4	醋酸	—	4.1
乙烯	28.6	2.8	乙酸乙酯	11.4	2.2
乙炔	80	2.5	一氧化碳	74.2	12.5
苯	6.8	1.4	水煤气	72	7
乙醇	19	3.3	煤气	32	5.3
乙醚	36.5	1.9	氨	27	15.5
丙酮	12.8	2.6			

① 使用可燃性气体时，要防止气体逸出，室内通风要良好。

② 操作大量可燃性气体时，严禁同时使用明火，还要防止发生电火花及其他撞击火花。

③ 有些药品如叠氮铝、乙炔银、乙炔铜、高氯酸盐、过氧化物等受震和受热都易引起爆炸，要特别小心使用。

④ 严禁将强氧化剂和强还原剂放在一起。

⑤ 久藏的乙醚使用前应除去其中可能产生的过氧化物。

⑥ 进行容易引起爆炸的实验，应有防爆措施。

3. 防火

在实验室中操作易燃有机溶剂，如乙醚和丙酮时，必须确保室内无明火或电火花，以防止火灾的发生。使用后，这些溶剂需及时回收处理，不得随意倒入下水道，以免挥发聚集引发火灾。同时，实验室内不宜存放过量的这类化学品。对于那些易氧化自燃的物质，如磷、金属钠以及具有较大比表面积的金属粉末（例如铁、铝等），在保存和使用时需要特别小心。

面对实验室火灾，应保持冷静，并根据具体情况选择合适的灭火剂。以下是几种不宜使用水灭火的情况：遇到金属钠、钾、镁、铝粉、电石、过氧化钠等物质起火时，应使用干沙等非水性灭火材料；对于密度低于水的易燃液体火灾，应采用泡沫灭火器；若火源涉及灼烧的金属或熔融物质，应选用干沙或干粉灭火器；而对于电器设备或带电系统起火，应使用二氧化碳或四氯化碳灭火器。始终遵循实验室安全指南，确保在紧急情况下能够迅速而正确地采取行动，保障实验室的安全。

4. 防灼伤

强酸、强碱、强氧化剂、溴、磷、钠、钾、苯酚和冰醋酸等物质都可能腐蚀皮肤。特别要注意防止这些物质溅入眼睛。液氧和液氮等低温物质也会严重灼伤皮肤，因此在使用时要格外小心。如果不幸发生灼伤，应立即寻求医疗帮助。

5. 汞的安全使用

汞中毒分为急性和慢性两种类型。急性中毒通常由摄入高浓度的汞盐（例如 $HgCl_2$）引起，其中 0.1～0.3 g 的剂量就足以致命（对于成年人）。吸入汞蒸气则可能导致慢性中毒，其症状包括食欲不振、恶心、便秘、贫血、骨骼与关节疼痛以及精神衰弱等。值得注意的是，汞蒸气的最大安全浓度为 $0.1\ mg \cdot m^{-3}$，而在 20 ℃时，汞的饱和蒸气压约为 0.16 Pa，这意味着在常温下空气中的汞含量已远超安全浓度约 130 倍。因此，在使用汞的过程中必须严格遵守以下操作规程：

① 存储汞时应选用厚壁玻璃器皿或瓷器作为容器，并在汞表面覆盖一层水以防其直接暴露于空气之中，同时应将容器置于远离热源的位置。所有涉及移动汞的操作都应在装有水的浅瓷盘中完成。

② 任何装有汞的实验装置下方均需放置一个浅瓷盘以防止汞滴落至桌面或地面。如果不慎有汞溢出，首先利用吸管尽可能地回收散落的汞珠，然后向受影响区域撒上硫黄粉并摩擦使其转化为硫化汞（HgS）；另外也可以采用高锰酸钾（$KMnO_4$）溶液来进行氧化处理。接触过汞的所有物品，比如滤纸，都应该放入盛有清水的瓷缸内妥善处置。

③ 实验室内应当配备有效的通风设施以确保良好的空气质量；此外，当手上有伤口时，应避免直接触摸汞以减少健康风险。

三、高压钢瓶的使用及相关注意事项

（1）高压钢瓶的使用

钢瓶充气后，压力可达 150 MPa，其构造图如图 1 所示。使用钢瓶时必须配备气体减压阀，其结构原理如图 2 所示。顺时针旋转调节螺杆 1 时，会压缩主弹簧 2，进而通过弹簧垫块 3、薄膜和顶杆 5 打开活门，此时进口的高压气体（其压力由高压表指示）从高压室经活门调节减压后进入低压室（其压力由低压表 10 指示）。达到所需压力后停止转动调节螺杆，并开启供气阀输送气体至受气系统。

停止用气时，逆时针转动调节螺杆 1 可使主弹簧 2 恢复原状，活门 9 在压缩弹簧 8 的作用下关闭。若调节压力超出允许范围或减压阀出现故障，则安全阀 6 将自动开启以排放气体。

安装减压阀前需确认尺寸规格匹配钢瓶及工作系统的接头。初步用手拧紧螺纹后，再用扳手加固以防漏气。如有泄漏情况发生，应进一步旋紧螺纹或更换密封皮垫。

在打开钢瓶开关之前，务必确保低压表压力调节螺杆 1 处于完全松开状态（即逆时针旋松，手柄未被顶紧），然后才能缓慢开启钢瓶开关。使用完毕后，应先关闭钢瓶开关，待压力表读数归零后再关闭调压阀门（即松开手柄）。

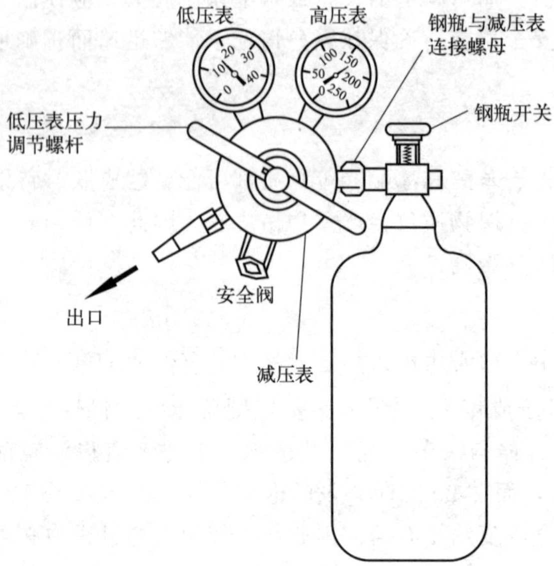

图 1 高压钢瓶结构图

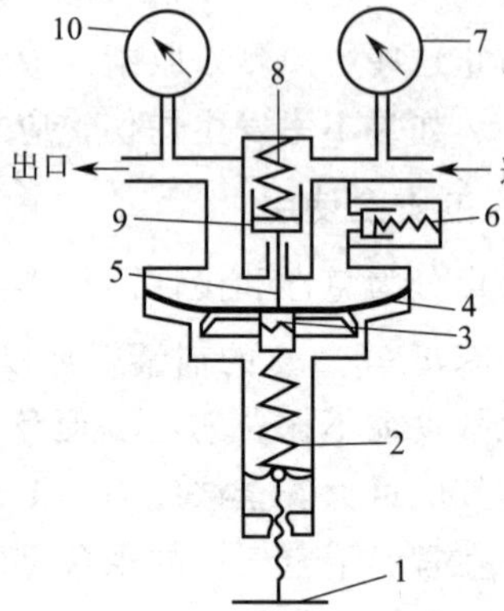

图 2 减压阀工作原理图

1—低压表压力调节螺杆；2—主弹簧；3—弹簧垫块；4—传动装置；5—顶杆；6—安全阀；7—高压表；8—压缩弹簧；9—活门；10—低压表

（2）高压钢瓶的相关注意事项

① 钢瓶应存放在阴凉、干燥、远离热源的地方。可燃性气体钢瓶应与氧气瓶分开存放。

② 搬运钢瓶要小心轻放，钢瓶帽要旋上。

③ 使用时应装减压阀和压力表。可燃性气体（如 H_2、C_2H_2）钢瓶的气门螺丝为反丝，不燃性或助燃性气体（如 N_2、O_2）钢瓶的为正丝。各种压力表一般不可混用。

④ 不要让油或易燃有机物沾在钢瓶上（特别是钢瓶出口和压力表上）。

⑤ 开启总阀门时，不要将头或身体正对总阀门，防止阀门或压力表冲出伤人。

⑥ 不可把钢瓶内气体全部用完，以防重新充气时发生危险。

⑦ 使用中的钢瓶每两年应检查一次，装腐蚀性气体的钢瓶也应每两年检查一次，不合格的钢瓶不可继续使用。

⑧ 氢气瓶应放在远离实验室的专用小屋内，通过安全的方式引入实验室，并安装防止回火的装置。

第三节 物理化学实验中的误差及数据的表达

一、误差及误差分类

由于实验方法的可靠性、所用仪器的精度以及实验者感官限制等因素，所有测量都会存在一定的误差——即测量值与真实值之间存在差异。因此，研究误差产生的原因及其变化规律十分重要，弄清这些才能在合理利用资源的情况下获取可靠的实验数据。通过对这些数据进行整理（如制表）、可视化展示（例如绘制图表）以及构建数学模型等方式处理，原始数据可转化为具有实际应用价值的信息，这对于科学研究至关重要。

根据误差的性质，它可以分为以下三种类型。

1. 系统误差（恒定误差）

当在同一条件下多次测量同一物理量时，如果发现每次测量的误差大小和方向保持不变或遵循某种特定模式变化，则称这种误差为系统误差。造成此类现象的原因可能包括实验设计上的缺陷（比如采用了近似计算公式）、设备故障（如电表指针未校准至零点、温度计刻度不准）或者操作不当（如观察角度不正确）。通过改变实验设置可以检测出是否存在系统误差，并针对其成因采取相应措施予以修正。

2. 过失误差（粗大误差）

这类误差通常是人为因素导致的，表现为记录的数据明显偏离实际情况且没有规律可循。加强培训以提高工作人员责任感是预防此类误差产生的有效手段之一。一旦识别出含有此类误差的数据点，应立即从样本集中移除以保证整体质量。

3. 偶然误差（随机误差）

即使在严格控制外部条件不变的情况下重复执行同一个测试项目，每次得到的结果也仍然会有所不同；但长期来看，随着样本数量增加，平均值会逐渐接近于理论预期值。这种情况通常被认为是由环境波动（如气压变化、室温起伏）或个人感知能力局限（例如难以精确读取小于仪器最小刻度单位的信息）所引起的。尽管无法完全消除，但可以通过增加观测次数等方式减少其影响程度。

二、测量的准确度与精密度

准确度是指测量结果与真实值之间的接近程度，而真实值通常是通过消除系统误差，并结合多次测量所得的算术平均值，或是依据文献中公认的数值来确定的。

精密度则涉及测量结果的一致性以及有效数字的精确度。尽管准确度和精密度是两个截然不同的概念，但它们之间存在联系：尽管高精密度并不直接等同于高准确度，但要实现高准确度，通常需要建立在高精密度的基础之上。图 3 进一步阐释了这两个概念之间的区别。

例如，在使用 $1\ \mathrm{mg \cdot L^{-1}}$ 的标准溶液进行测定时，甲得到的结果分别是 $0.95\ \mathrm{mg \cdot L^{-1}}$、$0.99\ \mathrm{mg \cdot L^{-1}}$ 和 $1.03\ \mathrm{mg \cdot L^{-1}}$，乙测得的结果分别为 $1.73\ \mathrm{mg \cdot L^{-1}}$、$1.74\ \mathrm{mg \cdot L^{-1}}$ 和 $1.75\ \mathrm{mg \cdot L^{-1}}$。甲的测量结果更接近于真实值，显示出较高的准确度，但其测量结果的变异性较大，精密度不如乙。相比之下，乙的测量结果显示出极高的一致性，精密度较高，重现性良好，然而其测量值与真实值的偏差较大，准确度不如甲。这一对比清晰地展示了准确度与精密度之间的差异。

三、误差的表达方法

1. 绝对误差及相对误差

绝对误差衡量的是测量值与真实值之间的接近程度，反映了测量的准确度。其表达方式可以是 δ 或 σ，其中 δ 代表平均误差，σ 代表标准误差。通常，这些值以一位有效数字（最多两位）来表示。

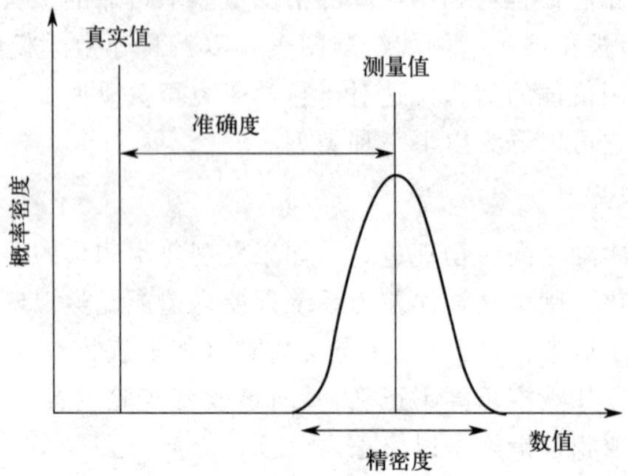

图 3　概率密度函数图

相对误差则描述了测量值的精密度，即各次测量值之间的接近程度。其计算公式如下：

相对平均误差 $=\pm\frac{\delta}{\bar{x}}\times100\%$

相对标准误差 $=\pm\frac{\sigma}{\bar{x}}\times100\%$

2. 误差的表达方式

误差通常通过以下三种方式来表达：

（1）平均误差

平均误差的计算公式为：$\delta=\frac{\sum|d_i|}{n}$，其中 d_i 为测量值 x_i 与算术平均值 $\bar{x}$ 之差，n 为测量次数，且 $\bar{x}=\frac{\sum x_i}{n}$，$i=1，2，\cdots，n$。以下同上。

（2）标准误差（或称均方根误差）

标准误差的计算公式为 $\sigma=\sqrt{\frac{\sum d_i^2}{n-1}}$，标准误差对测量中的较大或较小误差更为敏感，因此是衡量精度的更好方法，在现代科学中被广泛采用。

（3）或然误差

将或然误差 P 定义为 0.675σ。

平均误差的优点在于计算简便，但这种误差表达方式可能会掩盖一些质量不高的测量结果。相比之下，标准误差能够更敏感地反映测量中的误差，因此在现代科学中更为常用。

3. 偶然误差的统计规律和可疑值的舍弃

偶然误差符合正态分布规律，即正、负误差具有对称性。所以，只要测量次数足够多，在消除了系统误差和过失误差的前提下，测量值的算术平均值趋近于真值 $\lim\limits_{n\to\infty}\bar{x}=x_{真}$。

一般测量次数不可能无限多，因此算术平均值通常不等于真值。人们常将测量值与算术平均值之差称为偏差，但这一术语常与误差混淆。

若以误差出现次数 N 对标准误差 σ 作图，会得到一条对称曲线（图 4）。统计结果显示，测量结果的偏差超过 3σ 的概率不大于 0.3%。根据小概率定理，任何大于 3σ 的测量结果都可以视为异常值并予以剔除。需要注意的是，这种方法严格适用于至少一百次的测量；对于15次以上的测量，可以粗略应用此规则。而对于10到15次的测量，建议使用2σ作为剔除标准；若测量次数更少，则应根据具体情况适当降低标准。

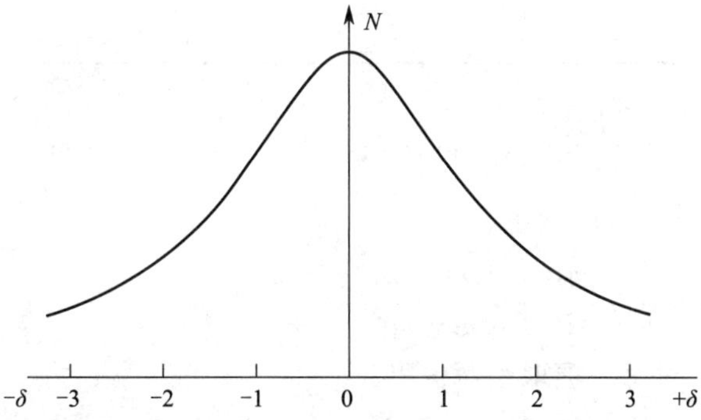

图4　正态分布误差曲线

4. 误差传递——间接测量结果的误差计算

测量可分为直接测量和间接测量两种。一切简单易得的量都可以直接测量出来，例如使用米尺测量物体的长度，或用温度计测量体系的温度等。对于较复杂且不易直接测得的量，我们可以通过直接测定简单量，然后按照一定的函数关系将它们计算出来。例如，在溶解热实验中，通过测量温度变化ΔT和样品质量W，代入公式$\Delta H=C\Delta T\dfrac{M}{W}$就可以求出溶解热$\Delta H$（其中$C$为溶液热容，$M$为溶质摩尔质量）。根据误差传递原理，直接测量值$\Delta T$、$W$的误差会共同影响最终溶解热结果的准确度。

误差传递遵循一定的基本公式。通过对间接测量结果误差的计算，我们可以知道哪个直接测量值的误差对间接测量结果影响最大。因此，可以有针对性地提高测量仪器的精度，从而获得更好的结果。

(1) 间接测量结果的平均误差和相对平均误差的计算

设有函数$u=f(x,y)$，其中x，y为可以直接测量的量。则

$$\mathrm{d}u=\left(\frac{\partial u}{\partial x}\right)_y \mathrm{d}x+\left(\frac{\partial u}{\partial y}\right)_x \mathrm{d}y$$

此为误差传递的基本公式。若Δu、Δx、Δy为u、x、y的测量误差，且设它们足够小，可以代替$\mathrm{d}u$、$\mathrm{d}x$、$\mathrm{d}y$，则得到具体的简单函数及其误差的计算公式，如表2所示。

表2　部分函数的平均误差和相对平均误差

函数关系	平均误差	相对平均误差
$y=x_1+x_2$	$\pm(\lvert\Delta x_1\rvert+\lvert\Delta x_2\rvert)$	$\pm\left(\dfrac{\lvert\Delta x_1\rvert+\lvert\Delta x_2\rvert}{x_1+x_2}\right)$
$y=x_1-x_2$	$\pm(\lvert\Delta x_1\rvert+\lvert\Delta x_2\rvert)$	$\pm\left(\dfrac{\lvert\Delta x_1\rvert+\lvert\Delta x_2\rvert}{x_1-x_2}\right)$
$y=x_1x_2$	$\pm(x_1\lvert\Delta x_2\rvert+x_2\lvert\Delta x_1\rvert)$	$\pm\left(\dfrac{\lvert\Delta x_1\rvert}{x_1}+\dfrac{\lvert\Delta x_2\rvert}{x_2}\right)$
$y=x_1/x_2$	$\pm\left(\dfrac{x_1\lvert\Delta x_2\rvert+x_2\lvert\Delta x_1\rvert}{x_2^2}\right)$	$\pm\left(\dfrac{\lvert\Delta x_1\rvert}{x_1}+\dfrac{\lvert\Delta x_2\rvert}{x_2}\right)$

续表

函数关系	平均误差	相对平均误差
$y=x^n$	$\pm nx^{n-1}\Delta x$	$\pm n\dfrac{\Delta x}{x}$
$y=\ln x$	$\pm\dfrac{\Delta x}{x}$	$\pm\dfrac{\Delta x}{x\ln x}$

例如计算函数 $x=\dfrac{8LRP}{\pi(m-m_0)rd^2}$ 的误差，其中 L、R、P、m、r、d 为直接测量值。

对上式取对数得：$\ln x=\ln 8+\ln L+\ln R+\ln P-\ln\pi-\ln(m-m_0)-\ln r-2\ln d$

微分得：$\dfrac{dx}{x}=\dfrac{dL}{L}+\dfrac{dR}{R}+\dfrac{dP}{P}-\dfrac{d(m-m_0)}{m-m_0}-\dfrac{dr}{r}-\dfrac{2dd}{d}$

考虑到误差积累，对每一项取绝对值得：

相对误差：$\dfrac{\Delta x}{x}=\pm\left(\dfrac{\Delta L}{L}+\dfrac{\Delta R}{R}+\dfrac{\Delta P}{P}+\dfrac{\Delta(m-m_0)}{m-m_0}+\dfrac{\Delta r}{r}+\dfrac{2\Delta d}{d}\right)$

绝对误差：$\Delta x=\dfrac{\Delta x}{x}\times\dfrac{8LRP}{\pi(m-m_0)rd^2}$

根据$\dfrac{\Delta L}{L}$、$\dfrac{\Delta R}{R}$、$\dfrac{\Delta P}{P}$、$\dfrac{\Delta(m-m_0)}{m-m_0}$、$\dfrac{\Delta r}{r}$、$\dfrac{2\Delta d}{d}$各项的大小，可以判断间接测量值 x 的最大误差来源。

(2) 间接测量结果的标准误差计算

若 $u=f(x,y)$，则函数 u 的标准误差为：

$$\sigma_u=\sqrt{\left(\frac{\partial u}{\partial x}\right)^2\sigma_x^2+\left(\frac{\partial u}{\partial y}\right)^2\sigma_y^2}$$

部分函数的标准误差列入表 3。

表 3 部分函数的标准误差和相对标准误差

函数关系	标准误差	相对标准误差
$u=x\pm y$	$\pm\sqrt{\sigma_x^2+\sigma_y^2}$	$\pm\dfrac{1}{\lvert x\pm y\rvert}\sqrt{\sigma_x^2+\sigma_y^2}$
$u=xy$	$\pm\sqrt{y^2\sigma_x^2+x^2\sigma_y^2}$	$\pm\sqrt{\dfrac{\sigma_x^2}{x^2}+\dfrac{\sigma_y^2}{y^2}}$
$u=\dfrac{x}{y}$	$\pm\dfrac{1}{y}\sqrt{\sigma_x^2+\dfrac{x^2}{y^2}\sigma_y^2}$	$\pm\sqrt{\dfrac{\sigma_x^2}{x^2}+\dfrac{\sigma_y^2}{y^2}}$
$u=x^n$	$\pm nx^{n-1}\sigma_y^2$	$\pm\dfrac{n}{x}\sigma_x$
$u=\ln x$	$\pm\dfrac{\sigma_x}{x}$	$\pm\dfrac{\sigma_x}{x\ln x}$

5. 有效数字的重要性

在记录测量结果时，我们必须确保记录的数字位数与所使用的测量仪器的精度相匹配。具体来说，记录的最后一个数字应该是仪器最小刻度范围内的估计值，这个数字被称为可疑值，而前面的数字则是准确值。将这些数字组合在一起，称之为有效数字。有效数字的位数是固定的，不能随意增加或减少。在进行间接测量时，我们需要通过特定的公式对直接测量值进行计算。在这一过程中，有效数字的处理应遵循以下规则：

① 误差通常只记录一位有效数字，最多不超过两位。

② 有效数字的位数越多，表示数值的精确度越高，相对误差也越小。

③ 如果首位数字是 8 或更大，那么在计算时，有效数字的总位数可以多计一位。例如，9.23 虽然只有三位有效数字，但在计算中可以视为四位有效数字。

④ 在计算过程中，如果需要舍去过多的不确定数字，应遵循“四舍六入，逢五则双”的原则。

⑤ 在进行加减运算时，所有数值的小数位数应以其中小数位数最少的数值为准。

⑥ 在进行乘除运算时，各数值应保留的有效数字位数应以其中有效数字最少的数值为准。

⑦ 在进行乘方或开方运算时，结果可以多保留一位有效数字。

⑧ 在进行对数运算时，对数的整数不被视为有效数字，而对数的小数位数应与各数值的有效数字位数相匹配。

⑨ 对于算式中的常数 π、e 以及倍数，以及某些取自手册的常数（如阿伏伽德罗常数、普朗克常数等），它们的位数不受上述规则的限制，可以根据实际需要进行取舍。

以上规则有助于我们在进行科学计算时，保持数据的准确性和一致性。

第四节　数据处理

物理化学实验数据的表示法主要有以下三种：列表法、作图法和数学方程式法。

一、列表法

将实验数据以表格形式呈现是一种使信息一目了然的简单方法。在创建此类表格（表 4）时，需要注意以下几个关键点：

① 表格应具备明确的名称。

② 每行或每列的起始位置需明确列出物理量的名称及单位，并采用相除的形式表示。这是因为物理量的符号本身已包含了单位信息，通过除以其单位，表中便可仅显示纯数字。

③ 数字应整齐排列，确保小数点对齐。若存在公共的乘方因子，应在表格的第一栏以物理量符号乘以该因子的形式给出，并标明正负号。

④ 表格中的数据应按从左到右，自变量到因变量的顺序排列。可以将原始数据和处理结果放在同一表格中展示，但建议选取一组数据作为示例，在表格下方详细列出算式及计算过程。

表 4　未知试样的实验数据和结果（25 ℃）

编号	n_D^{25}	$w_t/\%$	h/m	$\gamma/(N \cdot m^{-1})$	Γ①$/(10^6\ mol \cdot m^{-2})$
1	1.3351	3.90	0.1448	0.05822	4.12
2	1.3379	7.90	0.1248	0.05018	5.43

① $\Gamma=-\frac{c}{RT}\left(\frac{\partial \gamma}{\partial c}\right)_T=-\frac{1}{RT}\left(\frac{\partial \gamma}{\partial \ln c}\right)_T$

二、作图法

作图法可更形象地表达出数据的特点，如极大值、极小值、拐点等，并可进一步用图求解积分、微分、外推值、内插值。

1. 坐标纸处理实验数据

① 图要有图名。例如，“$\ln K_p$-$\frac{1}{T}$图”“V-T 图”等。

② 要购买正规坐标纸，并根据需要选用坐标纸种类：直角坐标纸［图 5(a)］、三角坐标纸［图 5(b)］、半对数坐标纸［图 5(c)］、对数坐标纸［图 5(d)］等。物理化学实验一般使用直角坐标纸，当绘制三组分相图时才使用三角坐标纸。

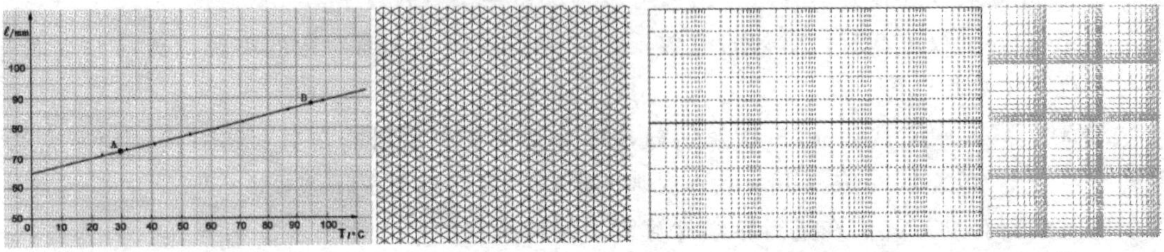

(a) (b) (c) (d)

图 5 直角坐标纸（a），三角坐标纸（b），半对数坐标纸（c），对数坐标纸（d）

③ 在直角坐标中，通常横轴表示自变量，纵轴表示因变量。轴旁需注明变量的名称和单位（二者采用相除的形式），10 的幂次则以乘法形式写在变量旁，并标明正负号。

④ 选择合适的坐标比例，确保所有有效数字都能显示。每个最小刻度内应包含有效数字的最后一位。推荐每厘米代表 1、2 或 5，避免使用 3、7、9。绘制直线时，应选择适当比例，使直线呈现 45°倾斜最为理想。

⑤ 坐标原点不必总是设为零，而应使直线与曲线在图中均衡分布。在两条坐标轴上每隔 1cm 或 2cm 均匀标注数值，但无需标出各点的具体坐标值。

⑥ 描点时，用细铅笔清晰准确地标记位置，可用○、△、□、×等符号表示。这些符号的大小反映了实验数据的误差范围，因此不应超过 1 mm^2。在同一图表中不同曲线应使用不同的符号来表示。

⑦ 绘制曲线时，使用曲线板确保线条平滑均匀。尽量让曲线通过大多数点，对于无法通过的点，应均匀分布在曲线两侧，并保持两侧点到曲线距离的平方和尽可能相等。

⑧ 图解微分涉及绘制曲线的切线，然后计算切线的斜率，这就是图解微分的过程。

2. Excel 处理实验数据

随着计算机的日益普及，各种计算机数据处理软件被广泛应用于物理化学实验数据处理过程中。常用的软件包括 Origin、Matlab、SAS、EViews 以及 Excel。Excel 是一个功能强大且使用方便的表格数据综合管理和分析系统。它采用电子表格方式进行数据处理，工作直观便捷，提供了丰富的函数，支持多种数据处理和统计分析。此外，它还拥有强大的制图功能，能够方便地绘制各种专业图表。将其应用于物理化学实验数据的处理中，不仅简化了数据处理流程，降低了误差，还提高了实验数据处理的准确性，提高了学生的学习兴趣和效率。

在进行最大气泡压力法测定液体表面张力的实验时，数据处理是一个关键环节，它包括数据计算、线性拟合、非线性拟合以及通过作切线来求取斜率等多个步骤。以下将以这个实验的数据为例，详细说明如何利用 Excel 软件来执行物理化学实验中的数据处理操作。

（1）数据运算功能

最大气泡压力法测定液体表面张力实验首先需要求取 3 次实验所测压力差的平均值，得到不同浓度正丁醇的压力差及水的压力差，再根据 25 ℃时水的表面张力，应用公式 $\gamma=\frac{\Delta p_{溶液}}{\Delta p_{水}}\times\gamma_{水}$ 求取正丁醇在不同浓度下的表面张力。

应用 Excel 的计算功能进行数据运算的具体过程如下：首先，选中要显示公式结果的目标单元格，输入等号“＝”进入公式编辑状态。接着，在选择函数的下拉菜单中选择“AVERAGE”公式，然后指定需要计算平均值的数值范围［图 6(a)］。单击“确定”键后，即可查看计算结果。若要设置有效数字的位数，请点击工具栏中的“数字”选项卡 .00 .0 进行选择。同样地，在 γ 单元格一列中输入公式“E2＊0.07197/581”［图 6(b)］，其中 581 代表水的压力差平均值，而 0.07197 则是水的表面张力数值，通过这个公式可以计算出不同浓度正丁醇的表面张力。

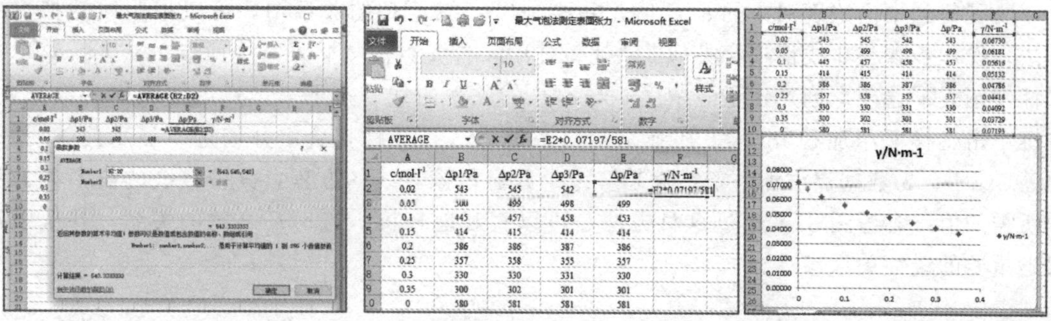

(a)　(b)　(c)

图 6　Excel 的数据计算及曲线绘制功能

（2）曲线绘制功能

通过 Gibbs 吸附等温式 $\Gamma=-\frac{c}{RT}\left(\frac{\partial\gamma}{\partial c}\right)_T$ 求解不同浓度正丁醇溶液的吸附量，我们首先需要绘制表面张力 γ 与浓度 c 之间的关系曲线，并对这条曲线进行拟合以求得不同浓度对应的切线斜率 $\left(\frac{\partial\gamma}{\partial c}\right)_T$。

使用 Excel 软件进行这一曲线绘制的具体操作如下：在 Excel 窗口中，按住“Ctrl”键同时选取包含浓度 c 和表面张力 γ 的两列数据，然后点击“插入”选项卡，并在图表区域选择“散点图”，接着选择“仅带数据标记的散点图”选项，即可生成 γ 与 c 关系的初始散点图［如图 6(c)所示］，为后续的数据分析和曲线拟合提供直观的图形基础。

（3）非线性拟合及曲线斜率的求解功能

使用 Excel 软件进行曲线的非线性拟合及求解曲线斜率的详细步骤如下：首先，如图 6(c)所示，点击数据点，然后右键单击，参照图 7(a)选择“添加趋势线”选项。在随后弹出的对话框中，根据数据特性选择适当的回归分析类型进行拟合。对于本实验，选择“多项式”拟合，并将阶数设置为 2，同时勾选“显示公式”选项，如图 7(b)所示。确认后，

Excel 将对数据点进行非线性拟合，并绘制出相应的曲线，同时提供拟合后的公式 $y=0.1659x^2-0.1498x+0.0704$，如图 7(c)所示。在这个公式中，$y$ 代表表面张力 γ，单位为 $N \cdot m^{-1}$，而 x 代表正丁醇的浓度 c，单位为 $mol \cdot dm^{-3}$。通过对该方程进行微分，可以得到用于求解曲线斜率的公式 $\left(\frac{\partial\gamma}{\partial c}\right)_T=0.3318c-0.1498$。利用这个公式，可以计算出不同浓度的曲线斜率，并将这些斜率代入 Gibbs 吸附等温式中，从而求得不同温度下的表面吸附量。

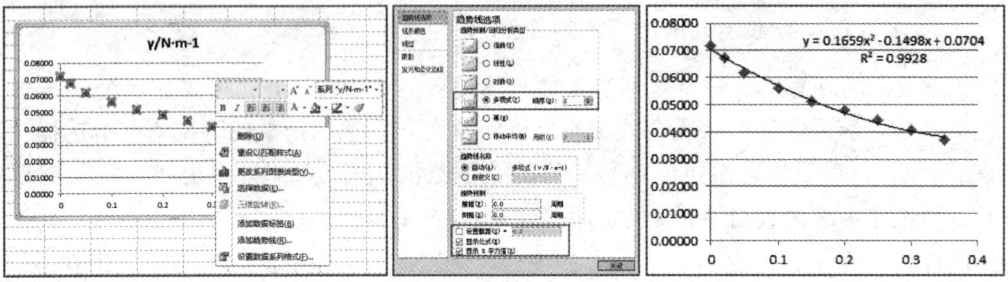

(a) (b) (c)

图 7 Excel 的非线性拟合及曲线斜率的求解

为了得到不同浓度对应的 c/Γ 值，并绘制出 c 与 c/Γ 的关系图，可以采用线性拟合的方法，操作步骤与非线性拟合类似。在 Excel 中，首先点击“插入”选项卡，从下拉菜单中选择“图表”选项，创建正丁醇浓度 c 与 c/Γ 的关系曲线。接下来，点击图表中的数据点，右键单击选择“添加趋势线”，在弹出的对话框中选择线性拟合，并勾选“显示公式”。这样，Excel 会为数据点添加一条线性趋势线，并显示该直线的方程，其中直线的斜率即为我们所需的值（参考图 8）。通过这种方法，可以直观地分析 c 与 c/Γ 之间的关系，并从中提取出重要的线性关系参数。

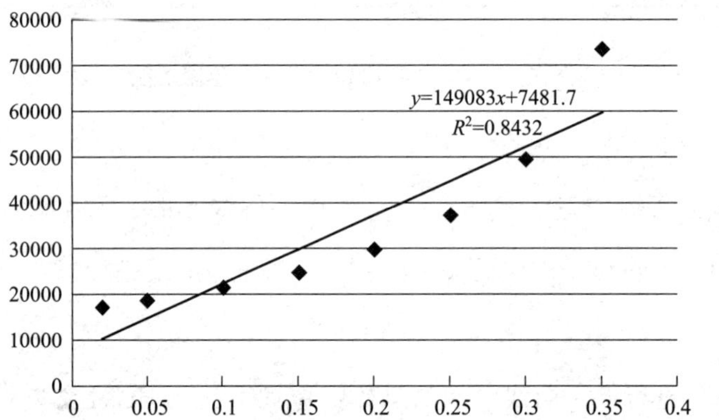

图 8 Excel 的线性拟合及直线斜率的求解

3. Origin 软件处理实验数据

Origin 软件以其高精度和高效率在化学领域的实验数据处理中得到了广泛应用，其中 Origin 8.0 版本因其流行度和稳定性而广受青睐。仍以“最大气泡压力法测定乙醇溶液表面张力”的实验数据为例，简要介绍如何在 Origin 8.0 软件中进行线性与非线性拟合。

（1）Origin 的计算功能

将实验数据输入 Origin 的表格中。选中表格中的 C(Y) 列［参见图 9(a)］，右键点击并选择“Set Column Values”选项［图 9(b)］。这时，会弹出一个名为“Set Values”的对话框。在对话框中的“Col(C)＝”后面输入表面张力 γ 的计算公式“Col(B) * 0.0797/581”［图 9(c)］。输入完毕后，点击“OK”，即可在 C(Y) 列自动计算并填充溶液的表面张力值。

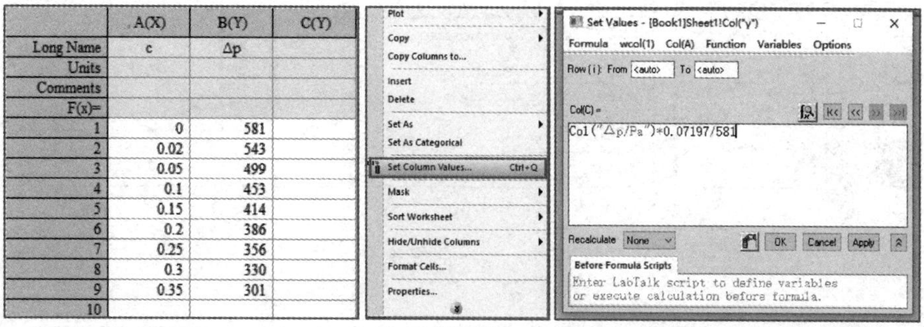

(a)　　(b)　　(c)

图 9　Origin 的计算功能

（2）Origin 的曲线拟合功能

选中表格中的 C(Y) 列后，进入“Analysis”选项卡并点击“Fitting”。接着，选择“Polynomial Fit”［图 10(a)］，弹出对话框，设置“Polynomial Order”为 2，然后点击“OK”。此时，“Book1”窗口新增两个表单：“FitPolynomial1”和“FitPolynomialCurver”。在“FitPolynomial1”表单中，“Notes”列会展示拟合曲线的方程，“Parameters”列则列出了拟合曲线的参数值［图 10(b)］。重要的是，“Statistics”下的“Adj. R-Square”（调整后的相关系数）反映了数据的相关度；数值越接近 1 表示拟合效果越好，通常 0.99 以上被认为是必要的标准。

为了美化图形，可以在图中双击 x 轴或 y 轴，出现“X Axis Layer1”对话框。在“Scale”菜单下，将 x 轴范围设置为从 1 至 2，并将右边的“Increment”改为 0.3，“# Minor”改为 0。在“Title & Format”下，对下面的 x 轴选择“major”中的“In”；对上面的 x 轴，勾选“Show Axis & Tick”并在“major”中选择“None”；对左边的 y 轴在“major”和“Minor”中均选择“In”；对右边的 y 轴同样勾选“Show Axis & Tick”，但在“major”和“Minor”中选择“None”。此外，通过双击 x 轴和 y 轴的名称，可以输入相应的物理量及其单位。完成这些步骤后，使用“Ctrl＋J”复制图形，然后在 Word 文档中使用“Ctrl＋V”粘贴该图。

（3）Origin 的数据分析功能

在“Fit Polynomial Curve”表单中，A(X1) 列和 B(Y1) 列包含拟合后的数据。选择 C1(X2) 列，然后通过右键菜单选择“Insert”来插入一个新列，这将在 B(Y1) 列之后创建一个新的空白列 L1(Y#)。接着，选择 B(Y1) 列，从菜单中选择“Analysis”，然后在“Mathematics”中找到并点击“Differentiate”［图 11(a)］。点击“Open Dialog”后会出现 Differentiate 对话框。在“Output”一栏点击最右边的▶［如图 11(b)所示］，选择 L1(Y#)，点击 OK 后 L1(Y#) 列将出现 γ-c 曲线拟合后的各点斜率［图 11(c)］，该值即为 $\left(\frac{\partial \gamma}{\partial c}\right)_T$ 值。

通过使用 Origin 软件的计算功能，我们可以在新增的列中根据公式 $\Gamma=-\frac{c}{RT}\left(\frac{\partial \gamma}{\partial c}\right)_T$ 计

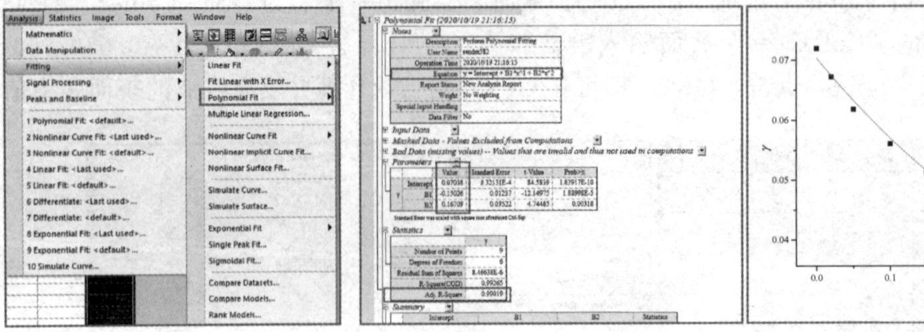

(a) (b) (c)

图 10 γ-c 曲线拟合

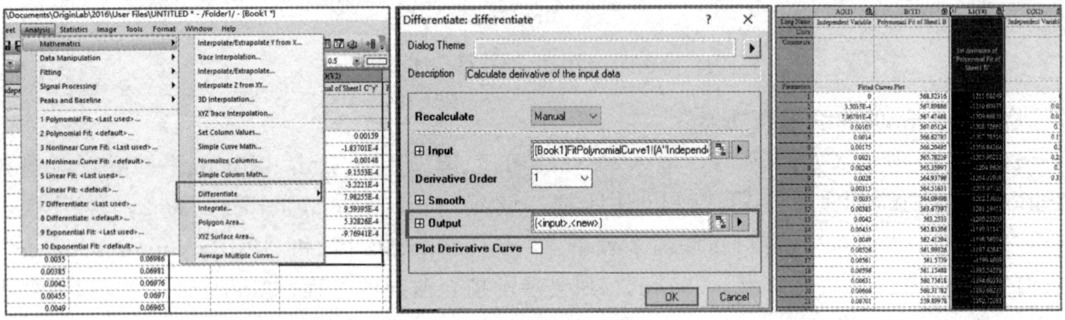

(a) (b) (c)

图 11 Γ-c 曲线绘制

算出吸附量。为了进行线性拟合，首先需要绘制 c/Γ-c 关系曲线。接着，依次点击“Analysis”“Fitting”“Fit Linear”并选择“Open Dialog”，然后点击 OK 完成操作。完成这些步骤后，在 Book1 中将会出现一个新的“FitLinear1”表单。从这个表单的“Parameters”部分，我们可以找到斜率，进而计算出 Γ_∞ 的值。

三、数学方程式法

将一组实验数据用数学方程式表达出来是最为精练的一种方法。这种方式简单且便于进一步求解，例如积分、微分和内插等操作。首先需要找出变量之间的函数关系，并将其线性化，进一步求出直线方程的系数——斜率 m 和截距 b，即可写出方程式。也可以将变量之间的关系直接写成多项式，通过计算机曲线拟合求出方程系数。

求解直线方程系数一般有以下三种方法。

（1）图解法

根据实验数据在直角坐标纸上作图，得到一条直线。这条直线在 y 轴上的截距即为 b 值（横坐标原点为零时），直线与 x 轴夹角的正切值即为斜率 m。或者在直线上选取两点（这两点应相距较远），例如 (x_1, y_1)、(x_2, y_2)、m 和 b 的计算公式如下：

$$m=\frac{\Delta y}{\Delta x}=\frac{y_2-y_1}{x_2-x_1}, b=\frac{y_1x_2-y_2x_1}{x_2-x_1}$$

（2）平均法

若将测得的 n 组数据分别代入直线方程，则可确定该直线方程的系数。

$$y_1=mx_1+b, y_2=mx_2+b, \cdots, y_n=mx_n+b$$

将这些方程分为两组，分别计算各组的 x 和 y 值的总和，从而得到两个新的方程：

$$\sum_{i=1}^{k} y_i = m\sum_{i=1}^{k} x_i + kb$$

$$\sum_{i=k+1}^{n} y_i = m\sum_{i=k+1}^{n} x_i + (n-k)b$$

解此联立方程组，可得 m、b 值。

（3）最小二乘法

这是最为精确的一种方法，其原理是最小化误差平方和，从而确定最佳拟合直线的方程。给定 n 组数据点（x_i，y_i），其中 $i=1$，2，…，n，线性方程 $y=mx+b$ 中的斜率 m 和截距 b 可以通过最小二乘法计算得到。

$b=\bar{y}-m\bar{x}$，其中 $\bar{x}=\frac{1}{n}\sum_{i=1}^{n}x_i$，$\bar{y}=\frac{1}{n}\sum_{i=1}^{n}y_i$；$m=\frac{S_{xy}}{S_{xx}}$，其中 x 的离差平方和公式为 $S_{xx}=\sum_{i=1}^{n}x_i^2-\frac{1}{n}(\sum_{i=1}^{n}x_i)^2$，$y$ 的离差平方和计算公式为 $S_{yy}=\sum_{i=1}^{n}y_i^2-\frac{1}{n}(\sum_{i=1}^{n}y_i)^2$，$x$、$y$ 的离差乘积之和为 $S_{xy}=\sum_{i=1}^{n}x_iy_i-\frac{1}{n}\sum_{i=1}^{n}x_i\sum_{i=1}^{n}y_i$，得到的方程即为线性拟合或线性回归。由此得出的 y 值称为最佳值。

习题

1. 已知测得的气体流量如下：

$V/(\mathrm{dm^3 \cdot min^{-1}})$：0.44，0.50，0.51，0.50，0.49，0.52，0.49，0.50，0.52，0.51

（1）求气体的平均流量及标准误差。

（2）请计算并说明，是否可以将第一个测量值 0.44 视为异常值（粗大误差）并予以剔除。

2. 按下式用比重瓶测 35 ℃时氯仿的密度：

$$d=\frac{W_2-W_0}{W_1-W_0}d_1$$

其中，$W_0=(15.1232\pm0.0002)\mathrm{g}$，为干燥的比重瓶的质量；$W_1=(18.5513\pm0.0002)\mathrm{g}$，为装满水后的比重瓶总质量；$W_2=(18.3090\pm0.0002)\mathrm{g}$，为装满氯仿后的比重瓶总质量。已知 35 ℃时水的密度 $d_1=0.9941\ \mathrm{g\cdot cm^{-3}}$，按误差传递公式求氯仿密度的绝对误差和相对误差。

3. 水在不同温度下的蒸气压如下：

T/K	323.2	328.4	333.6	338.2	343.8	348.2	353.5	358.8	363.4	369.0
$p/10^{-3}$ Pa	12.33	15.88	20.28	25.00	31.96	38.54	47.54	59.19	70.63	87.04

绘制 $\ln p$ 与 $1/T$ 的关系图。计算该直线的斜率和截距，并根据这些参数写出 p 与 T 之间的关系式。

4. 25 ℃时，不同浓度的正丁醇水溶液的表面张力（γ）测定数据如下：

$c/(\mathrm{mol\cdot dm^{-3}})$	0.00	0.02	0.07	0.11	0.15	0.26	0.37	0.59	0.81	1.03
$\gamma/10^3(\mathrm{N\cdot m^{-1}})$	71.18	66.17	55.93	53.15	49.63	42.91	37.68	31.44	25.20	24.90

绘制 γ 与 c 的关系等温线，并在 c 等于 0.05 $mol \cdot dm^{-3}$、0.10 $mol \cdot dm^{-3}$ 和 0.15 $mol \cdot dm^{-3}$ 的特定点处，分别对曲线进行切线拟合，并计算这些切线的斜率。

参考文献

[1] 叶卫平，方安平，于本方．Origin7.0 科技绘图及数据分析［M］．北京：机械工业出版社，2003.
[2] 缪强．化学信息学导论［M］．北京：高等教育出版社，2002.
[3] 周秀银．误差理论与实验数据处理［M］．北京：北京航空学院出版社，1986.
[4] 孟尔熹，曹尔茅．实验误差与数据处理［M］．上海：上海科技出版社，1988.
[5] 肖明耀．实验误差估计与数据处理［M］．北京：科学出版社，1980.
[6] 孙文东，陆嘉星．物理化学实验［M］．北京：高等教育出版社，2014.

第二章

实验部分

实验一 ▶ 恒温槽装配和性能测试

一、实验目的

1. 了解恒温槽的结构组成及其保持恒温的工作原理，并掌握恒温操作技术。
2. 学会使用灵敏度曲线法来分析恒温槽的性能。
3. 掌握贝克曼温度计的结构特点、使用方法及调节方法。

二、预习要求

1. 学习恒温槽维持恒定温度的原理。
2. 学习如何绘制恒温槽灵敏度曲线以及如何计算灵敏度。
3. 学习如何使用和调节贝克曼温度计。

三、实验原理

1. 恒温槽的构造

在物理化学实验中所得的数据，如折射率、蒸气压、表面张力、电导、化学反应速率常数等都与温度有关，所以许多物理化学实验必须在恒温下进行。实验室中常用恒温槽来控制温度以维持恒温，它主要是依靠恒温控制器来控制恒温槽的热平衡。当恒温槽因对外散热而水温降低时，恒温控制器就开启恒温槽内的加热器。待加热到所需的温度时，它又关闭加热器停止加热，这样就使槽温保持恒定。恒温槽装置一般如图 1-1 所示。

恒温槽通常由以下部分组成：浴槽、加热器、搅拌器、温度计、感温元件和恒温控制器。

① 浴槽：常使用玻璃材质制造以便观察，容量和形状根据需求定制。物理化学实验一般采用 10 L 的圆形玻璃缸。通常情况下，浴槽内使用蒸馏水作为液体介质；当需要恒温超过 100 ℃时，可以使用液体石蜡或甘油等替代。

② 加热器：普遍使用电热器，其功率选择取决于恒温槽的容量、所需恒定温度以及与环境的温差。

③ 搅拌器：一般选择 40 W 的电动搅拌器，并通过变速器调节搅拌速度。

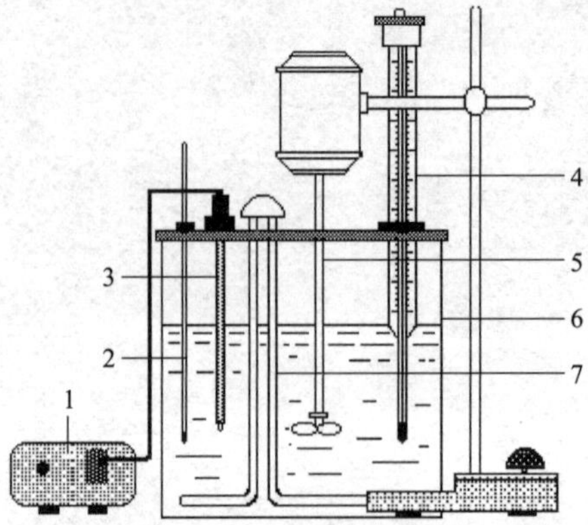

图 1-1 恒温槽装置图

1—恒温控制器；2—温度计；3—感温元件（接触温度计）；4—贝克曼温度计；5—搅拌器；6—浴槽；7—加热器

④ 温度计：常用精度为 0.1 ℃的温度计来监测温度。当测试恒温槽的灵敏度时，可能需使用精度为 0.01 ℃的温度计或贝克曼温度计。

⑤ 感温元件：恒温槽的"感觉中枢"，关键在于提高精度。感温元件种类繁多，包括接触温度计和热敏电阻感温元件等。

⑥ 恒温控制器：通过传感器控制恒温控制器开关。由于温度传递存在速度限制，该控制装置会有一定的响应延迟。例如，当恒温控制器从"通"切换到"断"状态时，电热器附近的水温可能已超出设定值，导致恒温槽实际温度偏高。降温过程中同样存在这种滞后现象。

由此可见，恒温槽控制的温度存在一定的波动范围，并不是固定不变的。此外，槽内不同位置的温度因搅拌效果的不同而有所差异。温度的波动范围越小，温度分布越均匀，表明恒温槽的灵敏度越高。灵敏度是衡量恒温槽性能的关键指标，不仅与感温元件和恒温控制器有关，还受到搅拌器效率和加热器功率等多种因素的影响。

2. 灵敏度曲线法分析恒温槽性能

恒温槽灵敏度的测定是在指定温度下，观察温度的波动情况。用较灵敏的温度计，如贝克曼温度计，记录温度随时间的变化，最高温度为 T_1，最低温度为 T_2，恒温槽的灵敏度 T_e 为

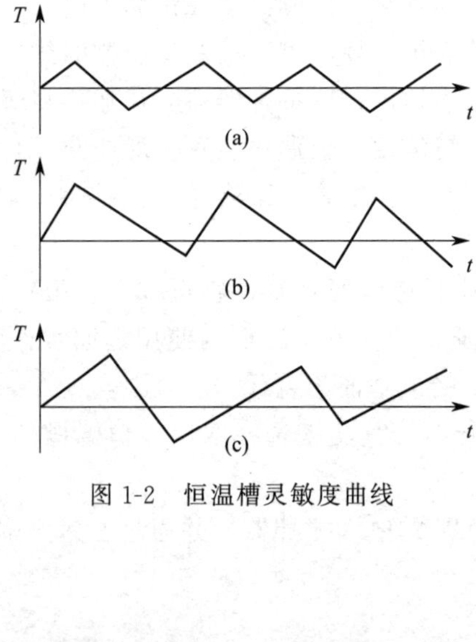

图 1-2 恒温槽灵敏度曲线

$$T_e = \pm (T_1 - T_2)/2$$

灵敏度常常以温度为纵坐标，时间为横坐标，绘制成温度-时间曲线来表示，如图 1-2 所示。图(a)表示恒温槽灵敏度较高，图(b)表示加热器的功率太大，图(c)表示加热器功率太小或散热太快，图(b)和图(c)灵敏度较低。

3. 恒温工作原理

恒温水浴即是一种常用的控温设备，通过继电器、温度调节器（如水银接点温度计）和加热器的配合工作达到保持恒定温度的目的。其简单的恒温原理及线路如图 1-3 所示。

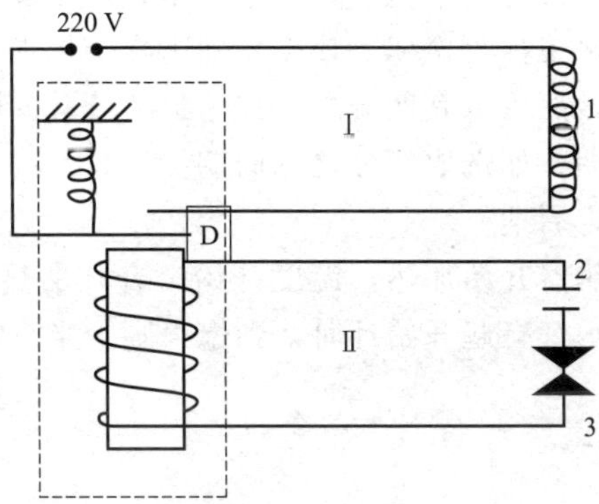

图 1-3　恒温水浴的恒温工作原理图

1—加热器；2—直流电源；3—温度调节器

当水槽温度低于设定值时，线路Ⅰ成为通路，加热器开始工作，导致水槽温度上升。当水槽温度升至设定值时，温度调节器接通，此时线路Ⅱ成为通路，并且通过电磁作用将弹簧片 D 吸下，导致线路Ⅰ断开，加热器随之停止加热。如果水槽温度再次下降至设定值以下，温度调节器断开，线路Ⅱ断路。这时，电磁铁失去磁性，弹簧片回到原位，线路Ⅰ重新成为通路。通过这样的循环控制，恒温槽能够维持在所需的恒定温度。

四、仪器及试剂

仪器材料：玻璃恒温水浴（南京桑力电子设备厂 SYP10L）1 个；贝克曼温度计 1 支；秒表 1 块；接触温度计 1 支；温度计（1/10℃）1 支。

五、实验步骤

1. 恒温槽的装配

根据所给元件和仪器，按要求安装恒温槽，接好线路，经教师检查后方可接通电源。

2. 恒温槽的调试

玻璃缸中加入蒸馏水，量约占总容积的 4/5（水量一定要保证没过加热器、搅拌器和热电偶测温端）。打开电源开关，启动搅拌器，并以中速进行搅拌。设定温度至略低于实际需要的温度（25 ℃），这是由于温度控制仪显示的温度可能不够精确，适当降低以防超出目标温度。为了保证恒温效果，恒温槽的温度设定最低值应高于室温 8～10 ℃。开始加热时，加热指示灯亮起，当达到设定温度时，加热指示灯熄灭。待加热指示灯反复开启、熄灭三次后，水槽温度已达平衡，此时方可进行下一步实验。

3. 读数间隔的确定

为了完美画出灵敏度曲线（近似正弦曲线），首先要合理读取数据点，读数间隔过大（超过四分之一周期）将无法正确绘制灵敏度曲线，依据正弦曲线的五点作图法，读数间隔最长不能超过四分之一周期。因此可以通过测量温度的波动周期来确定合适的读数间隔。具体做法有如下两种：

（1）从贝克曼温度计观察周期

将贝克曼温度计放入水槽内一定深度的位置固定好，然后观察贝克曼温度计上的水银柱变化情况，确保温度波动都在量程内进行。为便于观察，可拿放大镜对准水银柱，当水银柱经过某一刻度时开始计时，水银柱再次回到该刻度即为半个周期，累计观察 5 个周期后取平均值即可确定温度波动周期，然后取其四分之一作为最大读数间隔。为确保万无一失，实际读数间隔要低于四分之一周期，如选取八分之一周期。

（2）观察加热指示灯确定周期

加热指示灯亮起表明加热器开始加热，温度开始上升，加热指示灯熄灭表明加热停止，温度开始下降。如从加热指示灯亮起开始计时，到熄灭则为半个周期，再从亮起到熄灭则为一个周期。

4. 恒温槽的灵敏度的测定

将恒温槽温度重新调节至 30 ℃。

调节贝克曼温度计，使其在 30 ℃的水中使用时水银柱能够在刻度 2.5 左右，然后将其安放入恒温槽中。待恒温槽温度在 30 ℃达到平衡后，开始记录贝克曼温度计的读数，使用秒表，每隔一定时间（前面确定的读数间隔）记录一次贝克曼温度计的读数。为了便于操作，实验中可以使用手机录像来记录读数。

将恒温槽重新调节至 35 ℃，按同样方法读数从而测定恒温槽的灵敏度。

六、数据记录和处理

1. 记录恒温槽温度随时间变化的实验数据

室温：______℃；气压：______ kPa；读数间隔：______ s；实验温度：______℃；搅拌速度：______ r/min；是否通冷凝水：______；冷凝水温度：______℃。

30 ℃灵敏度测试		35 ℃灵敏度测试	
T/ ℃	t/s	T/ ℃	t/s
⋮	⋮	⋮	⋮

2. 灵敏度曲线的绘制

要求：①横坐标应表示时间，单位为秒；②纵坐标应表示贝克曼温度计示数，无单位；③数据点需清晰标示；④应使用光滑曲线来绘制图形；⑤图形的纵向和横向跨度均不得小于坐标总长度的一半；⑥图中需标明读数间隔；⑦若读数间隔较大，不应使用连线法作图，而应采用光滑曲线来描述数据点的分布趋势。

3. 灵敏度计算

$$T_e = \pm (T_1 - T_2)/2$$

要求：首先在灵敏度曲线图中确定最高点为 T_1，然后确定最低点为 T_2，切勿使用原始数据中的最大值和最小值进行计算。

七、思考题

1. 对于提高恒温槽的灵敏度，可以采用哪些方法？

2. 如果恒温槽不安装搅拌器会有什么影响？

3. 选择恒温槽内所装介质需考虑哪些因素？

4. 如果选择灵敏度曲线中若干波峰的平均值作为灵敏度计算公式中的 T_1，选择灵敏度曲线中若干波谷的平均值作为灵敏度计算公式中的 T_2，则计算结果和实验结果有何异同？国家标准里要求用哪种方法计算灵敏度？

八、参考文献

[1] 赵岩，张辉，任冬梅，等．搅拌和冷凝对恒温槽灵敏度的影响［J］．科技展望，2016，26（1）：80.

[2] 东北师范大学，等．物理化学实验［M］．3 版．北京：高等教育出版社，2014：35-47.

[3] 郝晓光，白晓华，李娟．物理化学实验中温度测控的教学扩展［J］．实验科学与技术，2010，8（2）：45-47，65.

附录一 水银温度计的校正

水银温度计属于膨胀式温度计。水银的凝固点为－39 ℃，沸点为 356.7 ℃，测量温度范围为－39～357 ℃，主要用于现场监测。使用水银温度计测量温度既简单又直观，还能避免外部远传温度计的误差。不过，长期使用后，因玻璃性质变化，其形状和体积可能改变。测温时，玻璃受热不均可能导致读数偏差。因此，精密测量前需校正水银温度计。

1. 温度计读数的校正

常规温度计上的刻度是在温度计整体均匀受热的情况下标记的。然而，在测量温度时，我们通常只将温度计的一部分浸入热液中，导致一部分水银柱暴露在液体之外。这种做法会导致测得的温度低于温度计完全浸没在液体中得到的结果。因此，为了精确测量温度，必须对因水银柱外露而产生的误差进行校正，这种校正被称为露茎校正（图 1-4）。

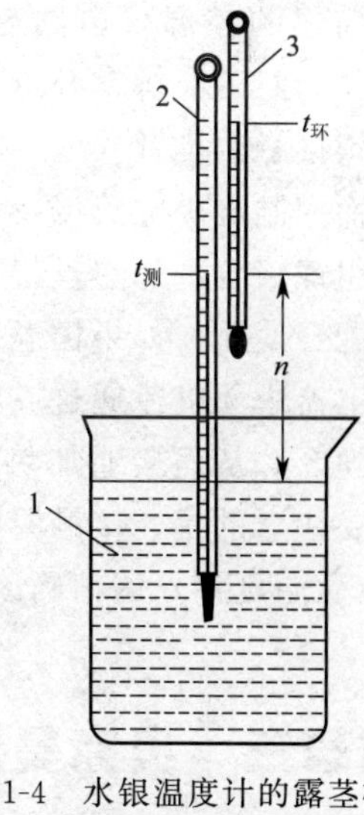

图 1-4 水银温度计的露茎校正

1—待测液；2—测量温度计；3—辅助温度计

进行读数校正时，可按照公式 $\Delta t = kn(t_测 - t_环)$ 求出水银温度计读数的校正值。式中，$t_测$ 为温度计的读数值；$t_环$ 为露出汞柱的平均温度，由辅助温度计读出；n 为露出待测体系外的水银柱长度，以温度差值表示；k 为水银相对于玻璃的膨胀系数，使用摄氏度时，$k = 0.00016\ ℃^{-1}$。

2. 温度计刻度的校正

市面上出售的温度计，其刻度可能不准确。使用时，周期性的加热和冷却可能导致温度计零点变动，进而影响测定结果。因此，需要进行校正，这称为温度计刻度校正。若进行了温度计刻度的校正，则无需再进行读数的校正。

温度计刻度的校正通常采用两种方法。第一种方法是使用纯有机化合物的熔点作为标准。选择几种已知熔点的纯有机物，用待校正的温度计测量它们的熔点。然后，以实测的熔点作为纵坐标，实测熔点与已知熔点的差值作为横坐标，绘制校正曲线图。通过这种方法，凡是用这支温度计测得的温度都可以通过曲线找到相应的校正数值。常用的标准化合物包括冰-水（0 ℃）、二苯胺（53 ℃）和苯甲酸（122 ℃）。第二种方法是与标准温度计进行比较。将标准温度计与待校正的温度计平行放置在热浴中，缓慢均匀地加热。每升高 5 ℃，分别记录两支温度计的读数，并标记出偏差量 Δt，Δt 等于待校正温度计的温度减去标准温度计的温度。接着，以待校正温度计的温度作为纵坐标，Δt 作为横坐标，绘制校正曲线以供校正之用。

附录二　接触温度计

图 1-5 展示了接触温度计的感温元件，其中包括调节帽(1)、调节固定螺丝(2)、磁铁(3)、螺杆引出线(4)、标铁(5)、触针(6)、刻度板(7)、螺丝杆(8)以及水银槽(9)。这些组件构成了接触温度计的基本结构。接触温度计的下部设计与传统的水银温度计类似，而上部则增加了控制指示的功能。在温度计的毛细管内部，一根金属丝连接着位于上部的螺母。通过旋转顶部的磁铁，可以驱动螺母沿着螺杆上下移动，进而调整触针的具体位置。

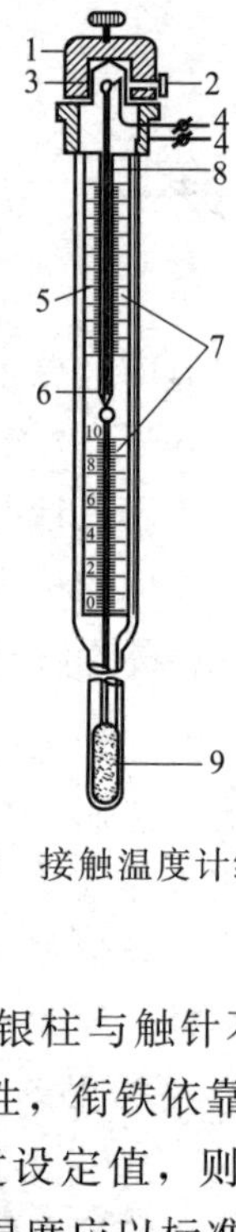

图 1-5　接触温度计结构图

接触温度计内部有两根导线，它们一端连接到金属丝和水银柱，另一端则连接到温度控制部分。采用接触温度计的恒温槽控温器与前述的控温仪电路有所不同。它的继电器是一个自动开关，具体为双刀单掷常开点式直流继电器。电子管的栅极负电压通过水银接触温度计导入，利用这一机制来接通或切断栅极负电压，进而控制屏极电流以及继电器的开启与闭合。当继电器吸合时，两组镍铬合金加热丝将接通电源并开始工作。此设备与接触温度计配合使用。如果恒温槽的温度低于接触温度计所设定的温度，水银柱与触针不接触，导致继电器中无电流通过或电流很小。这时，继电器中的电磁铁失去磁性，衔铁依靠自身弹力自动弹开，从而接通加热回路进行加热。相反，如果温度达到或超过设定值，则停止加热。需要注意的是，接触温度计上的温度刻度只能作为参考数值，实际温度应以标准温度计（如贝克曼温度计）的精确读数为准。

附录三　贝克曼温度计

在物理化学实验中，常常需要对体系的温度进行精确地测量。例如，燃烧热、溶解热的测定以及使用冰点降低法测定分子量等，都要求温度测量精确到0.002 ℃。然而，普通温度计无法达到这样的精确度，贝克曼温度计能够很方便地满足这一要求。

一、构造原理

贝克曼温度计的结构如图1-6所示。其主要特点包括毛细管下端连接一个水银球，以及温度计上部配备的水银贮槽。这个水银贮槽的主要功能是调节水银球内的水银量。通过调整水银贮槽，该温度计能够测量在－20～＋155 ℃范围内、变化不超过5 ℃或6 ℃的温度差。

需要注意的是，水银贮槽背后的温度刻度尺仅提供一个粗略的温度指示。当水银贮槽中的水银与水银球中的水银相连时，水银贮槽中水银面所在的刻度即表示温度的大致值。由于水银球内的水银量可以调节，因此贝克曼温度计不适合用来精确测量温度的绝对值。例如，刻度尺上的1°标记并不一定代表1 ℃，它可能表示5 ℃、74 ℃等不同的温度值。

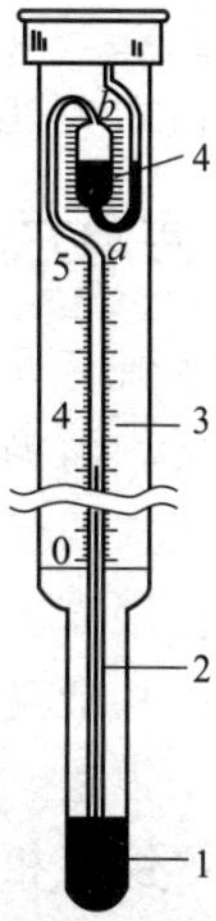

图1-6 贝克曼温度计构造图
1—水银球；2—毛细管；
3—温度刻度尺；4—水银贮槽

贝克曼温度计有两种标法：一种是最小值刻在刻度尺的上端，最大值刻在下端，用于测量温度下降，称为下降式贝克曼温度计。另一种则相反，最大值刻在上端，最小值刻在下端，用于测量温度上升，称为上升式贝克曼温度计。

二、水银球汞量的调节方法

调节水银量的目的是确保温度计在测量起始温度时，毛细管中的水银面位于刻度尺的适当位置。例如，在使用下降式贝克曼温度计测量凝固点降低时，起始温度（即纯溶剂的凝固点）的水银面应接近刻度尺上的1 ℃标记。这样做可以保证，在加入溶质导致凝固点下降后，毛细管中的水银面仍然处于刻度尺的测量范围内。因此，在使用贝克曼温度计之前，应首先将其插入一个与所测起始温度相同的环境中。待系统平衡后，如果毛细管内的水银面已处于所需的适当刻度附近，则无需进行调整。否则，需要按照如下步骤进行调整。

（1）水银的连接调节

要调节水银球中的汞量，需要确保水银贮槽中的水银与毛细管中的水银相连。如果水银球内的水银量过多，即毛细管内的水银面已超过b点，应将温度计慢慢倒置。接着，用手指轻敲水银贮槽处，使水银贮槽内的水银与b点处的水银相连。完成后，再将温度计恢复正常位置。

若水银球内的水银量不足，需用右手握住温度计中部，将温度计倒置并用左手轻敲右手手腕（注意力度要适中，避免温度计撞击桌面等硬物）。这样操作后，水银球内的水银会自动流向水银贮槽，实现与水银贮槽中水银的连接。

（2）调节水银球中的水银贮量

调节水银球中水银贮量的方法多种多样。以下降式贝克曼温度计为例，介绍一种常用方法。首先设定T_0为实验欲测的起始温度（例如，纯液体的凝固点）。在此温度下，为了使贝克曼温度计中毛细管的水银面恰好位于1°附近，需要将已经连接好水银的贝克曼温度计置于一个温度为T的水浴中。T的值可以通过公式$T=T_0+1\ ℃+R$计算得出，其中R代

表贝克曼温度计中 a 到 b 段相应的温度差，一般 R 值约为 2 ℃。

如要准确测量 R 值，可以将贝克曼温度计和普通温度计同时插入盛水的烧杯中，然后加热水浴。观察贝克曼温度计中的水银面逐渐上升，并通过普通温度计读取 a 到 b 段的温度差，该差值即为 R 值。

三、使用方法

首先，确定所使用的温度范围。例如，测量水溶液凝固点降低时，需要能读取−5～1 ℃之间的温度；而测量沸点升高时，希望能读取 99～105 ℃之间的温度。对于燃烧热的测定，室温下水银柱的最佳示值应在 2～3 ℃之间。

根据使用需求，预估当水银柱升至毛细管末端弯头处的温度。对于标准的贝克曼温度计，水银柱从最高刻度升至毛细管末端弯头处通常还需增加约 2 ℃。基于这个预估，调整水银球中的水银量。例如，若测定水的凝固点降低，最高温度读数设定为 1 ℃，则毛细管末端弯头处的温度应相当于 3 ℃。

设置恒温水浴的温度为毛细管末端弯头所需的目标温度，随后将贝克曼温度计放入水浴中。待水银柱稳定后，取出温度计。用右手紧握温度计中部，保持其接近垂直状态，同时用左手轻击右臂。这样做可以使水银在弯头处断开。由于温度差异，水银的体积会迅速变化，所以执行此步骤时需快速而轻柔，以防因慌乱造成失误。

将已校准的温度计置于设定好温度的恒温水浴中，观察其读数以判断量程是否合适。例如，在凝固点降低法测量摩尔质量时，可使用 0 ℃的冰水浴进行检验。若温度读数介于 3～5 ℃之间，则表明选用的量程是合适的。如果出现较大偏差，需按照前述步骤重新调节温度计。

读取数值时，贝克曼温度计必须垂直放置，确保水银球完全浸没在测量介质中。由于毛细管中的水银面在上升或下降时可能出现黏滞现象，因此在读取数值前，应先用手指轻敲水银面处以消除黏滞，随后使用放大镜进行读数。在读数过程中，应注意眼睛与水银面保持水平。

四、注意事项

1. 贝克曼温度计由细长的玻璃制成，其长度远超过普通水银温度计，因此更容易损坏。为了保护它，应该将其放置在专用的温度计盒内，或者安装在仪器架上，或者小心地握在手中。不应随意放置。

2. 在使用贝克曼温度计时，务必避免将其暴露于极端的温度变化中，如剧烈加热或冷却，并确保其不受到重击。

3. 使用后，需要确保温度计的毛细管中的水银不会再与水银贮槽内的水银相连。

附录四　热电偶温度计

一、 热电偶温度计简介

热电偶温度计通常采用热电偶作为测温元件。其可测量的温度范围为−200 ℃至 1300 ℃，在特殊条件下，最高可达 2800 ℃，最低可测 4 K。它的特点在于结构简单、成本低廉、准确度高及测温范围广泛。热电偶通过将温度转换为电量进行检测，使得温度的测量、控制及信号放大变换变得非常方便。因此，它非常适合用于远距离测量和自动控制。在接触式测温法中，热电偶温度计是最普遍使用的仪器之一。

二、 热电偶测温原理

热电偶的测温原理基于热电效应。将两种不同材料的导体A和B串联，形成一个闭合回路。当接点1和2的温度不同时，如果 $T > T_0$，则在回路中会产生热电动势，从而产生一定大小的电流，这种现象称为热电效应（如图1-7所示）。热电动势记为 E_{AB}，导体A、B被称为热电极。接点1通常通过焊接形成，并在测量时置于测温场合以测量被测温度，因此被称为测量端（或工作端、热端）。接点2需保持温度恒定，称为参考端（或冷端）。在由导体A和B组成的热电偶闭合电路中，两个接点处的接触电势分别是 $E_{AB}(T)$ 和 $E_{AB}(T_0)$。由于 $T > T_0$，导体A和B各自还有一个温差电势。因此，闭合回路的总热电动势 $E_{AB}(T, T_0)$ 是接触电势与温差电势的代数和。对于已选定的热电偶，当参考端温度保持恒定时，则闭合回路的总热电动势 $E_{AB}(T, T_0)$ 成为测量端温度 T 的单值函数，这是其测量温度的基本原理。在实际测温操作中，必须向热电偶闭合回路中引入连接导线和测量仪表。

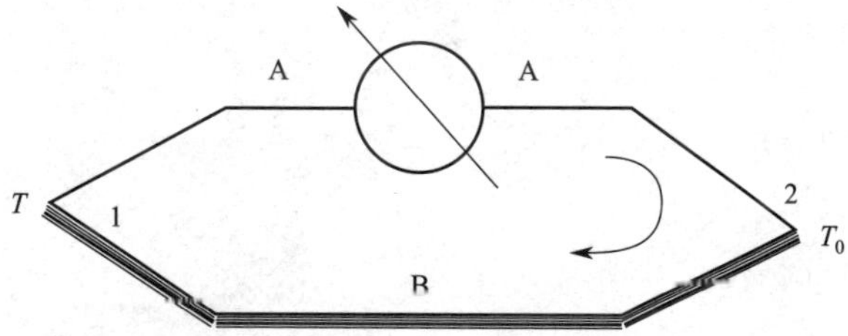

图1-7 热电效应（$T>T_0$）

三、热电偶的结构

从热电偶测温的基本原理来看，理论上似乎任意两种导体均可组合成热电偶，但实际上构成一对热电偶，应具备一定的条件。首先是组成热电偶的金属性质要稳定，即在测温量程范围内不应发生熔融和化学变化；其次应有较大的温度系数，即热电动势随温度的变化 率应较大，变化越大，测温的精度就越高，因此，有时为了提高热电偶的测温精度，常把热电偶串联起来成热电堆来进行测温；再有构成的热电偶重现性要好；此外，热电偶的热导率要高，热容要小。

热电偶通常由几个主要部分组成：热电极、绝缘管、保护套管和接线盒。为了适应各种生产环境的测温需求，热电偶有多种结构形式，包括普通型、铠装型和薄膜型。

铠装型热电偶的特点是将电极和绝缘材料熔铸在一起，并在外面套一层经过拉伸加工的金属保护管。这种设计使得铠装型热电偶可以非常长和细，同时在使用时可以根据测量需求进行弯曲。薄膜型热电偶则采用了真空镀膜技术，由两种金属薄膜连接而形成一种特殊结构的热电偶。这类热电偶特别适用于测量微小面积上的表面温度，以及快速变化的表面温度。

四、标准热电偶

理论上，任何两种不同材料导体都可以组成热电偶。为确保测量温度的准确性、可靠性和稳定性，必须精心选择热电偶材料。其选择原则包括：①热电动势变化尽量大；②热电动势与温度的关系尽量接近线性；③具有良好的物理和化学稳定性、易加工性及良好的互换性。

目前工业上常用的四种标准热电偶及其组成材料分别为：

① 铂铑 30-铂铑 6 热电偶，分度号为 B 型。测温范围为 0～1800 ℃，该热电偶具有高熔点，适用于高温测量，误差小，通常用于精密温度测量。由于其热电动势较小，不适用于金属蒸气环境。

② 铂铑 10-铂热电偶，分度号为 S 型。测温范围为 0～1600 ℃，可长期测量高达 1600 ℃的温度。该热电偶性能稳定，精度高，适宜在氧化性介质中使用。在室温下热电动势较小，需要在中性介质中进行冷端补偿和修正，可作为标准热电偶使用。

③ 镍铬-镍硅热电偶，分度号为 K 型。测温范围为－200～1300 ℃。

④ 镍铬-康铜热电偶，分度号为 E 型。测温范围为－200～900 ℃。后两种热电偶热电动势较大，易于测温，但测温范围较小。

实验二 ▸ 燃烧热的测定

一、实验目的

1. 掌握使用氧弹量热计准确测量萘的燃烧热的方法。
2. 掌握氧弹量热计各主要部件的作用及使用方法。
3. 了解恒压燃烧热与恒容燃烧热的差别以及相互关系。

二、预习要求

1. 明确燃烧焓的定义，即物质完全燃烧时放出或吸收的热量与燃烧物质的量之间的比值。

2. 了解氧弹量热计的基本原理和使用方法，这是一种用于测定物质燃烧热的实验设备。

3. 熟悉贝克曼温度计或热敏电阻温度计的调节和使用。

4. 了解正确安全使用氧气钢瓶和减压阀的方法并确保正确安全地使用，注意遵守相关的安全操作规程，以控制释放氧气的流速和压力。

三、实验原理

1. 燃烧焓

当产物的温度与反应物的温度相同，在反应过程中只做体积功而不做其他功时，化学反应吸收或放出的热量称为此过程的热效应，亦可称为“反应热”。燃烧焓在热化学中的定义：在指定温度和压力下，一摩尔物质完全燃烧成指定产物的焓变称为该物质在此温度下的摩尔燃烧焓，记作 $\Delta_c H_m$。这里的燃烧产物指定为：该物质中的 C 变为 $CO_2(g)$，H 变为 $H_2O(l)$，S 变为 $SO_2(g)$，N 变为 $N_2(g)$，Cl 成为 HCl（水溶液）。由于上述为等压过程，因此 $\Delta H = Q_p$，由此可知 $\Delta_c H_m$ 也就是该物质燃烧反应的等压热效应 Q_p：

$$\Delta_c H_m = Q_p \tag{2-1}$$

2. Q_p 与 Q_V 两者之间的关系

在实际测量中，燃烧反应常在恒容条件下进行（如在氧弹量热计中进行），这样直接测得的是反应的恒容热效应 Q_V（即燃烧反应的摩尔燃烧内能变 $\Delta_c U_m$）。若反应系统中的气体物质均可视为理想气体，根据热力学推导 $\Delta_c H_m$ 和 $\Delta_c U_m$ 的关系为：

$$\Delta_c H_m = \Delta_c U_m + RT \sum_B \nu_B(g) \tag{2-2}$$

式中，T 为反应温度，K；$\Delta_c H_m$ 为摩尔燃烧焓；$J \cdot mol^{-1}$；$\Delta_c U_m$ 为摩尔燃烧内能变，$J \cdot mol^{-1}$；$\nu_B(g)$ 为燃烧反应方程中各气体物质的化学计量数，产物取正值，反应物取负值。

3. 氧弹量热计测量原理

（1）氧弹量热计结构

氧弹是一个特制的不锈钢容器（如图 2-1 所示）。为了保证样品在其中完全燃烧，氧弹中应充以高压氧气（或者其他氧化剂），因此要求氧弹密封、耐高压、抗腐蚀。测定粉末样品时，需将样品压成片状，以防止在充气或燃烧过程中飞散，从而避免实验误差。实验成功的关键在于确保样品完全燃烧。

氧弹量热计如图 2-2 所示。为了使燃烧后放出的热量尽可能全部传递给量热计及其内部盛放的水，并最大限度地减少与周围环境的热交换，量热计的设计制造上采取了几项措施。例如，量热计外面设置一个套壳，根据不同功能有恒温型和绝热型两种，本实验采用的是恒温型。此外，量热计壁经过高度抛光，减少热辐射；同时，在量热计和套壳间设置了挡屏，减少空气对流。

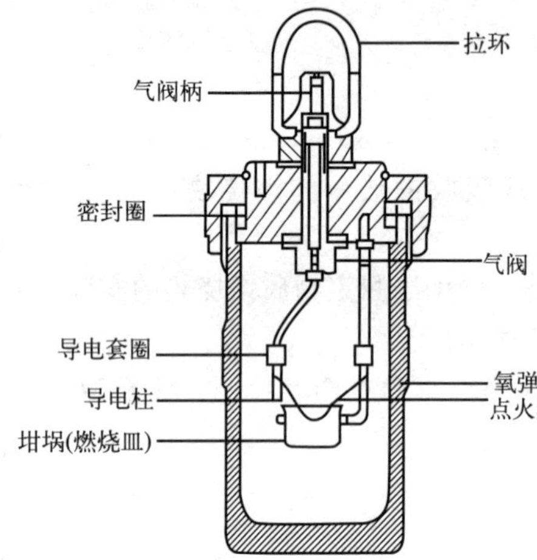

图 2-1　氧弹的构造

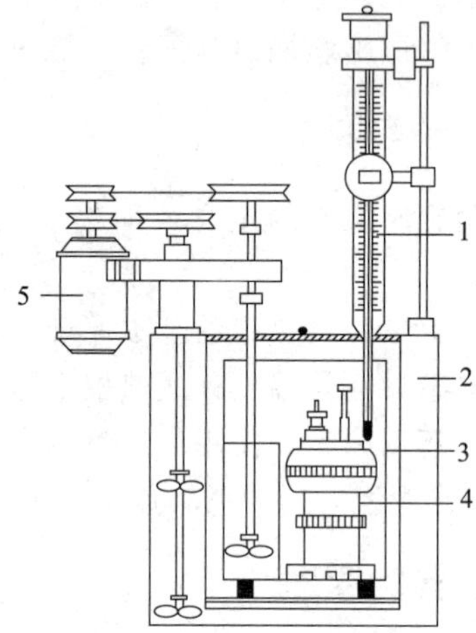

图 2-2　氧弹量热计示意图

1—贝克曼温度计；2—恒温夹套；3—盛水桶；4—氧弹；5—搅拌器

（2）燃烧热测量的基本原理

采用氧弹量热计测定物质的燃烧热是在恒容条件下进行的，所以测得的为恒容燃烧热（Q_V）。测量的基本原理是一定量待测物质样品在氧弹中完全燃烧，燃烧时放出的热量使量热计本身及其周围介质（本实验用水）的温度升高，即物质燃烧放出的热量由量热计本身及其周围介质（本实验用水）吸收。

$$Q_{吸}=-Q_{放} \tag{2-3}$$

通过测定燃烧前后介质温度的变化值，就可以求算出该样品的燃烧热。其关系式如下：

$$-C(T_2-T_1)=\frac{m}{M}Q_{V,\mathrm{m}}+q_{\mathrm{Fe}}m_{\mathrm{Fe}}+q_{棉线}\ m_{棉线} \tag{2-4}$$

式中，m 为待测物质的质量，g；M 为待测物质的分子量；$Q_{V,\mathrm{m}}$ 为待测物质的恒容摩尔燃烧热；q_{Fe} 为点火铁丝的燃烧热（$q_{\mathrm{Fe}}=6.694\ \mathrm{kJ\cdot g^{-1}}$）；$m_{\mathrm{Fe}}$ 为点火铁丝的质量；T_2-T_1 为样品燃烧前后量热计温度的变化值；C 为量热计（包括量热计中的水）的水当量，它表示量热计（包括介质）每升高一摄氏度所需要吸收的热量，量热计的水当量可以通过已知燃烧热的标准物（如苯甲酸，它的恒容摩尔燃烧热为$-3226.9\ \mathrm{kJ\cdot mol^{-1}}$）来标定。已知量热计的水当量后，就可以利用式(2-4)，通过实验测定其他物质的燃烧热。

有时量热计的绝热情况良好，热量散失较少，而搅拌器的功率又比较大，这样往往不断引进少量热量，使得燃烧后的温度最高点不明显出现，这种情况下 ΔT 需要通过雷诺曲线图解法进行校正，校正方法如下。将燃烧前后历次观测到的水温记录下来，并作图，连成 $abcd$ 线（图 2-3）。图中 b 点相当于开始燃烧点，c 点为观测到的最高温度点，由于量热计和外界的热量交换，曲线 ab 及 cd 常常发生倾斜。取 b 点所对应的温度 T_1，c 点对应的温度 T_2，其平均温度为 T，经过 T 点作横坐标的平行线 TO，与折线 $abcd$ 相交于 O 点，然后过 O 点作垂直线 AB，此线与 ab 线和 cd 线的延长线交于 E、F 两点，则 E 点和 F 点所表示的温度差即为欲求的温度升高值 ΔT。EE' 表示环境辐射进来的热量所造成量热计温度的升高，这部分是必须扣除的；而 FF' 表示量热计向环境辐射出热量而造成量热计温度的降低，因此这部分是必须加入的。经过这样校正后的温度差表示由于样品燃烧量热计温度升高的数值。

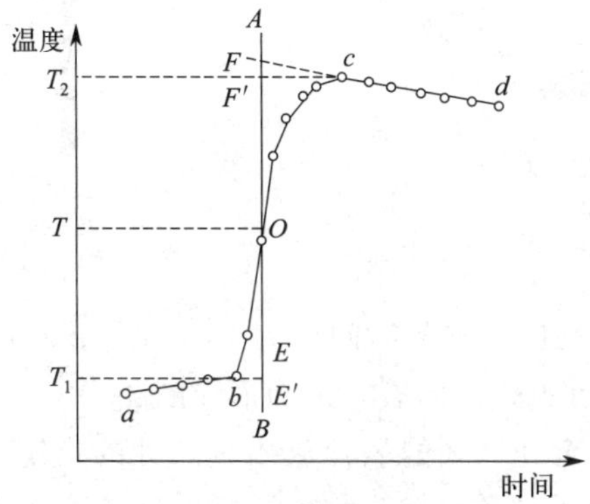

图 2-3　绝热较差时的温度校正图

必须注意，应用作图法进行校正时量热计的温度和外界环境的温度不宜相差太大（最好不超过 2～3 ℃），否则会引进误差。同时，在测量燃烧热过程中，对量热计温度测量的准确性直接影响到燃烧热测定的结果，所以本实验采用仪器配套的热电偶温度计来测量量热计的温度变化值。

四、仪器及试剂

仪器材料：氧弹量热计 1 台（河南鹤壁创新仪器仪表有限公司 LRY-500A）；氧气钢瓶及减压阀 1 只；点火铁丝 1 卷；压片机 1 台；温度计（0～100 ℃）1 支；电子天平 1 台；棉线 1 卷。

试剂药品：萘(AR)适量；苯甲酸(AR)适量。

五、实验步骤

1. 量热计热容 C 的测定

① 压片(图 2-4)：粗略称取 0.5 g 苯甲酸，精确称量点火铁丝和棉线。将对折后的点火铁丝的一端从垫片的引线孔伸出，事先准备好的大约 5 cm 长的棉线也放入引线孔，从而使点火铁丝和棉线一同完全穿过垫片的小孔。将棉线的一端置于垫片的凹槽内，然后将垫片放入模具底部较浅的凹槽端。把中模放置于垫片之上，并确保中模的凹面朝上。再将已称量的样品倒入中模，调整棉线的高度以便于压片。调整至适当高度后开始压片。完成后，将带有样品的中模凹面朝上放在模具底部深凹槽面，把线头放入深凹槽中以便将样品片推出。最

后，精确称量棉线和苯甲酸片的总质量。

② 安装样品片（图 2-5）：将一端已带有样品片的棉线的另一端绑于大约 6 cm 长的点火铁丝上，然后将带样品片的点火铁丝放置于氧弹的两个电极上，以完成样品的安装。

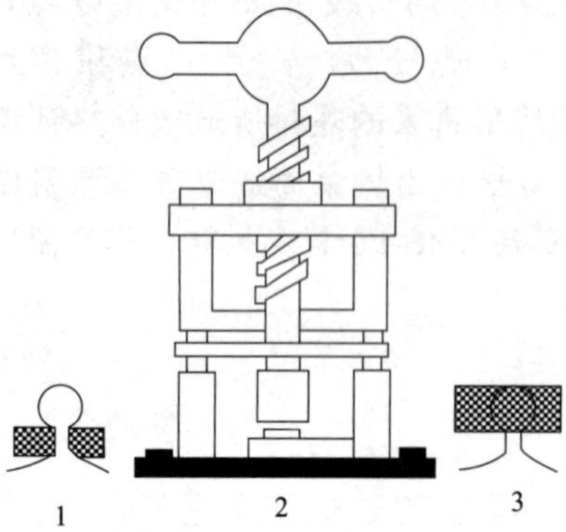

图 2-4 压片方式

1—点火铁丝穿入底板；2—压片机；3—压好的样品

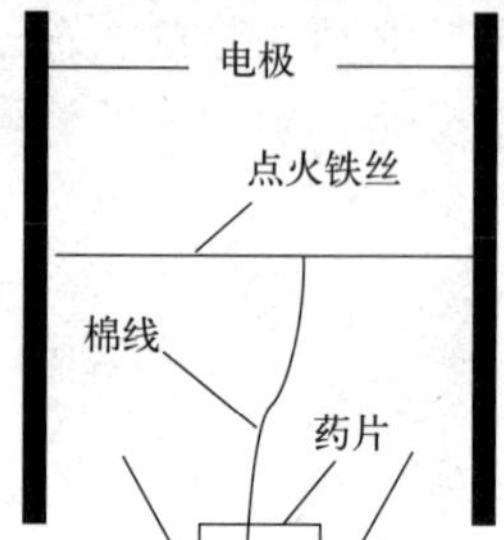

图 2-5 点火铁丝安装方式

③ 充氧气：充氧气至 2 MPa，充氧时间约为 15 s 即可。在此过程中，应注意缓慢充氧，以免高压气体过快冲击导致点火铁丝断裂，进而形成断路。

④ 燃烧和测量温度：将充好氧气的氧弹放入量热计的指定位置，合盖并打开电源。按“发热量”键，液晶显示屏显示样重，输入称得试样的净重，再次按下“发热量”键开始运行标定热容量程序，此时液晶显示屏显示如图 2-6(a) 所示。实验结束后液晶显示屏显示如图 2-6(b) 所示。将氧弹中的气体排尽后，准确称量残余点火铁丝质量，用于计算真正燃烧掉的铁丝质量。

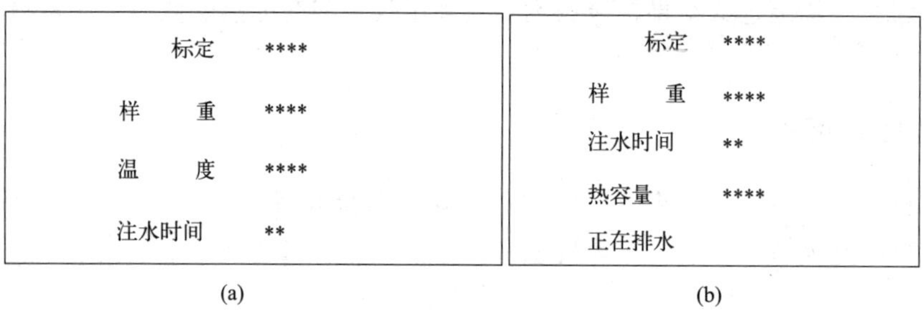

图 2-6 液晶显示屏

2. 萘燃烧热的测定

称取 0.5 g 左右萘两份，按照上述方法分别进行两次操作。实验完毕，洗净氧弹，并敞开量热计的盖子，让其晾干，以备下次实验使用。

六、注意事项

1. 在压片过程中，必须保持钢模的清洁，避免混入其他样品。此外，压片需适度紧密，以防其过于松散导致燃烧不充分，进而产生测量误差。

2. 点火铁丝不要接触氧弹壁，不要让氧弹倾斜或倒置。

七、数据记录和处理

1. 记录燃烧过程中测得的实验数据。

室温：__________℃，气压：__________kPa

样品	$m_{样品}$/g	$m_{Fe,始}$/g	$m_{Fe,残}$/g	$m_{棉线}$/g	T_2/℃	T_1/℃
苯甲酸						
萘						

2. 根据已知条件及式(2-4) 计算量热计的热容。

3. 根据已知条件及式(2-4) 计算萘的燃烧热。

已知：$C_{p,m}(H_2O,l)=75.291\ J\cdot mol^{-1}\cdot K^{-1}$，$C_{p,m}(CO_2,g)=37.11\ J\cdot mol^{-1}\cdot K^{-1}$，

$C_{p,m}(O_2,g)=29.36\ J\cdot mol^{-1}\cdot K^{-1}$，$C_{p,m}$(苯甲酸,s)$=146.8\ J\cdot mol^{-1}\cdot K^{-1}$

$C_{p,m}$(萘,s)$=165.7\ J\cdot mol^{-1}\cdot K^{-1}$，苯甲酸燃烧热$=-3226.9\ kJ\cdot mol^{-1}$

八、思考题

1. 固体样品为什么要压成片状？

2. 如何用萘的燃烧热数据来计算萘的标准生成热？

3. 在本实验装置中哪些是体系？哪些是环境？体系和环境通过哪些途径进行热交换？这些热交换对结果影响怎样？

4. 使用氧气要注意哪些问题？

九、参考文献

[1] 东北师范大学，等．物理化学实验［M］．3版．北京：高等教育出版社，2014：48-59.

[2] 任冬梅，高鸽，刘鑫，等．“燃烧热测定”实验的改进［J］．科技创新与应用，2017，(35)：25-27.

[3] 张建华，徐常威，郭云萍．改革样品压片模式大幅度提高燃烧热实验的成功率［J］．大学化学，2011，26 (5)：65-66.

[4] 清华大学化学系物理化学实验编写组．物理化学实验［M］．北京：清华大学出版社，1991：25.

实验三 ▸ 溶解热的测定

一、实验目的

1. 掌握电热补偿法测定热量的基本原理。
2. 通过电热补偿法测定 KNO_3 在水中的溶解热。
3. 通过作图法计算 KNO_3 在水中的微分稀释热、积分稀释热和微分溶解热。

二、预习要求

1. 回顾与理解有关溶解过程热效应的基本概念。
2. 学习并掌握利用电热补偿法来测量热效应的基本原理。
3. 学会如何根据实验数据计算出硝酸钾（KNO_3）的积分溶解热以及其他三种热效应的值。
4. 认识并分析可能对实验结果产生影响的各种因素。

三、实验原理

1. 基本概念

在恒温恒压下，将溶质 B 溶于溶剂 A（或将溶剂 A 加入一定浓度的溶液）中产生的热效应称为溶解热，用 Q 表示。溶解热可分为积分溶解热和微分溶解热两种。积分溶解热是指在恒温恒压下把 1 mol 溶质溶解在 n_0 的溶剂中时所产生的热效应。由于该过程中溶液的浓度逐渐改变，因此积分溶解热也称变浓溶解热，以 Q_s 表示。微分溶解热是指在恒温恒压下把 1 mol 溶质溶解在某一确定浓度的无限量的溶液中时所产生的热效应，以 $\left(\frac{\partial Q_s}{\partial n}\right)_{T,p,n_0}$ 表示。这种热效应也可视为恒温恒压下在定量的该浓度的溶液中加入 dn 的溶质时所产生的热效应 dQ 与 dn 之间的比值，由于过程中溶液的浓度实际上可视为不变，因此微分溶解热也称为定浓溶解热。

溶剂加到溶液中使之稀释时所产生的热效应称为稀释热。稀释热也有积分（或变浓）稀释热和微分（或定浓）稀释热两种。积分稀释热是把原含 1 mol 溶质和 n_{01} 溶剂的溶液稀释到含溶剂 n_{02} 时所产生的热效应，以 Q_d 表示，显然 $Q_d=Q_{s,n_{02}}-Q_{s,n_{01}}$。微分稀释热是指将 1 mol 溶剂加到无限量某一定浓度溶液中时所产生的热效应，即 $\left(\frac{\partial Q_s}{\partial n_0}\right)_{T,p,n}$。

2. 积分溶解热的测定

积分溶解热（Q_s）可由实验直接测定，其他三种热效应则通过 Q_s-n_0 曲线求得。

设纯溶剂和纯溶质的摩尔焓分别为 $H^*_{m,A}$ 和 $H^*_{m,B}$。当溶质溶解于溶剂形成溶液后，在溶液中溶剂和溶质的偏摩尔焓分别为 $H_{m,A}$ 和 $H_{m,B}$。对于由 n_A 溶剂和 n_B 溶质组成的系统，在溶解前系统总焓为 H，则有：

$$H = n_A H_{m,A}^* + n_B H_{m,A}^* \quad (3\text{-}1)$$

设溶液的焓为 H'，则有：

$$H' = n_A H_{m,A} + n_B H_{m,B} \quad (3\text{-}2)$$

因此溶解过程热效应 Q 为：

$$Q = \Delta_{mix} H = H' - H = n_A (H_{m,A} - H_{m,A}^*) + n_B (H_{m,B} - H_{m,B}^*) = n_A \Delta H_{m,A} + n_B \Delta H_{m,B} \quad (3\text{-}3)$$

式中，$\Delta H_{m,A}$ 为微分稀释热，$\Delta H_{m,B}$ 为微分溶解热。根据上述定义，积分溶解热 Q_s 为

$$Q_s = \frac{Q}{n_B} = \frac{\Delta_{mix} H}{n_B} = \frac{n_A}{n_B} \Delta H_{m,A} + \Delta H_{m,B} = n_0 \Delta H_{m,A} + \Delta H_{m,B} \quad (3\text{-}4)$$

以 Q_s 对 n_0 作图，图中曲线某点切线的斜率即为该浓度溶液的微分稀释热，截距即为该浓度溶液的微分溶解热。如图 3-1 所示，AF 与 BG 分别为将 1 mol 溶质分别溶于 n_{01} 和 n_{02} 溶剂时的积分溶解热 Q_s。曲线上不同点的切线斜率对应于该浓度的微分稀释热，如 A 点处溶液的微分稀释热 $\left(\frac{\partial Q_s}{\partial n_0}\right)_{T,p,n} = \frac{AD}{CD}$。该切线在纵坐标上的截距 OC，即为该浓度溶液的微分溶解热。BE 表示在含有 1 mol 溶质的溶液中加入溶剂，使溶剂量由 n_{01} 增加到 n_{02} 过程的积分稀释热 Q_d。

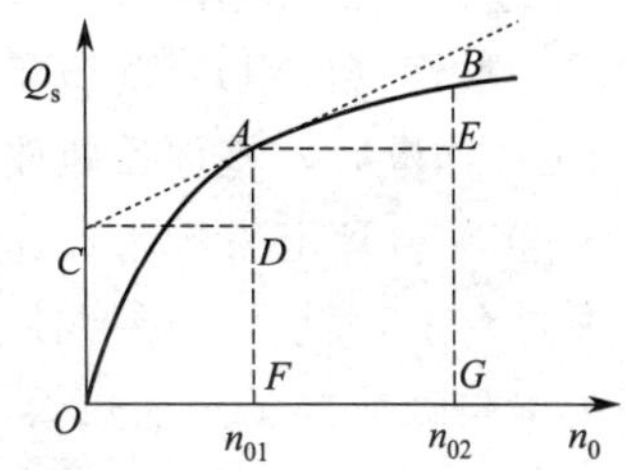

图 3-1　Q_s-n_0 图

3. 实验系统

本实验采用绝热式测温量热计，它是一个包括量热器、搅拌器、电加热器和温度计等的量热系统，装置及电路图如图 3-2 所示。KNO_3 在水中溶解是吸热过程，系统温度随着吸热过程的进行而下降，因此采用电热补偿法测定。该测定方法需要先测定系统的起始温度 T，当 KNO_3 溶解后系统温度降低时，采用电加热法使系统升温至起始温度，根据所消耗电能求出热效应 Q：

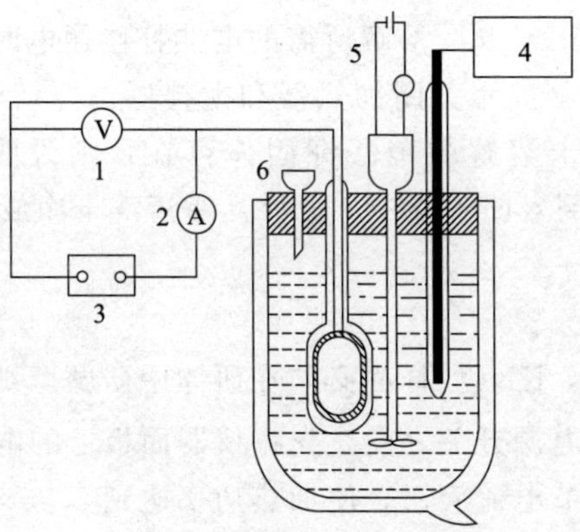

图 3-2　量热器及电路图

1—直流伏特计；2—直流毫安表；3—直流稳压电源；4—测温部件；5—搅拌器；6—加样漏斗

$$Q = I^2 Rt = IUt \quad (3\text{-}5)$$

式中，I 为通过电阻为 R 的电热器的电流强度，A；U 为电阻丝两端所加电压，V；t 为通电时间，s。

四、仪器及试剂

仪器材料：溶解热测定数据采集接口装置（南京南大万和科技有限公司，NDRH-2S，含磁力搅拌器、加热器、温度传感器）1 套；计算机 1 台；杜瓦瓶 1 个；漏斗 1 个；毛笔 1 支；称量瓶 8 只；电子天平 1 台；研钵 1 个。

试剂药品：KNO_3(AR)。

五、实验步骤

① 研磨 26 g 硝酸钾，将 8 个称量瓶进行编号，然后依次向每个瓶子中加入预先研磨细化的硝酸钾（KNO_3），质量分别为 2.5 g、1.5 g、2.5 g、3.0 g、3.5 g、4.0 g、4.0 g 和 4.5 g。称量后，将称量瓶放入干燥器中待用。

② 在台秤上直接用杜瓦瓶（使用前需洗净并擦干）称取 216.2 g 蒸馏水。将杜瓦瓶置于搅拌台上，然后将磁搅拌子放入杜瓦瓶中，并将温度传感器浸入水中（确保温度传感器的探头不与磁搅拌子及加热器接触）。

③ 连接好线路，开启溶解热测量数据采集接口装置的电源开关，并将电流调节至 0，让仪器预热 3 min。

④ 开启计算机，运行“SVFWin”软件。进入系统初始界面后选择确定键，进入主界面。点击“开始实验”按钮并根据提示开始测量当前室温。此时，开启恒流电源和搅拌器电源开关，并将搅拌速率调整至适宜水平。

⑤ 测量完室温后，缓慢调节电流，使加热器的功率维持在 2.5～2.3 W 之间。

⑥ 当杜瓦瓶中的水温比室温高出 0.5℃时，电脑将提示你加入第一份 KNO_3。向加样漏斗中加入第一份 KNO_3 样品，并使用毛刷将残留在漏斗上的 KNO_3 清扫至杜瓦瓶中。

⑦ 加入 KNO_3 后，它开始溶解，同时水温迅速下降。然而，由于加热器在工作水温会慢慢上升。当系统探测到水温上升至起始温度时，电脑会提示加入第二份 KNO_3。同时，电脑记录下通电时间。接着，按照上述步骤继续进行实验，直至电脑提示 8 份样品全部加完。此时，系统会自动统计出每份 KNO_3 溶解所需的电热补偿通电时间。

⑧ 测定完毕后，根据电脑提示关闭加热器和搅拌器，并切断电源。打开杜瓦瓶，检查 KNO_3 是否完全溶解。若有未溶解的硝酸钾固体存在，则说明实验失败，必须重做。若 KNO_3 完全溶解，可将溶液倒入回收瓶中，把杜瓦瓶清洗干净放回原处。

六、注意事项

1. 杜瓦瓶必须洗净擦干，KNO_3 样品必须在研钵中研磨至细。

2. 在打开溶解热仪器的电源开关之前，先将仪器面板上的电流旋钮调至最小。

3. 实验过程中要缓慢调节电流旋钮，使加热功率达到 2.25～2.30 W 之间。

4. 调节磁子的搅拌速率至适宜水平并保持恒定是本实验的关键步骤。搅拌速率过快或过慢，不仅会导致实验故障，还可能因水的传热性不佳而使 Q_s 值偏低，甚至导致 Q_s-n_0 的关系图发生畸变。

5. 向漏斗中加入 KNO_3 样品时，请缓慢加入以防堵塞漏斗口。

6. 如果实验结束后杜瓦瓶中有未溶解的残留物，这表明实验未能成功，需重新进行。

七、数据记录和处理

室温：______℃，气压：______ kPa，$I=$______ A，$U=$______ V，$IU=$______ W

i	m_i/g	$\sum m_i/\mathrm{g}$	t/s	Q/J	$Q_s/(\mathrm{J \cdot mol^{-1}})$	n_0
1						
2						
3						
4						
5						
6						
7						
8						

本实验数据处理由计算机自动完成。

数据处理菜单中有“以当前数据处理”“保存数据到文件”“读取数据文件”“打印”四个子菜单项和“退出”功能按钮。

1. 点击系统主界面中的“数据处理”菜单，输入水和 8 份硝酸钾样品的质量，然后点击“以当前数据处理”按钮，软件自动计算出：

① 每份样品的 Q_s 和 n_0（$Q_s=\dfrac{Q}{n_{KNO_3}}=\dfrac{M_{KNO_3}IUt}{m_{KNO_3}}, n_0=\dfrac{n_{H_2O}}{n_{KNO_3}}$）。

② n_0 为 80、100、200、300、400 时 KNO_3 的积分溶解热、微分溶解热和微分稀释热。

③ n_0 从 80～100、100～200、200～300、300～400 时 KNO_3 的积分稀释热。

2. 点击右上角的“下一页”按钮，计算机自动画出“Q_s-n_0”图，点击“打印”按钮即可打印处理的数据和图表。

八、思考题

1. 本实验设备是否适用于测定放热反应的热效应？

2. 本实验中产生温差的主要原因有哪些？如何进行修正？

3. 温度和浓度会影响溶解热吗？如何根据实验温度下的溶解热数据来计算其他温度下的溶解热？

九、参考文献

[1]　东北师范大学，等．物理化学实验［M］．3 版．北京：高等教育出版社，2014：57-59.

[2]　王文珍．物理化学实验［M］．北京：化学工业出版社，2017：42-46.

实验四 ▸ 凝固点降低法测定分子的摩尔质量

一、实验目的

1. 学会利用凝固点降低法测定摩尔质量的原理和方法。
2. 学会测定溶液的凝固点。
3. 通过实验深入理解稀溶液的依数性。

二、预习要求

1. 掌握利用凝固点降低原理来测量摩尔质量。
2. 学习如何测定凝固点。

三、实验原理

1. 凝固点降低法测摩尔质量的原理

稀溶液的凝固点比纯溶剂的凝固点低，两者差值称为溶液的凝固点降低值。

$$\Delta T_f = T_f^* - T_f = K_f b_B \tag{4-1}$$

式中，T_f^* 为纯溶剂的凝固点；T_f 为溶液的凝固点；b_B 为溶液中溶质 B 的质量摩尔浓度（单位为 $mol \cdot kg^{-1}$）；K_f 为溶剂的质量摩尔凝固点降低常数，它的数值仅与溶剂的性质有关，通常水为 1.86 $kg \cdot K \cdot mol^{-1}$，苯为 5.12 $kg \cdot K \cdot mol^{-1}$，萘为 6.90 $kg \cdot K \cdot mol^{-1}$。

若称取一定量的溶质 m_B(g) 和溶剂 m_A(g)，配成稀溶液，则该溶液中溶质的质量摩尔浓度为：

$$b_B = \frac{m_B / M_B}{m_A} \times 10^3 \tag{4-2}$$

式中，M_B 为溶质的摩尔质量。将该式代入式(4-1)，整理得：

$$M_B = K_f \frac{m_B}{\Delta T_f m_A} \times 10^3 \tag{4-3}$$

若已知某溶剂的凝固点降低常数 K_f 值，并通过实验测定此溶液的凝固点降低值 ΔT_f，即可计算非电解质溶质的摩尔质量 M_B。需要注意的是，ΔT_f 的数值大小直接反映了溶液中溶质的质点数目。溶质在溶液中可能发生解离、缔合、溶剂化或配合物生成等现象，这些都会改变溶质在溶剂中的表观摩尔质量。因此，凝固点降低法也适用于研究溶液的电解质解离度、溶质的缔合度、溶剂的渗透因子和活度因子。当溶液浓度较高时，所得摩尔质量会随浓度的变化而有所不同。为了获取更准确的摩尔质量数据，通常采用以下方法：将通过式(4-3) 计算得到的摩尔质量作为纵坐标，溶液浓度作为横坐标进行绘图，并将曲线外推到浓度为零的点，从而得到更为准确的摩尔质量。

2. 凝固点测量原理

通常测量凝固点的方法是逐渐冷却溶液。将纯溶剂逐步冷却，在未凝固之前，温度随时间均匀下降。开始凝固后，由于放出的凝固热补偿了热损失，温度保持不变。当全部凝固后，温度再继续均匀下降（图 4-1 中的 a）。然而，在实际过程中常发生过冷现象，其冷却曲线如图 4-1 中的 b 所示，此时应以温度回升后的稳定温度作为纯溶剂的凝固点。

溶液的冷却曲线与纯溶剂不同。当溶剂开始凝固析出时，剩下溶液的浓度逐渐增大，因此溶液的凝固点也逐渐下降（图 4-1 中的 c）。如果溶液的过冷程度不高，析出固体溶剂的量很少，对浓度的影响不大，则应以过冷回升的最高温度作为该溶液的凝固点（图 4-1 中的 d）。如果过冷严重，则所测得的凝固点偏低，这会影响摩尔质量的测定结果。因此，在测量过程中必须设法控制适当的过冷程度，通常可以通过控制冷剂的温度、搅拌速度等方法来实现。

综上所述，本实验分为两部分：①测定纯环己烷的凝固点；②测定溶解萘的环己烷溶液的凝固点。

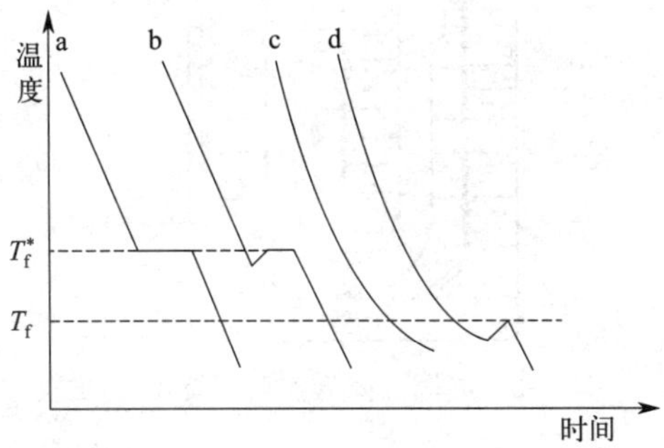

图 4-1 步冷曲线及凝固点修正示意图

四、仪器及试剂

仪器材料：自冷式凝固点测定仪（南京桑力电子设备厂，SWC-LGe）1 套；冷冻管 1 个；空气套管 1 个；压片机 1 个；移液管(25mL)1 支；温度测量传感器(分度值为 1/10 ℃) 1 支；精密温度测量传感器(−10～100 ℃)1 支；电子天平 1 台；烧杯(100 mL) 1 个；搅拌棒 1 个；吸耳球 1 个；称量纸。

试剂药品：萘($C_{10}H_8$，AR)；环己烷($C_{10}H_{12}$，AR)。

五、实验步骤

1. 准备实验仪器及处理样品

将冷冻管和精密温度测量传感器探头用蒸馏水淋洗干净，随后将冷冻管烘干。粗称 0.1～0.2 g 的萘，并将其压制成片状。将制成的萘片放入称量瓶中，并精确地测量萘片与称量瓶的总质量。

2. 调节冷浴温度

打开自冷式凝固点测定仪(图 4-2)的电源开关，向冰浴槽中加入蒸馏水，直到水位达到大约三分之二的位置。然后启动水泵。如果观察到水位下降，继续添加蒸馏水以维持水位稳定在三分之二左右。按下自冷式凝固点测定仪上的置数及控温按钮，使仪器显示窗口进入“置数”模式。在此模式下，点击调节按钮设置冷浴温度为 3 ℃。完成设置后，再次按下置数及控温按钮退出该模式，并开启制冷功能。待冷浴温度降至设定值后，即可进行后续操作。

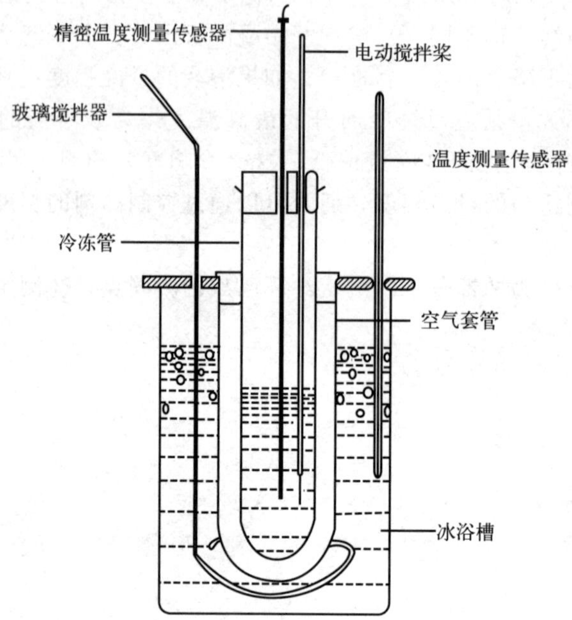

图 4-2　凝固点降低实验装置示意图

3. 纯环己烷凝固点的测定

用移液管向清洁、干燥的冷冻管内加入 25 mL 环己烷。然后，将已经擦干的精密温度测量传感器插入冷冻管内，确保传感器尽量处于冷冻管圆心位置，下端高于冷冻管底部约 5 mm。此时，温度会先上升至室温值左右，随后开始下降。同时连接搅拌棒，旋转搅拌速率开关至“慢”的位置。在搅拌过程中，要避免玻璃搅拌器和电动搅拌桨与温度/温差测量传感器摩擦，尤其读数时不能与测温探头相碰。设置定时器为 20 s，即每间隔 20 s 记录一次温差值。当凝固点测定仪的显示窗口中样品值，即此时环己烷的温度，下降到 10 ℃左右时，开始计时并计数，记录大约 50 组数据。根据这些数据，绘制环己烷的步冷曲线，以确定其凝固点。

4. 溶液凝固点的测定

取出冷冻管后，用手使其温暖，确保管中的环己烷完全熔化。然后，加入已准确称量的萘片，搅拌直至萘完全溶解。同时，调节冷浴温度至 2 ℃。重复进行步骤 3，并记录相关数据。利用实验得到的步冷曲线，推算出溶液的凝固点。需要强调的是，控制搅拌速率对于本实验的准确性至关重要。因此，在测定过程中，必须按照既定速率进行搅拌。同时，无论是测量溶剂还是溶液的凝固点，都要保证搅拌条件严格一致。

5. 称量瓶重，回收废液

实验完成后，准确称量空瓶的质量以便计算样品的净重。接着清洗冷冻管、温度测量传感器和搅拌器，先关闭制冷开关，再关闭电源开关。将冷浴里的冷却水倒掉。最后，整理实验台，保持工作环境的整洁。

六、注意事项

1. 冷冻管需保持清洁和干燥。

2. 为避免环境温度的影响，温差测量传感器的测温探头应置于系统内部，并且避免与冷冻管管壁接触。

3. 在测定溶液和溶剂的凝固点时，应确保搅拌的速率和时间一致。

4. 应恰当控制过冷流程及搅拌速率。

5. 避免让玻璃搅拌器和电动搅拌桨触碰温度/温差测量传感器或管壁，特别是在读取数据时要避免与测温探头接触。

6. 玻璃搅拌器上下移动的幅度宜稍大，但不得超出液面高度。

七、数据记录和处理

1. 环己烷和萘的环己烷溶液温度随时间的变化（每隔 20 s 记录一次）

室温：________℃，气压：________ kPa，冷浴温度：________℃

时间	纯环己烷溶剂温度/℃	萘的环己烷溶液的温度/℃
1		
2		
⋮		
50		

2. 实验数据处理

（1）绘制纯溶剂及溶液的步冷曲线，通过外推法确定 T_f^*、T_f 和 ΔT_f（外推方法如图 4-3 所示）。

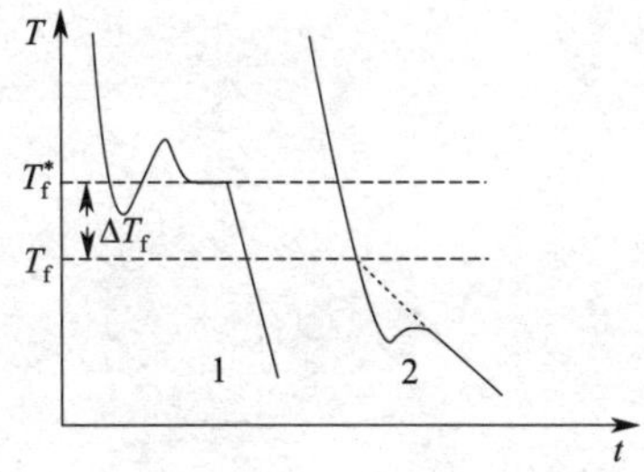

图 4-3　外推法确定 ΔT_f 值

1—溶剂步冷曲线；2—溶液步冷曲线

（2）计算萘的摩尔质量 M_B。

已知：环己烷的密度 $\rho/(\mathrm{kg \cdot m^{-3}}) = 0.7971 \times 10^3 - 0.8879\ t/℃$，环己烷的体积为 25 mL。环己烷的凝固点降低常数 $K_f = 20.1\ \mathrm{kg \cdot K \cdot mol^{-1}}$。

八、思考题

1. 凝固点降低法测定溶质摩尔质量的公式在什么条件下才能使用？

2. 什么原因可能造成过度过冷？若过度过冷，所测溶液凝固点会偏低还是偏高，而由此得到的摩尔质量是偏低还是偏高的？

3. 在冷却过程中，冷冻管内固相、液相与冷却剂之间发生了哪些热交换？它们对凝固点的测定有何影响？

4. 如何确定加入溶剂的质量？加入量过多或过少会有何影响？

5. 哪些因素会影响凝固点的精确测量？

九、参考文献

[1]　东北师范大学，等．物理化学实验［M］．3 版．北京：高等教育出版社，2014：60-64.

[2]　王文珍．物理化学实验［M］．北京：化学工业出版社，2017：52-56.

[3] 李楠，宋建华．物理化学实验［M］．北京：化学工业出版社，2016：28-32.
[4] 复旦大学，等．物理化学实验［M］．北京：高等教育出版社，2004：24-27.

附录 常用溶剂的 K_f 值

溶剂	T_f^*/K	$K_f/(K \cdot kg \cdot mol^{-1})$
水	273.15	1.853
苯	278.683	5.12
萘	353.440	6.94
环己烷	279.69	20.0
樟脑	451.90	37.7
环己醇	279.694	39.3

实验五 ▸ 液体饱和蒸气压的测定

一、实验目的

1. 理解纯液体饱和蒸气压、气液两相平衡及克劳修斯-克拉贝龙方程的物理意义。
2. 掌握静态法测定乙醇饱和蒸气压的原理和实验操作。
3. 学会通过蒸气压数据计算摩尔气化热和确定正常沸点。

二、预习要求

1. 复习饱和蒸气压与克劳修斯-克拉贝龙方程的理论基础。
2. 熟悉真空泵、恒温槽和气压计的操作要点和注意事项。
3. 明确实验步骤，预判温度控制与系统密封的误差风险。

三、实验原理

在通常温度下（远离临界温度时），纯液体与它的蒸气达到平衡时的蒸气压称为该温度下的饱和蒸气压，通常简称为饱和蒸气压。蒸发 1 mol 液体所吸收的热量称为该温度下液体的摩尔汽化热。

液体的蒸气压随着温度的变化而变化：温度升高，蒸气压增大；温度降低，蒸气压减小。液体在蒸气压等于外界压力时沸腾，此时的温度即为沸点。外界压力变化时，液体的沸点也会相应变化。在外界压力为 101.325 kPa 时，将液体的沸点定义为其正常沸点。

纯液体的饱和蒸气压与温度的关系用克劳修斯-克拉贝龙方程式表示：

$$\frac{\mathrm{d}\ln p}{\mathrm{d}T}=\frac{\Delta_{\mathrm{vap}}H_{\mathrm{m}}}{RT^2} \tag{5-1}$$

式中，p 为纯液体在温度 T 时的饱和蒸气压；T 为热力学温度；$\Delta_{\mathrm{vap}}H_{\mathrm{m}}$ 为纯液体的摩尔汽化热；R 为摩尔气体常数。若在较小的温度变化范围内，$\Delta_{\mathrm{vap}}H_{\mathrm{m}}$ 可以近似为常数，则对式(5-1) 积分可得：

$$\ln p=-\frac{\Delta_{\mathrm{vap}}H_{\mathrm{m}}}{R}\times\frac{1}{T}+C \tag{5-2}$$

式中，C 为积分常数。由此式可以看出，以 $\ln p$ 对 $1/T$ 作图，应为一直线，直线的斜率为 $-\frac{\Delta_{\mathrm{vap}}H_{\mathrm{m}}}{R}$，由斜率可求算液体的 $\Delta_{\mathrm{vap}}H_{\mathrm{m}}$。

测定液体饱和蒸气压的实验方法主要包括动态法、静态法和饱和气流法。相比之下，静态法具有更高的准确性。

动态法是在不同外部压力下测定液体沸点的方法。可以通过使用大型缓冲瓶维持液体上方的压力为某一定值，并利用压力计来测量该压力。当液体开始沸腾时记录其温度。动态法的优势在于对温度控制的要求相对较低，设备简单，对于沸点低于 100℃ 的液体，能够实现高精度的测量。

静态法是在特定温度下直接测量饱和蒸气压的方法。这种方法通常使用恒温槽来保持恒定温度，并通过调整减压系统来控制压力，使其与液体的蒸气压平衡，并用压力计测量该饱和蒸气压。静态法通常用于测量蒸气压较高的液体。测量纯液体在不同温度下的饱和蒸气压时，可以采用升温法或降温法。在本次实验中，我们采用升温法来测定不同温度下纯液体的饱和蒸气压，使用的是专门的纯液体饱和蒸气压测定装置。

图 5-1 是平衡管示意图。平衡管由 a 球和 U 形管 b、c 组成。上接一冷凝管，并通过橡皮管与压力计相连。a 球内装有待测液体。当 a 球内的液面上方只有待测液体的蒸气，且 b 管与 c 管的液面处于同一水平面时，说明 b 管液面上的蒸气压等于加在 c 管液面上的外压。此时，体系气液两相达到平衡时的温度即为该外压下液体的沸点。由此可见，利用平衡管能够获得并维持系统中纯试样的饱和蒸气。在此过程中，U 形管中的液体起到了液封和平衡指示的双重作用。

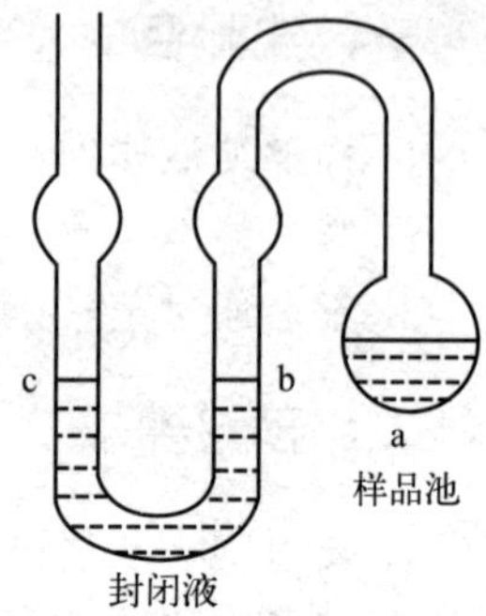

图 5-1 平衡管示意图

四、仪器及试剂

仪器：饱和蒸气压实验装置 1 套；循环水式真空泵 1 台；（真空）精密数字压力计 1 台；玻璃恒温槽 1 台。

试剂：无水乙醇（AR）。

五、实验步骤

1. 安装仪器

实验测量装置如图 5-2 所示。向装冷阱的杜瓦瓶内加入冰水。取下加料口 4 的磨口塞，用滴管向平衡管内加入无水乙醇，再用洗耳球挤压进样品池内，使其中的无水乙醇体积约为样品池体积的 4/5 即可，然后重新盖紧磨口塞。接通平衡管上部的冷凝水，并将恒温槽的水温调节至约 20 ℃，打开数字压力计的开关，最后使用数字压力计读取当天的大气压力 p_0。

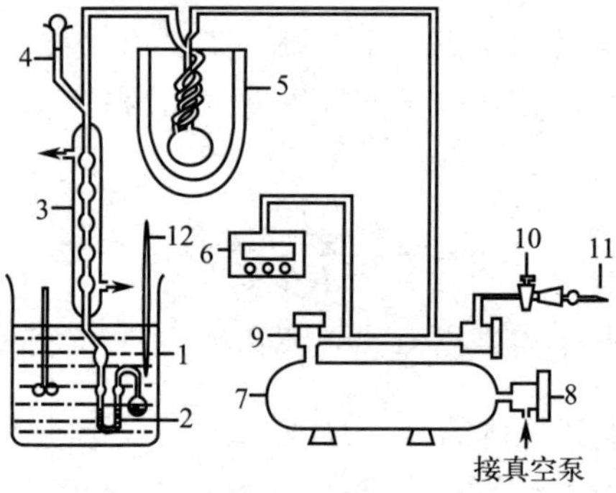

图 5-2 静态法测定液体蒸气压装置示意图

1—恒温槽；2—平衡管；3—冷凝管；4—加料口；5—冷阱；6—数字压力计；7—缓冲瓶；8,9,10—二通旋塞；11—毛细管；12—温度传感器

2. 20℃时无水乙醇饱和蒸气压的测定

将真空泵连接至二通旋塞 8，关闭二通旋塞 10，并保持二通旋塞 9 始终打开。启动真空泵，打开二通旋塞 8，系统中的空气被抽出，此时观察到数字压力计 6 的示数变化。待平衡管内的乙醇沸腾 3～5 min 后，关闭二通旋塞 8 和真空泵。缓慢旋转二通旋塞 10，使空气逐渐进入系统。当平衡管中的 U 形管两臂液面平齐时，关闭二通旋塞 10。如果 U 形管液面再次发生变化，则再次旋转二通旋塞 10 直至液面平齐且稳定不再变化。如果液面持续变动，表明空气未能完全抽出，需要重新进行抽气操作。记录恒温槽的温度 T 以及数字压力计 6 的示数 Δp。在该温度下乙醇的饱和蒸气压可以表示为 $p=p_0+\Delta p$（在抽气过程中，Δp 为负值）。

3. 不同温度下无水乙醇饱和蒸气压的测定

通过上述操作可得 20 ℃时乙醇的饱和蒸气压。在该温度下，重复操作步骤 2 并进行一次测量。如果两次测定的结果之差小于 0.1 kPa，则可以进行下一步测量。注意：在第二次操作过程中，U 形管内的乙醇可能会被抽干。因此，在完成抽气操作后，应松开夹在冷凝管上的夹子，并轻轻摇晃 U 形管，使样品池内的乙醇溅入 U 形管内，以确保 U 形管内有足够量的乙醇。

调节恒温槽，使水温上升约 4 ℃。在温度升高的过程中，注意 U 形管内液柱的变化。为了维持液面的平稳，应定期轻轻旋转旋塞，慢慢释放空气，确保液面保持平齐。当水温接近 24 ℃左右，并且液面稳定不再变化时，记录此时的温度和数字压力计 6 上的示数。接下来，重复上述操作步骤，分别在 28 ℃、32 ℃和 36 ℃下测量饱和蒸气压，并记录每次的数据。最后，再次记录大气压力 p_0，并与先前的值取平均值。

实验结束后，打开二重旋塞 10 以平衡系统内外压力，并倒掉冷阱内的乙醇。

六、注意事项

1. 系统必须密封，不能有漏气现象，确保平衡管内含有乙醇的空气完全被排出。
2. 在操作过程中，要特别防止空气倒灌。如果发生倒灌，需要中断操作并重新抽气。
3. 使用真空泵时，要注意防止真空油逆流。因此，在停止抽气时，应先断开连接于真空泵的真空胶管，随后再关闭真空泵的电源。

七、数据记录和处理

1. 记录实验数据。

室温：________℃；气压：________ kPa。

温度		大气压	数字压力	蒸气压	$\ln(p/\text{kPa})$	T^{-1}/K^{-1}
t/℃	T/K	p_0/kPa	计示数 Δp/kPa	p/kPa		

2. 以 $\ln p$ 对 $1/T$ 作图，求出直线的斜率，并由斜率算出此温度范围内液体的平均摩尔汽化热 $\Delta_{vap}H_m$。

八、思考题

1. 为什么平衡管中 U 形管中的空气要是干净的，并且如何操作以防止空气倒灌？

2. 是否可以使用本实验的装置来测定溶液的饱和蒸气压？请解释原因。

3. 完成实验后，为什么必须先使系统和真空泵与大气相通后才能关闭真空泵？

4. 如果采用恒温升温法来测定乙醇的饱和蒸气压，该实验装置是否可行？如果可行，应如何操作？

5. 将实验测定的摩尔汽化热与文献值进行比较，结果有何差异？

6. 哪些因素可能会影响实验的准确性？

九、参考文献

[1] 王文珍．物理化学实验［M］．北京：化学工业出版社，2017：31-37.

[2] 傅献彩，沈文霞，姚天扬，等．物理化学［M］．6 版．北京：高等教育出版社，2022：365-367.

附录一 福廷式气压计

一、福廷式气压计的结构

福廷式气压计是一种单管真空压力计，其结构如图 5-3 所示，它通过汞柱来平衡大气压力。福廷式气压计分为动槽式和定槽式两种。

动槽式福廷气压计的主要结构包括一根长 90 cm、上端封闭的玻璃管，管中盛有汞，并倒插入下部的汞槽内。值得注意的是，玻璃管中的汞面上部不是真空。汞槽下部采用橡胶皮囊作为储汞槽，这样既保持汞槽与大气相通，又确保汞不会漏出。底部设有一调节螺旋，用于调整汞面的高度。象牙针的尖端对准黄铜标尺刻度的零点，利用黄铜标尺的游标尺，读数的精密度可达 0.1 mm 或 0.05 mm。因此，当大气压力与汞槽内的汞面达到平衡时，汞会在玻璃管内上升到一定高度。通常通过测量这个高度，就能确定大气压力的数值。

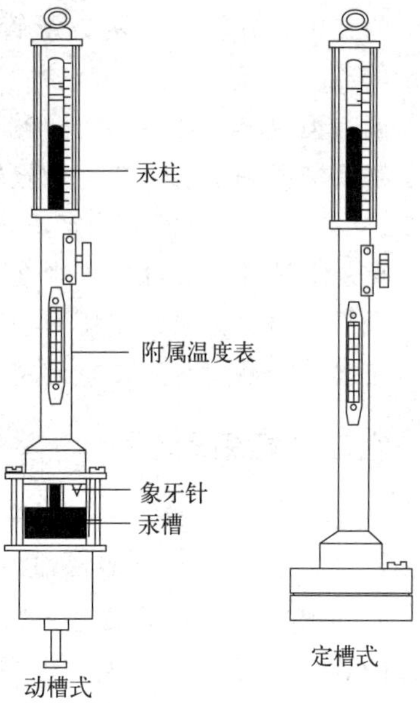

图 5-3 福廷式气压计

定槽式福廷气压计与动槽式的区别在于汞槽部分。它的汞槽是一个固定容积的铁制容器，没有皮囊、汞面调节螺旋以及象牙针。

二、福廷式气压计的使用方法

① 垂直放置：福廷式气压计必须垂直放置。

② 调整汞槽内的汞面高度：慢慢旋转底部的汞面调节螺旋，使汞槽内的汞面升高，直到汞面恰好与象牙针尖接触。然后轻敲铜管外壁，使玻璃管内的汞柱顶端形成均匀的凸形弯月面。操作过程中需确保象牙针尖始终与汞面保持稳定接触，避免因振动导致位置偏移。

③ 调整游标尺：转动游标尺调节螺旋，使游标尺的下沿与管中汞柱的凸面对齐。观察时，眼睛应与游标尺前后的两个下沿处于同一水平面。

④ 读数：游标尺的零线在黄铜标尺上所指的刻度表示大气压力的整数部分（mm 或

kPa)。再从游标尺上找到一条与黄铜标尺某一刻度完全吻合的刻度线，该游标刻度线上的数值即为大气压力的小数部分。

⑤ 整理工作：向下转动汞槽液面调节螺旋，使汞面离开象牙针。记下气压计上附属温度表的温度读数，并从所附的仪器校正卡片上读取该气压计的仪器误差。

三、动槽式福廷气压计读数的校正

当气压计的汞柱与大气压相平衡时，则有 $p_{大气}=gdh$。然而，汞的密度 d 是随温度变化的，同时重力加速度 g 也会因测量地点的不同而有所差异。因此，我们规定在温度为0℃、重力加速度 $g=9.80665\ \mathrm{m\cdot s^{-2}}$ 的条件下，使用汞柱作为标准来度量大气压力。在这种条件下，汞的密度 d 等于 $13.59518\ \mathrm{g\cdot cm^{-2}}$。若测量出的大气压值不符合上述规定，除了需要对仪器误差进行校正之外，在精密的测量工作中还需考虑温度、纬度以及海拔高度的影响并进行相应的校正。

① 仪器误差的校正：由水的表面张力引起的误差、汞柱上方残余气体的影响，以及气压计制作时的误差，在出厂时都已进行了校正。使用时，应根据制造厂提供的仪器误差校正卡上的校正值进行校正。

② 温度的校正：在对气压计进行温度校正时，除了考虑汞的密度随温度的变化外，还要考虑标尺随温度变化的线性膨胀。

③ 纬度和海拔高度的校正：国际上使用气压计测定大气压力时，以纬度45°的海平面上重力加速度 $9.80665\ \mathrm{m\cdot s^{-2}}$ 为标准。由于实验时各地区纬度不同，海拔高度不同，导致重力加速度值也不同，因此需要进行纬度和海拔高度的校正。

附录二 DP-AF 精密数字压力计

一、工作原理

DP-AF 精密数字压力计是一款高性能、高精度的测量仪器，专门用于低真空环境的压力检测。它通过先进的传感器技术、信号处理方法和软件算法，实现了压力值的准确、快速测量和显示。接下来将详细介绍 DP-AF 精密数字压力计的工作原理，主要包括传感器转换、信号放大、数字转换、CPU 数据处理以及广泛适用性等方面。

DP-AF 精密数字压力计的核心部件是压力传感器，它能够将接收到的压力信号转换成电信号输出。传感器内部采用先进的薄膜或压阻技术，当外部压力作用于传感器上时，会引起传感器内部结构的微小变化，进而改变传感器的电阻值或电容值，从而产生与压力成正比的电信号。

由于传感器输出的电信号往往非常微弱，需要经过信号放大电路进行放大处理。信号放大电路能够将传感器输出的微弱电信号放大到适当的幅度，以便后续电路进行处理。信号放大电路的设计需要考虑信号的稳定性、噪声抑制以及线性度等因素，以确保放大后的信号能够准确地反映原始压力值。

经过放大处理的电信号为模拟信号，需要通过模数转换器（ADC）进行数字转换。ADC 将模拟信号转换成数字信号，使得计算机或其他数字设备能够识别和处理。在 DP-AF

精密数字压力计中，ADC 的分辨率和精度对于测量结果的准确性具有重要影响。高分辨率的 ADC 能够提供更精细的测量结果，而高精度的 ADC 则能够确保测量结果的稳定性。

经过 ADC 转换后的数字信号会传输到中央处理器（CPU）进行数据处理。CPU 首先对接收到的数字信号进行滤波和校准，以消除噪声和误差。然后，CPU 根据预设的算法对信号进行计算和处理，得出压力的实际数值。此外，CPU 还负责实现各种功能操作，如自动校零、数据存储、报警设置等。通过 CPU 的强大处理能力，DP-AF 精密数字压力计能够实现高精度、快速响应的测量需求。

DP-AF 精密数字压力计采用先进的传感器技术和数字信号处理技术，具有广泛的应用范围。它不仅可以用于低真空环境的压力检测，其应用还可以扩展到其他领域，如气体分析、流量测量等。此外，DP-AF 精密数字压力计还具有易于携带、操作简便等特点，方便用户在不同场景下使用。

二、使用方法

接通电源，按下电源开关，此时仪器启动并显示初始化界面。仪器需要一定的预热时间以达到稳定的工作状态。请按照仪器说明书中的建议时间进行预热，通常为 5～10 min。

在仪器预热完毕后，按照说明书中的指导进行校零操作。通常是通过按下“ZERO”按钮或相关功能键进行自动校零。根据实际需求设置测量范围、分辨率、采样频率等参数，这些可以在仪器的菜单界面中进行设置。

将 DP-AF 精密数字压力计与待测设备或系统正确连接。确保连接处密封良好，避免漏气现象。在连接完成后，检查仪器和系统的状态，确保无异常。可以观察仪器的显示屏，查看是否有错误提示或异常数据。

打开测量功能，此时仪器开始实时采集并显示压力数据。根据需要设置测量时间和频率。长时间连续测量时，请确保仪器散热良好，避免过热。仪器通常具备数据存储功能，可以将测量数据自动保存在内部存储器中。如需导出数据，请参照“导出与分析”部分的操作。

连接计算机或移动设备时，使用相应的软件或 APP 与 DP-AF 精密数字压力计进行通信。按照软件或 APP 的提示，导出仪器中的测量数据。导出的数据通常以 CSV、Excel 等格式保存，使用专业的数据分析软件对导出的数据进行处理和分析，可以绘制压力曲线，计算平均值、标准差等统计指标。

实验六 ▶ 偏摩尔体积的测定

一、实验目的

1. 掌握用密度法计算二组分溶液的偏摩尔体积。
2. 深入理解偏摩尔体积的概念。
3. 学习在定温、定压条件下测定溶液密度的方法。

二、预习要求

1. 复习课堂讲授内容，理解偏摩尔量的物理意义。
2. 掌握测定密度的比重瓶法，以计算偏摩尔量。

三、实验原理

1. 密度法测定二组分溶液偏摩尔体积的原理

在温度 T 和压强 p 保持不变的条件下，A、B 两组分物质的量 n 的微小变化所引起的任意广度性质 Z 的改变可以表示为：

$$\mathrm{d}Z=\left(\frac{\partial Z}{\partial n_\mathrm{A}}\right)_{T,p,n_\mathrm{B}}\mathrm{d}n_\mathrm{A}+\left(\frac{\partial Z}{\partial n_\mathrm{B}}\right)_{T,p,n_\mathrm{A}}\mathrm{d}n_\mathrm{B}=Z_\mathrm{A}\mathrm{d}n_\mathrm{A}+Z_\mathrm{B}\mathrm{d}n_\mathrm{B} \tag{6-1}$$

体积的变化即为：

$$\mathrm{d}V=\left(\frac{\partial V}{\partial n_\mathrm{A}}\right)_{T,p,n_\mathrm{B}}\mathrm{d}n_\mathrm{A}+\left(\frac{\partial V}{\partial n_\mathrm{B}}\right)_{T,p,n_\mathrm{A}}\mathrm{d}n_\mathrm{B}=V_\mathrm{A}\mathrm{d}n_\mathrm{A}+V_\mathrm{B}\mathrm{d}n_\mathrm{B} \tag{6-2}$$

将该式积分后可得

$$V=V_\mathrm{A}n_\mathrm{A}+V_\mathrm{B}n_\mathrm{B} \tag{6-3}$$

其中

$$V_\mathrm{A}=\left(\frac{\partial V}{\partial n_\mathrm{A}}\right)_{T,p,n_\mathrm{B}},V_\mathrm{B}=\left(\frac{\partial V}{\partial n_\mathrm{B}}\right)_{T,p,n_\mathrm{A}} \tag{6-4}$$

式中，V 为溶液体积；V_A、V_B 分别为组分 A、组分 B 的偏摩尔体积，偏摩尔量是强度性质，与体系浓度有关，而与体系总量无关。

将式(6-3) 两边同除溶液的质量 m，得：

$$\frac{V}{m}=\frac{V_\mathrm{A}}{m}\times\frac{m_\mathrm{A}}{M_\mathrm{A}}+\frac{V_\mathrm{B}}{m}\times\frac{m_\mathrm{B}}{M_\mathrm{B}} \tag{6-5}$$

令：

$$\alpha=\frac{V}{m},\alpha_\mathrm{A}=\frac{V_\mathrm{A}}{M_\mathrm{A}},\alpha_\mathrm{B}=\frac{V_\mathrm{B}}{M_\mathrm{B}} \tag{6-6}$$

式中，α 是溶液的比容；α_A、α_B 分别为组分 A、B 的偏质量体积。将式(6-6)代入式(6-5)中，即可得

$$\alpha=\alpha_\mathrm{A}w_\mathrm{A}+\alpha_\mathrm{B}w_\mathrm{B}=\alpha_\mathrm{A}(1-w_\mathrm{B})+\alpha_\mathrm{B}w_\mathrm{B} \tag{6-7}$$

将式(6-7) 对质量分数 w_B 微分可得：

$$\frac{\partial \alpha}{\partial w_B}=-\alpha_A+\alpha_B，即\ \alpha_B=\alpha_A+\frac{\partial \alpha}{\partial w_B} \tag{6-8}$$

将式(6-8) 代入式(6-7)，可得

$$\alpha_A=\alpha-w_B\frac{\partial \alpha}{\partial w_B}\ 和\ \alpha_B=\alpha+w_A\frac{\partial \alpha}{\partial w_B} \tag{6-9}$$

因此，通过实验测定不同浓度溶液的比容 α，并绘制比容 α 与质量分数 w_B 的关系曲线（见图 6-1）。若想计算某一浓度溶液中各组分的偏摩尔体积，可以在关系曲线的相应点上作切线。推导结果如下：

$$\alpha_A=\alpha-w_B\frac{\partial \alpha}{\partial w_B}=AR-OR\frac{NR}{OR}=AR-NR=AN \tag{6-10}$$

$$同理\ \alpha_B=BP \tag{6-11}$$

切线在两边的截距 AN 和 BP 即为 α_A 和 α_B，再通过关系式(6-6) 就可求出 V_A 和 V_B。

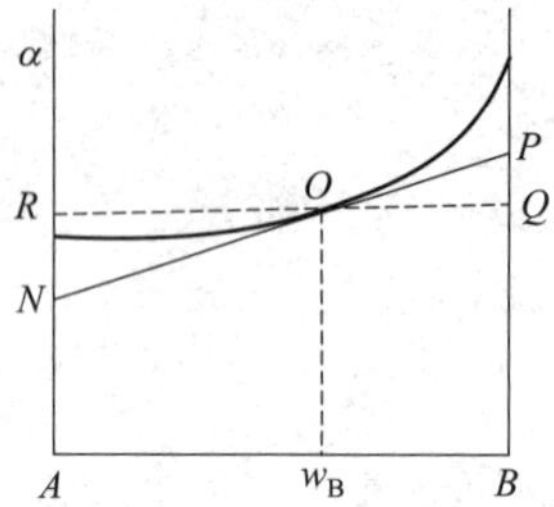

图 6-1　比容-质量分数关系图

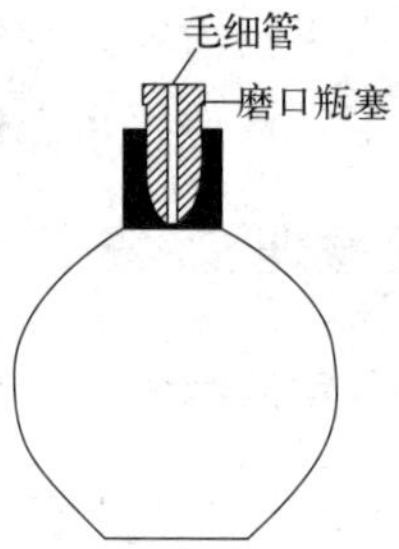

图 6-2　比重瓶

2. 密度法测定二组分溶液质量分数的原理

溶液中 B 物质的质量分数为：

$$w_B=\frac{m_B}{m_A+m_B} \tag{6-12}$$

比重瓶法是一种广泛应用且精度较高的密度测量方法。如图 6-2 所示，比重瓶由不易与待测物发生化学反应、热膨胀系数小、易于清洗的玻璃制成，具有固定容积。瓶塞与瓶口经过精确研磨匹配，以确保密封效果，因此必须严格对应，切勿互换使用不同的瓶塞。瓶塞上设有一根毛细管，当盖紧瓶塞后，多余的液体会通过毛细管排出。在使用比重瓶时，应确保其容积保持不变、毛细管中的液面与瓶塞上沿齐平，并保持其外部干净、干燥。

比重瓶法测定液体密度是通过三次称量实现的。首先测量干燥的空比重瓶质量为 $m_{瓶}$，再向容积为 $V_{瓶}$ 的比重瓶中注满密度为 $\rho_{水}$ 的蒸馏水，测量此时的总质量为 $m_{总,1}$，则：

$$m_{总,1}=m_{瓶}+m_{水}=m_{瓶}+\rho_{水}V_{瓶} \tag{6-13}$$

由此可得出比重瓶的容积：

$$V_{瓶}=\frac{m_{总,1}-m_{瓶}}{\rho_{水}} \tag{6-14}$$

将比重瓶中的蒸馏水倒空，并用吹风机将其吹干。然后，将待测液注入比重瓶中，直至注满。接着，称量待测液和比重瓶的总质量，记为 $m_{总,2}$，则 $m_{总,2}=m_{瓶}+m_{液}=m_{瓶}+\rho_{液}V_{瓶}$，即 $\rho_{液}=\dfrac{m_{总,2}-m_{瓶}}{V_{瓶}}$。根据式(6-14) 可得：

$$\rho_{液}=\rho_{水}\frac{m_{总,2}-m_{瓶}}{m_{总,1}-m_{瓶}} \tag{6-15}$$

$$\alpha=\frac{1}{\rho_{液}} \tag{6-16}$$

四、仪器及试剂

仪器材料：恒温槽 1 台；电子天平 1 台；磨口锥形瓶（100 mL）4 只；比重瓶（10 mL）1 只；烧杯（500 mL）1 只；滴管 1 支。

试剂药品：无水乙醇；蒸馏水。

五、实验步骤

1. 溶液的配制

调节恒温槽的温度，使其高于室温至少 5 ℃。

计算配制乙醇质量分数分别为 0、0.20、0.40、0.60、0.80、1.00 的乙醇水溶液各 20 g 所需的乙醇和水的质量。用分析天平准确称出磨口锥形瓶的质量，并记为 m_0。然后准确称出向锥形瓶中加入一定量的水后的质量，并记为 m_1。接着称出向锥形瓶中再加入一定量的乙醇后的质量，并记为 m_2。配好溶液后，盖紧塞子，以防挥发。

2. 溶液密度的测定

使用分析天平精确地称量一个预先清洗并烘干的比重瓶，记录其质量为 $m_{瓶}$。然后将比重瓶装满纯水（注意不能有气泡），并将其放置在恒温槽中 15 min。使用滤纸快速擦除从毛细管溢出的水。擦干瓶子外壁后，立即进行称量，记录此时的总质量为 $m_{总,1}$。重复上述测定过程两次，并取三次测量结果的平均值。使用同样的方法测定配制好的溶液的质量，测量误差控制在±0.2 mg 以内。

六、注意事项

1. 实验结束后，将比重瓶清洗干净，外表面擦干，用电吹风把比重瓶内部吹干。
2. 比重瓶的瓶塞与瓶口密合，二者是经研磨而相配的，不可“张冠李戴”。
3. 在比重瓶中装入液体后，为避免改变液体的温度，应用手握住瓶口位置，而不是瓶身。

七、数据记录和处理

1. 根据室温时水的密度和称重结果，求出比重瓶的容积。

室温：________℃，气压：________ kPa

比重瓶质量 $m_{瓶}$/g	比重瓶＋水质量 $m_{总,1}$/g	水的质量 $m_{水}$/g	水的密度 $\rho_{水}/(g\cdot cm^{-3})$	比重瓶的体积 V/cm^3

2. 根据所测不同组成溶液的质量数据，用下述公式计算所配溶液的密度，并计算实验条件下各溶液的比容。

① 求溶液的质量分数：$m_A = m_1 - m_0$；$m_B = m_2 - m_1$；$w_B(\text{实际}) = \dfrac{m_B}{m_A + m_B}$。

② 求溶液的密度：$\rho_{液} = \rho_{水} \dfrac{m_{总,2} - m_{瓶}}{m_{总,1} - m_{瓶}}$。

③ 求溶液的比容：$\alpha = \dfrac{1}{\rho}$。

w_B(理论)	0	0.20	0.40	0.60	0.80	1.00
m_0/g						
m_1/g						
m_2/g						
m_A/g						
m_B/g						
w_B(实际)						
$m_{总,2}$/g						
$\rho_{液}/(g \cdot cm^{-3})$						
$\alpha/(cm^3 \cdot g^{-1})$						

3. 以比容为纵坐标、乙醇的质量分数为横坐标绘制曲线，并在乙醇的质量分数为 0.30 处作切线与两侧纵轴相交，即可求得 α_A 和 α_B。进一步利用公式(6-6) 求出含乙醇 30%的溶液中各组分的偏摩尔体积。

八、思考题

1. 影响实验结果精度的主要因素是什么？
2. 偏摩尔体积有可能小于零吗？

九、参考文献

[1] 傅献彩，沈文霞，姚天扬，等．物理化学［M］．6 版．北京：高等教育出版社，2022：365-367.
[2] 王秋长，赵鸿喜，张守民，等．基础化学实验［M］．北京：科学出版社，2003：318-320.

附录　不同温度下蒸馏水的密度

温度 t/℃	密度 $\rho/(kg \cdot m^{-3})$	温度 t/℃	密度 $\rho/(kg \cdot m^{-3})$	温度 t/℃	密度 $\rho/(kg \cdot m^{-3})$
0	999.8395	35	994.0319	70	977.7696
1	999.8985	36	993.6842	71	977.1962
2	999.9399	37	993.3287	72	976.6173
3	999.9642	38	992.9653	73	976.0332
4	999.9720	39	992.5943	74	975.4437
5	999.9638	40	992.2158	75	974.899
6	999.9402	41	991.8298	76	974.249
7	999.9015	42	991.4364	77	973.6439
8	999.8482	43	991.0358	78	973.0336

续表

温度 t/℃	密度 ρ/($kg \cdot m^{-3}$)	温度 t/℃	密度 ρ/($kg \cdot m^{-3}$)	温度 t/℃	密度 ρ/($kg \cdot m^{-3}$)
9	999.7808	44	990.628	79	972.4183
10	999.6996	45	990.2132	80	971.7978
11	999.6051	46	989.7914	81	971.1723
12	999.4974	47	989.3628	82	970.5417
13	999.3771	48	988.9273	83	969.9062
14	999.2444	49	988.4851	84	969.2657
15	999.0996	50	988.0363	85	968.6203
16	998.9430	51	987.5809	86	967.97
17	998.7749	52	987.119	87	967.3148
18	998.5956	53	986.6508	88	966.6547
19	998.4052	54	986.1761	89	965.9898
20	998.2041	55	985.6952	90	965.3201
21	998.9925	56	985.2081	91	964.6457
22	997.7705	57	984.7149	92	963.9664
23	997.5385	58	984.2156	93	963.2825
24	997.2965	59	983.7102	94	962.5938
25	997.0449	60	983.1989	95	961.9004
26	996.7837	61	982.6817	96	961.2023
27	996.5132	62	982.1586	97	960.4996
28	996.2335	63	981.6297	98	959.7923
29	995.9445	64	981.0951	99	959.0803
30	995.6473	65	980.5548	100	958.3637
31	995.341	66	980.0089		
32	995.0262	67	979.4573		
33	994.203	68	978.9003		
34	994.3715	69	978.3377		

实验七 ▸ 完全互溶双液系气液平衡相图的绘制

一、实验目的

1. 掌握双液系气液平衡相图绘制的实验原理。
2. 掌握阿贝折射仪的使用方法。
3. 掌握乙醇-环己烷双液系 T-x 图的绘制方法，并能确定恒沸点的组成及温度。

二、预习要求

1. 理解绘制双液系相图的基础理论和技巧。
2. 掌握本实验的关键注意事项。
3. 学习阿贝折射仪的操作方法。

三、实验原理

1. 完全互溶双液系气液平衡相图

两种液态物质混合而成的双组分体系称为双液系。若两个组分能按任意比例互相溶解，则称此体系为完全互溶双液系。若只能在一定比例范围内互相溶解，则称为部分互溶双液系。对于双液系而言，沸点不仅与外压有关，还与双液系的组成有关。通常采用几何作图的方法，在一定外压下绘制双液系的沸点与其气相、液相组成的关系图，这种图称为气液平衡相图；该图表明了沸点与液相、气相组成之间的关系。

完全互溶双液系在恒定压力下的沸点-组成图（T-x 图）可分为三类（图 7-1）：

(a) 体系的各组分对拉乌尔定律呈现的偏差较小，溶液的沸点介于两个纯物质之间。

(b) 体系的各组分对拉乌尔定律呈现较大的负偏差，其混合溶液具有最高沸点。

(c) 体系的各组分对拉乌尔定律呈现较大的正偏差，其混合溶液具有最低沸点。

例如乙醇-环己烷就属于此类体系。相图中出现极值的那一点的温度称为恒沸点，该点的气相组成和液相组成完全相同，在整个蒸馏过程中沸点保持不变。对应于恒沸点的溶液被称作恒沸混合物。

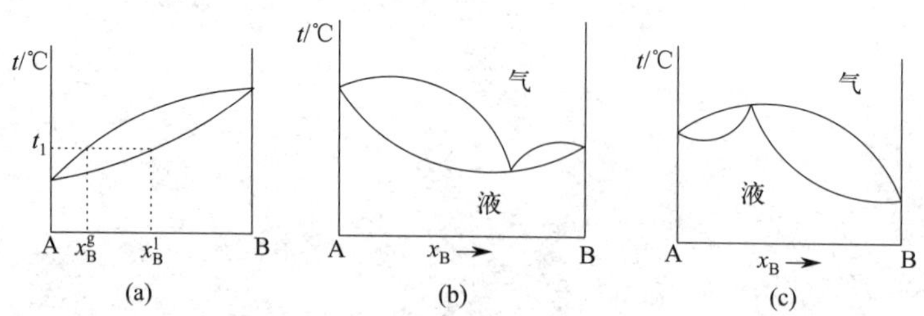

图 7-1 完全互溶双液系气液平衡相图

2. 沸点及组成的测定

为了绘制二组分体系的 T-x 图（温度-组成图），必须在气液两相达到平衡之后同时测定其气相组成、液相组成以及溶液的沸点。在整个浓度范围内，测定不同组成的溶液在气液平衡时的组成和沸点，可以根据收集到的实验数据绘制 T-x 图。

本实验使用沸点仪在标准大气压下测定乙醇-环己烷溶液达到气液平衡时的温度。沸点仪的结构见图 7-2。它包括一个长颈圆底烧瓶，旁边是带有球形小室的回流冷凝管，用于收集冷凝后的气相样品；液相样品则可以直接从一旁的支管中取得。使用阿贝折射仪来测定平衡时气液两相的折射率，然后利用预先绘制好的 n-x 工作曲线来确定气液两相的组成。

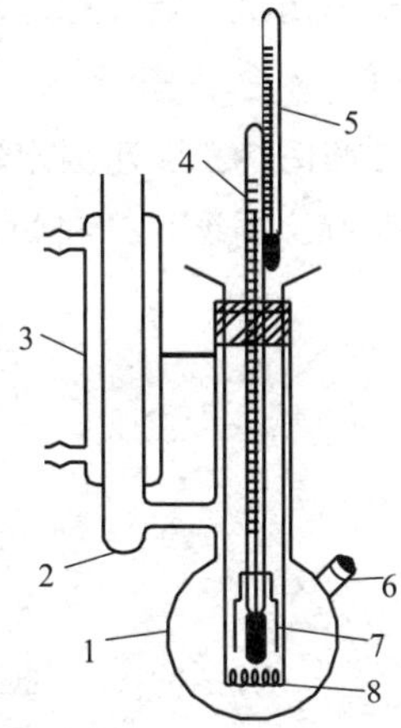

图 7-2　沸点仪结构示意图

1—盛液容器；2—小球；3—冷凝管；4—测量温度计；5—辅助温度计；6—支管；7—小玻管；8—电热丝

当气液两相的相对量保持不变时，系统的温度也将保持稳定，此时可以使用温度计直接读取沸腾时的温度。需要注意的是，实验测定的压力并不总是恰好等于 101.325 kPa，因此通常需要依据特鲁顿规则和克劳修斯-克拉贝龙方程式进行计算，以得到校正后的实际沸点值：

$$\Delta T=\frac{T}{10}\times\frac{101.325\ \text{kPa}-p}{101.325\ \text{kPa}} \tag{7-1}$$

$$T_b=T+\Delta T \tag{7-2}$$

式中，ΔT 是沸点因大气压变化而需施加的校正值；T 是沸点，K；p 是测定时的大气压，kPa；T_b 是在标准大气压下的沸点。

四、仪器及试剂

仪器材料：EF-03 沸点测量仪 1 台；沸点仪 1 台；阿贝折射仪 1 台；温度计（50～100 ℃，1/10 ℃）1 支；长取样管 1 支；短取样管 1 支；移液管（25 mL）4 支；烧杯（500 mL）4 个。

试剂药品：无水乙醇（C_2H_5OH，AR）；环己烷（C_6H_{12}，AR）。

五、实验步骤

1. 安装沸点仪及校正阿贝折射仪

将干燥的沸点仪按照图 7-2 所示安装好。检查带有温度计的木塞是否已经紧密地塞入。调节通入阿贝折射仪的恒温水温度至 25 ℃±0.2 ℃。使用蒸馏水测定阿贝折射仪的读数，并校正该仪器。水的折光率 $n_D^{25}=1.3325$。

2. 标准曲线的绘制

配制了乙醇的摩尔分数分别为 0、0.10、0.20、0.40、0.55、0.70、0.85、1.00 的乙醇-环己烷标准溶液。使用阿贝折射仪分别测定各个标准溶液的折射率，并对折射率与浓度的关系作图，即绘制出 n-x 工作曲线。

3. 间歇法测定溶液沸点及气、液相组成

（1）连接装置

按照图 7-3 搭建测定装置。当连接温度计时，注意避免其与电热丝接触。另将恒温槽与阿贝折射仪相连，并将恒温槽的工作温度设定为 25 ℃。

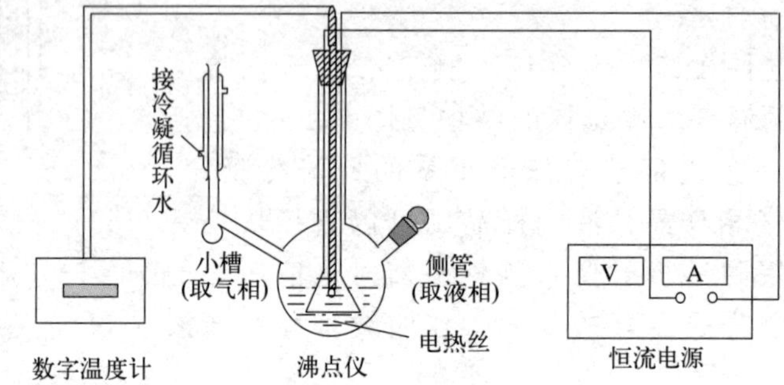

图 7-3 沸点仪测定完全互溶双液系相图装置示意图

（2）溶液的沸点及气液相组成的测定

① 加样：取纯乙醇样品（即待测 1 号样品）25 mL，由侧管注入沸点仪中，盖好瓶塞。确保电热丝浸入液体中，温度计与液面接触，由于整个系统并非处于绝对恒温状态，气、液两相的温度会有少许差别。温度计的水银球应部分浸入溶液中，部分暴露于蒸气中，同时，随着溶液量的增加，需要不断调整水银球的位置。最后，打开冷凝循环水。

② 加热：打开恒流电源开关，并将“加热电源调节”旋钮调至 15 V，使液体缓慢加热。同时，注意控制液体的回流速度，确保其既不太快也不太慢。当温度稳定并且数字温度计显示的温度在 2～3 min 内基本保持恒定时，记录下沸腾时的温度 T 和当时的环境压力。随后停止加热，即将“加热电源调节”调回零位。

③ 冷却：将沸点仪的烧瓶部分迅速冷却至 25 ℃。

④ 取样：分别从侧管和冷凝管下端的小槽中取液、气相样品，并用阿贝折射仪迅速测定气、液相的折射率。在取样时需注意，每次取样量不宜过多。确保取样管干净且无残留液体，同时，确保气相取样口无残留液体。

⑤ 分别在沸点仪中加入其他已经配制好的不同摩尔分数的溶液，重复上述操作。实验完毕后，关闭冷凝循环水、关闭恒流电源，整理实验台。

六、数据记录和处理

1. 记录样品沸腾时的温度、气相样品及液相样品的折射率，利用 n_D^{25}-x 工作曲线，将各样品的折射率 n 转换成样品的组成 x。

室温：________℃；气压：________ kPa。

待测样品编号	1	2	3	4	5	6	7	8
气相样品折射率 n_g								
气相样品组成 x_g								

续表

待测样品编号	1	2	3	4	5	6	7	8
液相样品折射率 n_1								
液相样品组成 x_1								
沸点 T/K								
校正温度 ΔT								
校正后沸点 T_b/K								

2. T-x 曲线的绘制

以校正后的各试样的沸点为纵坐标，绘制定压下的 T-x 图，并在图上确定出乙醇-环己烷双液系的最低恒沸点与组成。

七、思考题

1. 在本实验中，若冷凝管下方的小槽体积过大，对测量会有什么影响？

2. 在加入不同数量的各组分时，如果发生了微小的偏差，对相图的绘制会有什么影响？为什么？

3. 影响实验精度的因素之一是回流效果的好坏。如何才能提高回流效果？良好回流效果的标志是什么？

八、参考文献

[1] 东北师范大学，等．物理化学实验［M］．3版．北京：高等教育出版社，2014：76-77.

[2] 邱金恒，孙尔康，吴强．物理化学实验［M］．北京：高等教育出版社，2010：40-45.

[3] 复旦大学，等．物理化学实验［M］．3版．北京：高等教育出版社，2004：39-40.

附录一 阿贝折射仪

一、构造原理

阿贝折射仪（也称为阿贝折光仪），是基于光的全反射原理设计的。该仪器通过测量全反射临界角来确定未知物质的折射率，并可用于定量分析溶液中的成分以及检验物质的纯度。其构造详见图 7-4。

当光从一种介质进入另一种介质时，在界面上会发生折射现象。对于任意两种介质，如果光的波长和外界条件一定，那么入射角（α_1）和折射角（α_2）的正弦值之比，就等于这两种介质的折射率之比的倒数，即：$\frac{\sin\alpha_1}{\sin\alpha_2}=\frac{n_2}{n_1}$。式中 n_1 和 n_2 分别代表介质 A 和介质 B 的折射率。当 n_1 大于 n_2 时，折射角 α_2 大于入射角 α_1（参见图 7-5）。如果入射角 α_1 等于 α_0（临界角），那么折射角 α_2 将达到最大值 90°，这时光线将沿着界面方向传播。如果入射角 α_1 超过 α_0，光线将无法进入介质 B，而是从界面反射回去。这种现象被称为“全反射”。

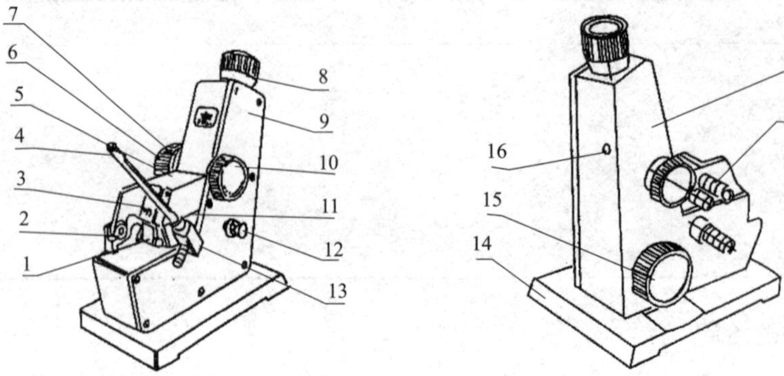

图 7-4 阿贝折射仪结构示意图

1—反射镜；2—转轴折光棱镜；3—遮光板；4—温度计；5—进光棱镜；6—色散调节手轮；7—色散值刻度圈；8—目镜；9—盖板；10—棱镜锁紧手轮；11—折射棱镜座；12—照明刻度盘聚光镜；13—温度计座；14—底座；15—折射率刻度调节手轮；16—物镜调节螺丝孔；17—仪器壳体；18—恒温器接头

阿贝折射仪由望远系统和读数系统两部分组成，这两部分被设计在同一个镜筒内，并通过同一目镜进行观察，属于单镜筒折射仪。在测量系统中，主要的部件包括两块直角棱镜：一块具有光滑表面，用作折光棱镜；另一块则是磨砂面，作为进光棱镜（也称为辅助棱镜）。这两块棱镜可以打开和关闭。当它们的对角线平面叠合时，会在两镜之间形成一细缝。将待测溶液注入这个细缝中，可以形成一层薄薄的液体层。光线从反射镜入射，透过表面粗糙的棱镜后，在这毛玻璃面上产生漫反射。随后，这些光线以不同的入射角进入液体层，并最终到达表面光滑的棱镜，在那里光线在液体与棱镜界面上发生折射。

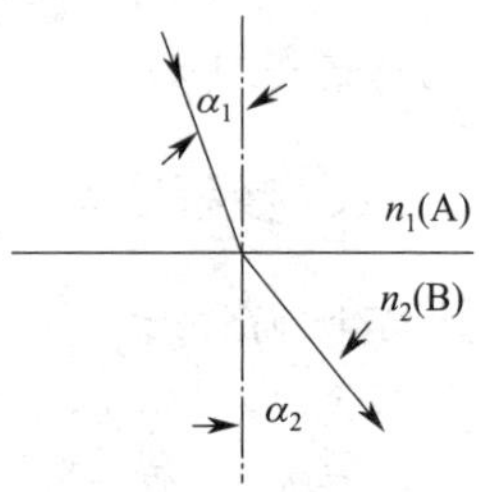

图 7-5 阿贝折射仪基本原理图

因为棱镜的折射率比液体的折射率大，所以光的入射角（α_1）小于折射角（α_2）。这样，所有的入射光线都能进入棱镜中。当光线从棱镜透出时，会发生折射，此时的入射角为 α_2，折射角为 γ。在棱镜的角度 ϕ 和折射率固定的情况下，如果每次测量都使用相同的入射条件（如固定 α_1），那么 γ 的大小只与液体的折射率 n 有关。通过测定 γ，可以求得 n 值。选择入射角利用了全反射原理，即调整入射角至临界角（此时折射角 $\gamma=90°$），在临界角条件下，棱镜与液体的界面发生全反射，导致目镜中呈现明暗分界线。透过棱镜的光线经过消色散棱镜和会聚透镜后，在目镜中形成清晰的明暗分界图像（图 7-6）。测量时，需要将明暗分界线对准目镜十字线的交点，以确保镜筒的轴与入射光线平行。阿贝折射仪已将 γ 换算成 n，因此可直接从标尺上读取折射率值（图 7-6）。读数视场中主标尺（通常为下边）显示液体折射率，辅助标尺（上边）显示蔗糖溶液的质量分数（0～95%）。

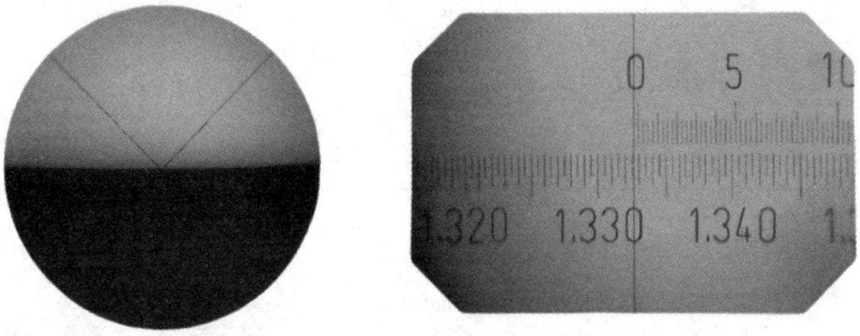

图 7-6 目镜视场和读数视场

二、使用方法

1. 准备工作

连接阿贝折射仪与恒温水浴。如果不需要，可以不使用恒温水。然后调节到所需的温度，一般维持在（20.0±0.2)℃。同时，检查保温套的温度计是否准确无误。接下来，打开直角棱镜。使用丝绢或擦镜纸蘸取少量95%乙醇或丙酮，轻轻擦洗上、下镜面。重要的是，擦拭应只朝一个方向进行，避免来回摩擦。待镜片完全晾干后，即可投入使用。

2. 仪器校准

在折光棱镜的抛光面上滴加1～2滴溴代萘，然后将标准玻璃块紧贴于折光棱镜的抛光面。当读数视场显示标准玻璃块的折射率时，观察目镜内的明暗分界线是否位于十字线的中心。如果有偏差，使用螺丝刀轻轻调整物镜调节螺丝孔（参见图7-4中的编号16)。

3. 样品测量

使用干净的滴管将待测液体滴加到阿贝折射仪的表面上。接着盖上进光棱镜，并使用棱镜锁紧手轮（图7-4中的编号10）进行锁紧。确保液层均匀，充满视场并且无气泡。然后打开遮光板并合上反射镜。调整聚焦，直至目镜中的十字线成像清晰。随后旋转折射率刻度调节手轮，并在目镜视场中寻找明暗分界线的位置。如果出现彩色条纹，则应旋转色散调节手轮，使明暗分界线更为清晰。继续调节折射率刻度调节手轮，使分界线经过十字线的交点。适当调整刻度盘上的聚光镜，此时目镜视场下方显示的值即为被测液体的折射率。

三、注意事项

1. 折光棱镜需要小心保护，避免在镜面上留下划痕。不应使用它来测定强酸、强碱或有腐蚀性的液体，以及那些可能溶解棱镜和保温套之间黏合剂的液体。

2. 每次使用前，应清洗镜面；使用后，也需用丙酮或95%的乙醇清洁，待干后再关闭棱镜盖。

3. 无论在使用还是储存时，避免将仪器暴露在阳光下。不使用时，应将其放入木箱并存放在干燥处。在放入木箱前，确保倒净金属夹套内的水分并封闭管口。

4. 测量时，请确认恒温设置是否正确。若折射率需精确到±0.0001，必须控制温度波动在±0.1℃以内。如果测量精度要求不高，可以适当放宽温度控制或不使用恒温设备。

附录二 常用标准液

标准液	T/K	T/℃	n_D^T	$-dn/dt\times10^5$
水	288	15	1.33339	07
	293	20	1.33299	09
	298	25	1.33250	11
丙酮	293	20	1.3591	50
氯仿	288	15	1.4486	59
苯	288	15	1.5044	63
	293	20	1.5012	
氯苯	288	15	1.5275	54
	293	20	1.5427	
醋酸	288	15	1.3739	38
	293	25	1.3698	
二硫化碳	288	15	1.6319	78
二碘甲烷	288	15	1.7443	64

附录三 蒸馏水的折射率

T/℃	n_D^T	T/℃	n_D^T	T/℃	n_D^T
10	1.33369	17	1.33324	24	1.33261
11	1.33364	18	1.33316	25	1.33250
12	1.33358	19	1.33307	26	1.33240
13	1.33352	20	1.33299	27	1.33229
14	1.33346	21	1.33290	28	1.33217
15	1.33339	22	1.33280	29	1.33206
16	1.33331	23	1.33271	30	1.33194

实验八 ▸ 差热分析研究 $CuSO_4 \cdot 5H_2O$ 的脱水过程

一、实验目的

1. 掌握差热分析的基本原理及测量方法。
2. 学会差热分析仪的操作，并绘制 $CuSO_4 \cdot 5H_2O$ 等样品的差热图。
3. 掌握处理差热曲线的技巧，分析实验结果。

二、预习要求

1. 了解差热分析的基本原理及方法。
2. 了解差热分析仪的构造。
3. 了解本实验的注意事项。

三、实验原理

1. 差热分析（differential thermal analysis， DTA）

物质在加热或冷却过程中，当达到某一温度时，会发生熔化、凝固、晶型转变、分解、化合、吸附、脱附等物理或化学变化，并伴随焓变，从而导致物质与环境（样品与参比物）之间的温度差异。差热分析是利用温差测量来研究物质的物理化学性质的一种热分析技术。

差热分析仪的结构如图 8-1 所示。它由带控温装置的加热炉、用于放置样品和参比物的坩埚、确保坩埚温度均匀的保持器、测温热电偶、差热信号放大器以及信号接收系统（记录仪或计算机）组成。使用两个型号相同的热电偶，分别插入样品和参比物中，并将它们的同一端相连，由此记录的时间-温度（或温差）图被称为差热图，也叫做热谱图。

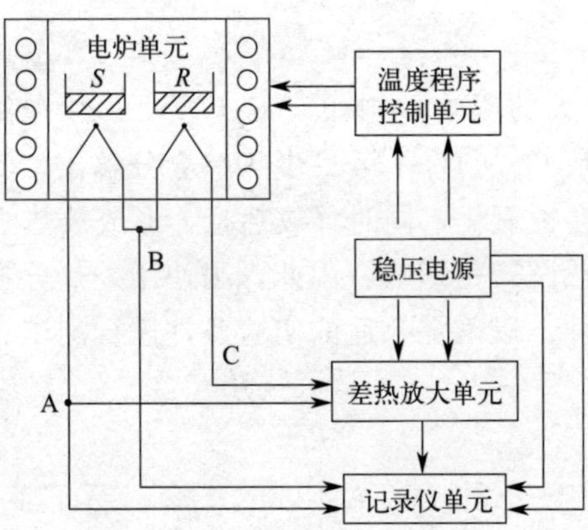

图 8-1 差热分析仪结构图

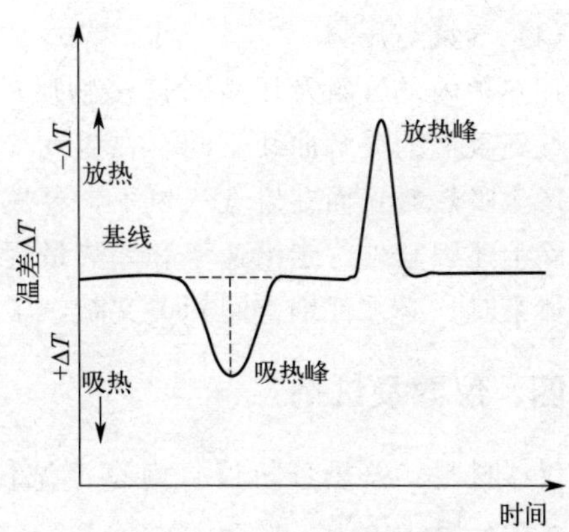

图 8-2 典型的差示扫描量热图

从图 8-2 的差示扫描量热（DSC）曲线上可以清晰地看到基线和峰的特征，包括数目、位置、方向、宽度、高度、对称性以及峰面积等。基线的稳定性指示了样品与参比物的热容关系，而其稳定性程度则反映了物质在一定温度区间内的稳定存在。峰的数目对应于物质发生物理化学变化的次数；峰的位置表明了物质发生变化的转化温度；峰的方向显示系统发生热效应的正负性，峰向下指物质吸热，峰向上指物质放热；峰面积则说明了热效应的大小，在相同条件下，峰面积较大表示热效应也较大。具体的峰面积与吸收或释放的热量的关系如下：

$$A=\int_{t_1}^{t_2}[\Delta T-(\Delta T)_a]\,\mathrm{d}t=\frac{m_a\Delta H}{g\lambda_s} \tag{8-1}$$

式中，A 是吸热峰或放热峰的面积；m_a 是试样中反应物的质量；ΔH 是单位反应物吸收或释放的热量，即单位反应物的焓变；g 是与仪器有关的系数；λ_s 是试样的热导率。

在相同的测定条件下，许多物质的热谱图具有特征性：特定的物质对应特定数量、位置、形状和峰温的差热峰。通过与已知的热谱图比较，可以鉴别样品的种类，获得相变温度、热效应等物理化学性质。差热分析广泛用于化学、化工、冶金、陶瓷、地质和金属材料等领域的科研和生产。理论上，可以通过测量峰面积对物质进行定量分析。

2. 影响差热分析结果的因素

(1) 升温速率

升温速率对差热图有重大影响，通常会影响峰的形状、分辨率以及峰对应的温度值。例如，当升温速率较低时，基线稳定，提高分辨率，能区分相邻的峰，但分析时间会相应延长；升温速率较高时，则会发生明显的基线漂移，降低分辨率，但能缩短测试时间。

(2) 试样

样品的颗粒大小通常需控制在 200 目（75μm）左右，其用量需根据热效应及相邻峰的分隔程度进行调整。样品的粒度及用量对分析结果的准确性具有显著影响，同时，样品的均匀装填是确保实验结果可靠性的关键因素。

(3) 稀释剂

稀释剂是指在试样中加入的一种与试样不发生任何反应的惰性物质，通常是参比物质。其加入使试样与参比物的热容接近，有助于改善基线稳定性并提高检出灵敏度，然而这也会降低峰面积。

(4) 气氛与压力

加热炉内的气氛及压力对许多物质的测定有较大的影响，例如 $CaC_2O_4 \cdot H_2O$ 在氮气和空气气氛下的分解曲线不同。在氮气气氛下，$CaC_2O_4 \cdot H_2O$ 第二步热解会分解出 CO 气体并产生吸热峰；而在空气气氛下，释放出的 CO 会被氧化，同时释放热量，形成放热峰。

除上述因素外，走纸速率和差热量程也会对差热图产生影响。因此，当使用差热分析法研究体系时，必须仔细查阅相关文献，了解体系特性，以确定合适的实验条件进行测试。

四、仪器及试剂

仪器材料：差热分析仪（南京汇诚仪器仪表有限公司，DTA-1250）1 套；镊子 1 个；坩埚 8 个；电子天平 1 台。

试剂药品：五水硫酸铜（$CuSO_4 \cdot 5H_2O$，AR）；α-Al_2O_3（AR）。

五、实验步骤

① 开启差热分析仪电源，预热 20 min。打开电脑主机开关。

② 样品装填。在小坩埚内称取纯锡 10 mg。用镊子小心将装有样品的小坩埚放在样品托盘上，将参比坩锅放在参比托盘上，两个坩埚位置不能互换。然后依次盖好陶瓷盖和外盖。

③ 打开电脑上差热分析程序软件，新建文件后填入基本信息，然后点击连接仪器。听到“嘀”的声音，说明连接成功。

④ 点击继续按钮，填写测试参数。终止温度设为 350 ℃，升温速度设为 10 ℃/min。点击设置按钮，听到“嘀”的声音，说明设置成功。

⑤ 点击开始，启动测试。仪器自动记录数据。

⑥ 当差热分析仪屏幕上样品温度显示到 350 ℃时，说明此次测试已完成。对差热图进行分析。

⑦ 等待仪器降温，待加热炉冷却至 70 ℃以下，取出小坩埚。将预先装好 20 mg $CuSO_4 \cdot 5H_2O$ 试样的小坩埚放在样品托盘上，将参比坩埚放在参比托盘上，两个坩埚位置不能互换。在相同条件下进行测试，直到观察到所需的差热图。

⑧ 对于每个样品，重复以上步骤两次以测定差热图。

⑨ 实验结束后，等待仪器降温后取出样品，并关闭差热分析仪及电脑的电源。

六、注意事项

1. 试样需要研磨成与参比物大致相同的粒度（约 200 目），两者装填在坩埚中的紧密程度尽量相同。

2. 试样坩埚与参比物坩埚放入加热炉中的位置应正确，不能互相调换。

3. 加热炉通电前应先通冷却水。

4. 更换样品、托起或放下加热炉时，应先切断电源，待加热炉温度降低到 20～50 ℃时再进行操作，避免烫伤。

5. 仪器表面应保持清洁、干燥，避免水或其他腐蚀性液体流进仪器内部，以免损坏仪器。仪器表面一旦落上灰尘或沾上水，应用软布轻轻擦拭干净，禁止触碰热电偶及线路接头。

七、数据记录和处理

1. 在本实验条件下，差热分析测量温度范围为 0～1200 ℃（实验所用为镍镉热电偶），定性说明锡和 $CuSO_4 \cdot 5H_2O$ 的差热图，指出峰的位置、数目、指示温度及其所表示的意义。

2. 计算 $CuSO_4 \cdot 5H_2O$ 的热效应：

$$\Delta H = \frac{C}{m}\int_b^d \Delta T \,\mathrm{d}t$$

其中，C 为常数，与仪器特性及测量条件有关；m 为样品质量；$\int_b^d \Delta T \,\mathrm{d}t$ 为差热峰面积，可利用三角形法、剪纸称量法计算。本实验中采取测量质量一定且已知热效应的物质（锡）

作为参比物，根据锡差热峰的面积求出常数 C，然后计算 $CuSO_4 \cdot 5H_2O$ 的热效应。

八、思考题

1. 本实验中，差热分析受到哪些主要因素的影响？
2. 在差热分析图谱中，为何峰值处的温度通常不完全对应于物质相变的实际温度？

九、参考文献

[1] 孙尔康，高卫，徐维清，等．物理化学实验［M］．2 版．南京：南京大学出版社，2010.

[2] 南大万和科技有限公司．NDTA-Ⅲ型差热分析仪及系统软件使用说明［Z］．南京：南大万和科技有限公司，2020.

附录　NDTA-Ⅲ型差热分析仪

一、 NDTA-Ⅲ型差热分析仪面板使用介绍

NDTA-Ⅲ型差热分析仪面板如图 8-3 所示。

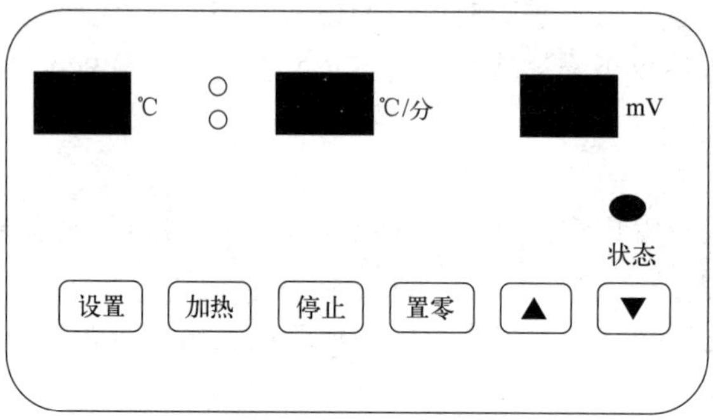

图 8-3　NDTA-Ⅲ型差热分析仪面板示意图

1. 温度显示器用于显示炉内的当前温度。

2. 升温速率（每分钟升高的温度）显示器用于显示当前的加热速率。当加热器升温速率过快或过慢时，通过“▼”键或“▲”键调节升温速率。

3. 电动势显示器用于显示参比物和样品之间的差热电动势。

4. “设置”键用于设置温度控制仪的工作参数。按下“设置”键，差热电动势显示器显示“C”，并且“状态”灯亮。通过“+1”“−1”“×10”键设置加热器目标温度（单位是℃）。再次按下“设置”键，则 NDTA-Ⅲ型差热分析仪退出“设置”状态，进入正常工作状态。

5. “加热”键用于启动加热器，同时“加热”指示灯变亮。

6. “停止”键用于使加热器停止加热。但由于热惯性，此时系统并不会立即停止升温，而是继续升温一段时间后才会停止。

7. “置零”键用于准备做实验时将差热电动势清零。

8. “▼”键和“▲”键用于调节升温速率。按下“▼”键，升温速率减小，升温速率最小可设置为 1 ℃/min。按下“▲”键，升温速率增大，升温速率最大可设置为 25 ℃/min。

9.“报警”指示灯根据工作参数中的设定，定时闪亮。

二、 NDTA-Ⅲ型差热分析软件的使用方法

安装差热分析软件后，计算机桌面上会自动创建一个名为“NDTA-Ⅲ”的快捷方式图标。通过双击这个图标，可以启动差热分析软件。软件界面的上方提供了多个功能按钮，包括“参数设定”“开始实验”“读入历史数据”“数据处理”“打印设置”“打印实验数据”以及“退出”。

1. 点击“参数设定”按钮，会弹出一个下拉菜单。这个菜单包含以下选项：“纵坐标设置”“横坐标设置”“数据采样周期设置”“电势/温差设定”和“差热电势范围设定”。在开始实验之前，需要根据实验的时间长度和温度高低对这些参数进行适当设置。

2. 点击“开始实验”后，会出现实验药品填写对话框。默认的实验药品是五水硫酸铜，参比物是三氧化二铝。这些名称可以根据实验需求进行更改。确认后，系统会询问是否保存数据，选择“是”会进入到保存路径的选择。选择合适的路径后，按照工具栏下方的提示，在差热分析仪面板上长按“置零”键2～3秒，将差热电动势归零。接着点击“继续”，并启动加热器。当“加热”指示灯亮起时再次点击“继续”。系统随后会询问是否保存实验数据，确认后需输入文件名，之后系统会自动开始采集数据。在工作界面上，可以看到两条曲线：上面的红色曲线表示温度随时间的变化，下面的红色曲线展示的是参比物与样品之间的温差随时间的变化。

3. 完成数据采集后，点击“停止实验”按钮以终止采集任务并自动保存实验数据。点击“读入历史数据”会弹出三个子菜单：“读入实验数据”“读入数据（叠加）”和“清空绘图区”。选择并打开数据文件后，系统会自动显示温度-时间曲线图，此处可以调出多达8组的实验数据。

4. 点击“数据处理”，可显示并打印“温度-温差图”。通过点击“打印设置”“打印实验数据”，可以将屏幕上显示的曲线、坐标、工作参数及日期时间等信息输出至打印机。

5. 点击“退出”按钮，可退出差热分析软件。此外，NDTA-Ⅲ型差热分析软件支持鼠标实时数据显示及局部放大功能：将鼠标悬停于图形任意位置，即可查看该点的温度和温差信息；点击放大按钮并在需要放大的区域单击鼠标，即可实现10倍局部放大，再次点击恢复按钮则结束局部放大。

实验九 ▶ 甲基红酸解离平衡常数的测定

一、实验目的

1. 测定甲基红的酸解离平衡常数。
2. 掌握分光光度计和 pH 计的使用方法。

二、预习要求

1. 复习有关分光光度法的基本原理。
2. 掌握利用分光光度法测定甲基红的酸解离平衡常数的基本原理。

三、实验原理

甲基红（对二甲氨基邻羧基偶氮苯）的分子式为 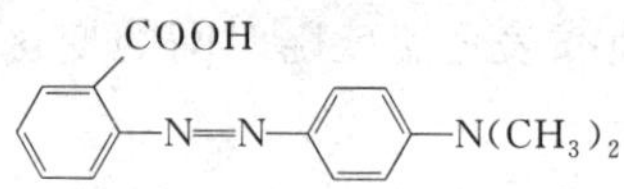 ，是一种弱酸性染料指示剂，具有酸式（HMR）和碱式（MR^-）两种形式。该指示剂在溶液中部分电离。它在碱性溶液中呈黄色，在酸性溶液中则呈红色。在酸性溶液中，甲基红以两种离子形式存在，可以简单地写成：$HMR(红) \rightleftharpoons H^+ + MR^-(黄)$。

其解离平衡常数为：
$$K=\frac{[H^+][MR^-]}{[HMR]} \tag{9-1}$$

两边取负对数得：
$$pK=pH-\lg\frac{[MR^-]}{[HMR]} \tag{9-2}$$

甲基红本身带有颜色，在有机溶剂中解离度很小。由于一般的化学分析法或其他物理化学方法难以确定$[MR^-]/[HMR]$的比值，因此需要采用其他手段。并且，HMR 和 MR^- 两者在可见光谱范围内都有强烈的吸收峰。溶液离子强度的变化对其酸解离平衡常数并没有显著的影响。此外，在简单的 CH_3COOH-CH_3COONa 缓冲体系中，当 pH 值在 4 到 6 的范围内变化时，颜色的变化很容易被观察到。因此，可以通过分光光度法来测定$[MR^-]/[HMR]$比值。

对于处于化学平衡状态的反应体系，通过分光光度法测量得到的吸光度反映了其中各种物质的综合贡献。根据朗伯-比尔定律 $A=\lg(I_0/I)=\kappa cl$ 可知，甲基红溶液中总的吸光度为

$$A_A=\kappa_{A,HMR}[HMR]l+\kappa_{A,MR^-}[MR^-]l \tag{9-3}$$

$$A_B=\kappa_{B,HMR}[HMR]l+\kappa_{B,MR^-}[MR^-]l \tag{9-4}$$

式中，A_A、A_B 分别为在 HMR 和 MR^- 的最大吸收波长处所测得的总的吸光度；$\kappa_{A,HMR}$、κ_{A,MR^-} 和 $\kappa_{B,HMR}$、κ_{B,MR^-} 分别为在 HMR 和 MR^- 的最大吸收波长处的 HMR、MR^- 的摩尔吸光系数。

各物质的摩尔吸光系数可以通过作图法来确定。例如，首先制备 pH 为 2 的不同浓度的

甲基红酸性溶液。然后在 HMR 的最大吸收波长 λ_A 下分别测定这些溶液的吸光度，并对吸光度与浓度的关系作图，得到一条通过原点的直线。通过这条直线的斜率可以求得摩尔吸光系数 $\kappa_{A,HMR}$ 的值。其他摩尔吸光系数的求解方法与此类似，进而可以确定[MR^-]与[HMR]的比值。接着测量溶液的 pH 值，最后根据计算式(9-2) 即可得出 pK 值。

四、仪器及试剂

仪器材料：752 型分光光度计（附比色皿）1 台；pHS-3C 型实验室 pH 计 1 台；pH 复合电极 1 支；100 mL 容量瓶 6 只；10 mL 移液管 3 支；25 mL 移液管 2 支；50 mL 移液管 1 支；5 mL 移液管 1 支；吸耳球 1 个；镜头纸。

试剂药品：甲基红储备液（0.5 g 甲基红溶于 300 mL 95%乙醇中，用蒸馏水稀释到 500 mL)；标准甲基红溶液（10 mL 甲基红储备液中加 50 mL 95%乙醇，用蒸馏水稀释到 100 mL)；pH 为 4.003 和 6.864（25 ℃）的标准缓冲溶液；0.02 $mol \cdot L^{-1}$ HAc；0.1 $mol \cdot L^{-1}$ HCl；0.01 $mol \cdot L^{-1}$ HCl；0.01 $mol \cdot L^{-1}$ NaAc；0.04 $mol \cdot L^{-1}$ NaAc。

五、实验步骤

1. 测定甲基红酸式 HMR 和碱式 MR^- 的最大吸收波长 λ_A 和 λ_B

配制 A 液：取 10 mL 的一定浓度的标准甲基红溶液，加入 10 mL 的 0.1 $mol \cdot L^{-1}$ HCl，稀释至总体积为 100 mL。该溶液的 pH 约为 2，甲基红主要以酸式（HMR）存在。

配制 B 液：取 10 mL 标准甲基红溶液，加入 25 mL 0.04 $mol \cdot L^{-1}$ NaAc，然后用蒸馏水稀释至 100 mL。该溶液的 pH 值约为 8，此时甲基红主要以碱式 MR^- 存在。

取部分 A 液和 B 液分别放在 2 个 1cm 的比色皿中，在 400～550 nm 间测定相对水的吸光度 A，绘制 HMR 和 MR^- 的吸收曲线，并确定 HMR 和 MR^- 的最大吸收波长 λ_A 和 λ_B。需要注意，波长每 10 nm 改变一次；A、B 两液同时测定。

2. 在 λ_A 和 λ_B 下测定四个摩尔吸光系数 $\kappa_{A,HMR}$、κ_{A,MR^-} 和 $\kappa_{B,HMR}$、κ_{B,MR^-}

分别取 10 mL、7.5 mL、5.0 mL 及 2.5 mL 的 A 液（HMR），依次用 0 mL、2.5 mL、5.0 mL 及 7.5 mL 的 0.01 $mol \cdot L^{-1}$ HCl 稀释，测量其吸光度并绘制吸光度-浓度关系曲线，可得 $\kappa_{A,HMR}$、$\kappa_{B,HMR}$。

分别取 10 mL、7.5 mL、5.0 mL 及 2.5 mL 的 B 液（MR^-），依次用 0 mL、2.5 mL、5.0 mL 及 7.5 mL 的 0.01 $mol \cdot L^{-1}$ NaAc 稀释，测量其吸光度并绘制吸光度-浓度关系曲线，可得 κ_{A,MR^-}、κ_{B,MR^-}。

3. 求不同的 pH 值下 HMR 和 MR^- 的比值

在四个 100 mL 容量瓶中，各加入 10 mL 标准甲基红溶液和 25 mL 0.04 $mol \cdot L^{-1}$ NaAc。然后，向每个瓶子依次分别加入以下体积的 0.02 $mol \cdot L^{-1}$ HAc 溶液并稀释至刻度线：第一个瓶子 50 mL，第二个瓶子 25 mL，第三个瓶子 10 mL，第四个瓶子 5 mL。

在波长 λ_A 下，分别测量每个溶液的吸光度 A_A；在波长 λ_B 下，分别测量每个溶液的吸光度 A_B；最后，测量各溶液的 pH 值。

六、数据记录和处理

1. 记录不同波长时 HMR 和 MR^- 的吸光度，作 A-λ 曲线确定最大吸收波长。

室温：________℃，气压：________kPa。

λ	400	410	420	430	440	…	510	520	530	540	550
HMR(A)											
MR^-(B)											

2. 四个摩尔吸光系数 $\kappa_{A,HMR}$、κ_{A,MR^-} 和 $\kappa_{B,HMR}$、κ_{B,MR^-} 的测定。

$\kappa_{A,HMR}$、κ_{A,MR^-} 的测定					$\kappa_{B,HMR}$、κ_{B,MR^-} 的测定				
编号	1	2	3	4	编号	1	2	3	4
A 液的体积/mL	10	7.5	5.0	2.5	B 液的体积/mL	10	7.5	5.0	2.5
HCl[①] 的体积/mL	0	2.5	5.0	7.5	NaAc[②] 的体积/mL	0	2.5	5.0	7.5
A_A					A_A				
A_B					A_B				

① HCl 的浓度为 0.01 mol·L^{-1}；

② NaAc 的浓度为 0.01 mol·L^{-1}。

3. 根据式(9-3) 和式(9-4) 求出每一种溶液的 $\frac{[MR^-]}{[HMR]}$ 与 $\lg\frac{[MR^-]}{[HMR]}$，代入式(9-2) 中求得 pK。

溶液编号	标准甲基红溶液的体积	0.04 mol·L^{-1} NaAc 的体积	0.02 mol·L^{-1} HAc 的体积	A_A	A_B	pH	$\frac{[MR^-]}{[HMR]}$	$\lg\frac{[MR^-]}{[HMR]}$	pK	$\overline{pK}$
1	10mL	25mL	50mL							
2	10mL	25mL	25mL							
3	10mL	25mL	10mL							
4	10mL	25mL	5mL							

七、思考题

1. 在本实验中，温度对测定结果有何影响？可以采取哪些措施来减少由此引起的实验误差？

2. 在选择比色皿进行吸光度测定时，应该考虑哪些因素？

3. “等色点”是指甲基红的酸式吸收曲线和碱式吸收曲线的交点。在等色点处，吸光度与甲基红的浓度之间有何关系？请对此进行讨论。

八、参考文献

[1] 东北师范大学，等．物理化学实验［M］.3 版．北京：高等教育出版社，2014：48-59.

[2] 李楠，宋建华．物理化学实验［M］．北京：化学工业出版社，2016：45-50.

[3] 李其华，刘利民，雷春华，等．磺酸酸式解离平衡常数的测定——推荐一个开放式综合性实验［J］．科技视界，2015，(26)：49+45.

[4] 陈晓明，王亚琴，宣寒．电导法测定解离平衡常数及临界胶束浓度的实验改进［J］．安徽建筑工业学院学报（自然科学版），2009，17 (4)：83-85.

附录一　分光光度计

分光光度法（spectrophotometry）是一种利用物质特有吸收光谱来鉴别物质或测定其含量的

技术。由于其高灵敏度、高精确度和操作简便快速的特点，对于复杂组分系统，无需分离即可检测出其中的微量组分。因此，分光光度法已成为生物化学研究中广泛使用的技术之一。

一、基本原理

当一束单色光照射到某溶液上时，一部分光会被吸收，而另一部分则会透过。设入射光的强度为 I_0，透过光的强度为 I_t。将透光度 T 定义为透过光量与入射光量的比值的百分率，即 $T=\frac{I_t}{I_0}\times 100\%$。

吸光度（A）的定义为入射光强度与透射光强度的比值的对数，即 $A=-\lg T$。

根据朗伯-比尔定律，吸光度与溶液的浓度成正比，同时也与光束通过溶液的光程成正比。这一关系可以用数学表达式 $A=-\lg T=Kbc$ 表示，其中 A 是吸光度；c 是物质的浓度（通常以 $mol\cdot L^{-1}$ 表示）；b 是光程（以 cm 表示）；K 是摩尔吸光系数，即当溶液浓度为 1 $mol\cdot L^{-1}$，光程为 1 cm 时，在特定波长下测得的吸光度。

二、基本结构

分光光度计主要包含以下部件：稳压电源、光源、单色器、吸收池及检测系统（见图 9-1）。目前，国产的分光光度计种类繁多，常见型号包括 721、722、723、752 和 740 等。这些仪器根据单色器的类型可以划分为棱镜型和光栅型；按照光束数量则可分为单光束和双光束两种。图 9-2 展示了单光束、光栅型的 752 型分光光度计的工作原理。

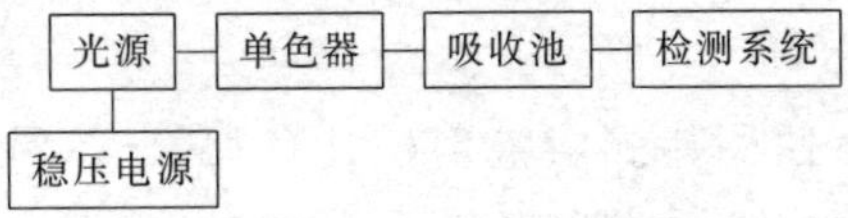

图 9-1 分光光度计的主要部件框架

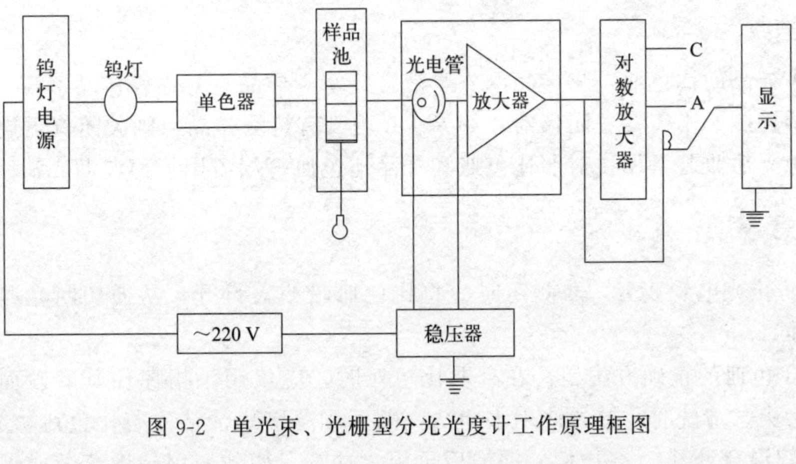

图 9-2 单光束、光栅型分光光度计工作原理框图

光源发出的连续光谱覆盖所需的波长范围，具有足够的光强度且稳定。在可见光区，通常采用钨灯及碘钨灯（320～2500 nm）；在紫外区，则采用氢灯或氘灯（180～375 nm）。单色器是一种将光源发出的连续光谱分解为单色光的装置。其中，玻璃棱镜适用于 350～3200 nm，石英棱镜适用于 185～4000 nm。光栅具有宽广的波长范围、均匀的色散、优良的分辨率，并且使用方便。吸收池（又称比色皿）用于盛放待测和参比溶液。在可见光区需要使用光学玻

璃比色皿，而在紫外区需要使用石英比色皿。检测器利用光电效应将光能转换为电流信号，其主要包括光电池、光电管和光电倍增管。低档仪器采用刻度指示器显示，而中高档仪器则采用数字显示，并具备自动扫描记录功能。

三、使用方法

1. 预热

仪器在使用前应预热 30 min。如果分光光度计已长期开启，则无需预热。

2. 选择波长

转动波长旋钮并观察波长显示窗，调整至所需的测量波长。根据测量波长，手动切换光源：对于 200～339 nm 波长范围，使用氘灯并将切换杆拨至紫外区；对于 340～1000 nm 波长范围，使用卤钨灯并将切换杆拨至可见光区。

3. 调零

首先选择透视比（T）模式。将遮光体放入样品架，合上样品室盖，拉动样品架拉杆使其进入光路。按下“调 0%”键，当屏幕上显示“000.0”或“－000.0”时，调零完成。接着，使用参比（空白）溶液清洗比色皿 2～3 次。将参比（空白）溶液倒入比色皿，量约为比色皿高度的 3/4。用擦镜纸清洁透光面，并按一定方向将比色皿放入样品架。合上样品室盖，拉动样品架拉杆使其进入光路。按下“调 100%”键，屏幕上显示“BL”延时数秒后变为“100.0”（T 模式）或“000.0”“－000.0”（A 模式），此时调 100%T/OA 完成。

4. 测试

在吸光度（A）模式下，使用待测溶液清洗比色皿 2～3 次。将待测溶液倒入比色皿，量约为比色皿高度的 3/4。用擦镜纸清洁透光面，并按一定方向将比色皿放入样品架。合上样品室盖，拉动样品架拉杆使其进入光路，读取测量数据。

5. 测量结束

取出装有样品的比色皿，将样品倒入废液缸。清理样品室并盖好样品室盖。如果 1 h 内有其他样品待检测，不需要关闭仪器；如果 1 h 内没有待测样品，则关闭仪器电源。清洗比色皿，倒置晾干后收起备用。对照比色皿和样品比色皿每周需用超声波彻底清洗 2 次。

四、注意事项

1. 为了防止光电管疲劳，非测定时应将比色皿暗箱盖打开，从而切断光路，延长光电管的使用寿命。

2. 使用比色皿的正确方法是：在拿取比色皿时，应仅用手指捏住其磨砂面，避免接触透光面以防污染。清洗时，首先使用水冲洗，随后用蒸馏水清洁。若比色皿被有机物污染，可用盐酸-乙醇混合液（1∶2 比例）浸泡后再用水冲洗。切勿使用碱性溶液或强氧化性洗涤剂清洗比色皿，以防化学损害；同时也不宜用硬刷清洗，避免刮伤透光面。实验结束后，应立刻清洗比色皿，并用擦镜纸或柔软吸水纸吸干外壁水分，以保护透光面。测量有色溶液的吸光度前，需用该溶液多次冲洗比色皿内壁，确保浓度不变。通常在连续测定一系列溶液时，应按浓度从稀到浓的顺序进行，以减少误差。在实际分析过程中，应根据溶液的浓度选择适当厚度的比色皿，控制吸光度在 0.2 至 0.7 之间。

附录二 酸度计

一、基本原理

酸度计（以下简称 pH 计）是一种广泛使用的化学分析仪器，它利用氢离子选择性电极来测量液体的 pH 值。这种仪器通过电势法来测定 pH 值。其工作原理如下：首先，将一个内参比电极连接的可逆氢离子指示电极和一个外参比电极同时浸入待测溶液中，形成原电池。在一定温度条件下，这会在内外参比电极之间产生电动势。这个电动势与溶液中氢离子的活度直接相关，而与其他离子的存在基本无关。仪器通过测量这一电动势的大小，最终将其转换为待测液的 pH 值并显示出来。

实验中为了操作方便，常常把连有内参比电极的氢离子指示电极和外参比电极复合在一起构成复合电极。pH 复合电极的基本结构如图 9-3 所示。其主要组成部件如下：

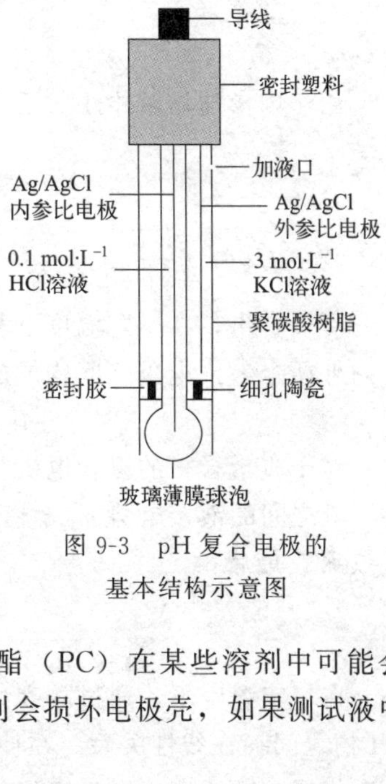

图 9-3 pH 复合电极的基本结构示意图

玻璃薄膜球泡：由具有 H^+ 交换功能的熔融锂玻璃吹制而成的，呈球形，膜厚在 0.1～0.2 mm，25 ℃下的电阻值 <250 MΩ。

玻璃支持管：支持电极球泡的玻璃管体，由电绝缘性优良的铅玻璃制成，其膨胀系数与电极球泡一致。

内参比电极：多为 Ag/AgCl 电极或饱和甘汞电极，主要作用是提供一个稳定的参比电势，要求其电极电势稳定，温度系数小。

内参比溶液：pH 值恒定的缓冲溶液或浓度较大的强酸溶液，例如 0.1 $mol \cdot L^{-1}$ HCl 溶液。

电极壳：支持玻璃电极和液接界，盛放外参比溶液的壳体，通常由聚碳酸酯（PC）塑压成型或者玻璃制成。聚碳酸酯（PC）在某些溶剂中可能会溶解，如丙酮、四氯化碳、三氯乙烯、四氢呋喃等，这些溶剂会损坏电极壳，如果测试液中含有以上溶剂，应改用玻璃电极壳的 pH 复合电极。

外参比电极：多为银/氯化银电极或饱和甘汞电极，其作用也是提供一个稳定的参比电势，要求其电极电势稳定，重现性好，温度系数小。

外参比溶液：常为饱和氯化钾溶液或 KCl 凝胶电解质。

液接界：外参比溶液和被测溶液之间的连接部件。要求渗透量大且稳定，通常由瓷砂芯材料构成。

电极导线：低噪声的金属屏蔽线，内芯连接到内参比电极，而屏蔽层则连接到外参比电极。

在使用复合电极前，需要将电极的玻璃薄膜球泡浸入水中，以形成三层结构：中间是干燥的玻璃层，两侧则是水合凝胶层。当球状玻璃膜的内侧接触参比溶液、外侧接触待测溶液时，Li_2SiO_3 晶体骨架中的 Li^+ 会与待测溶液中的 H^+ 发生交换。这个过程可以用以下化学方程式表示：

$$Li_2SiO_3 + 2H^+ \longrightarrow 2Li^+ + H_2SiO_3$$

由于交换过程的平衡常数很大，玻璃膜的外表面层中的 Na^+ 或 Li^+ 几乎全部被 H^+ 取代，形成了所谓的“水合硅胶层”。将浸泡好的复合电极插入待测溶液后，水合硅胶层与溶液接触。由于水合硅胶层表面的 H^+ 活度与溶液中的 H^+ 活度不同，形成活度差，H^+ 便会从活度较高的一侧向较低的一侧迁移。这样，在水合硅胶层与溶液之间建立了平衡，改变了界面处的电荷分布，并产生了相界电势。同样地，在玻璃膜内侧的水合硅胶层与内部溶液的界面处也存在一定的相界电势。这个相界电势可以通过以下公式来表示：

$$\varphi_{外}=K_1+\frac{RT}{zF}\ln\frac{a_1}{a_1'}\qquad \varphi_{内}=K_2+\frac{RT}{zF}\ln\frac{a_2}{a_2'}$$

式中，a_1、a_2 分别表示外部待测溶液、内参比溶液中 H^+ 的活度；a_1'、a_2'分别表示玻璃膜外、内水合硅胶层表面的 H^+ 活度；K_1、K_2 分别表示由玻璃膜外、内表面性质决定的常数。

因为玻璃膜内外表面性质基本相同，所以 $K_1=K_2$，又因为水合硅胶层表面的 Na^+ 或 Li^+ 都被 H^+ 所取代，故 $a_1'=a_2'$，因此

$$\varphi_{玻璃膜}=\varphi_{外}-\varphi_{内}=\frac{RT}{zF}\ln\frac{a_1}{a_2}$$

由于内参比溶液中 H^+ 活度 a_2 是一定值，故：

$$\varphi_{玻璃膜}=K_3+\frac{RT}{zF}\ln a_1=K_3-\frac{2.303RT}{F}\text{pH}$$

其中 $K_3=-\frac{RT}{zF}\ln a_2$，为一常数。

可以看出，在一定温度下复合电极的膜电势与试液的 pH 成直线关系。而酸度计测得的是内外两个参比电极之间构成的原电池的总的电动势，其值为：

$$E=\varphi_{内参比}-\varphi_{玻璃膜}-\varphi_{外参比}-\varphi_{液接}$$

对于质量合格的复合电极，$\varphi_{内参比}$、$\varphi_{外参比}$的值均为稳定不变的常数，而外参比溶液和待测液之间的液接电势 $\varphi_{液接}$趋于 0 且非常稳定，所以可将上式中各个不变的量合并为一个常数 K，最后得

$$E=K+\frac{2.303RT}{F}\text{pH}$$

在一定温度下，通过酸度计测得的由复合电极和待测液构成的原电池电动势与待测液的 pH 值之间存在线性关系。在使用 pH 计之前，需用两个已知 pH 值的缓冲溶液作为标准试液对仪器进行标定，以确定相关公式中的截距和斜率。完成这些步骤后，pH 计便可以用来测试待测液了。

二、 pHS-3C 型数字酸度计结构介绍

pHS-3C 型数字酸度计的外形结构及仪器后面板结构如图 9-4 所示。仪器键盘上的“pH/mV”键是一个双功能键。在测量状态下，首次按下会切换到“pH”测量模式，再次按下则切换到“mV”测量模式。此外，在设置温度、进行定位或调整斜率时，此键还充当取消键，按下后会退出当前设置，返回到测量状态。

仪器键盘上的“定位”键用于选择定位，其上方的“△”标识表示增加定位数值，下方的“▽”标识表示减少定位数值。同理，“斜率”键用于选择斜率，其上方的“△”标识用于增加斜率数值，而下方的“▽”标识用于减少斜率数值。“温度”键用于选择温度，其上方的“△”标识用于增加温度数值，下方的“▽”标识用于减少温度数值。最后，使用“确

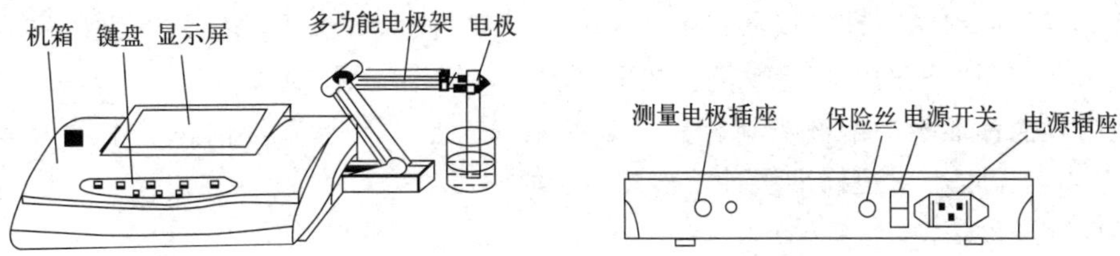

图 9-4　pHS-3C 型数字酸度计外形及仪器后面板示意图

认”键来确认之前的设置或操作。

三、操作步骤

1. 开机前的准备

首先，将多功能电极架插入其对应的插座内，并确保拧紧。接着，把 pH 复合电极安装在电极架上。然后，取下 pH 复合电极下端的保护套，并向下拉动上端的橡皮套，露出小孔。最后，使用蒸馏水清洗电极。

2. 仪器启动

连接电源线后，打开仪器开关。仪器启动时，首先会显示“PHS-3C”字样。稍作等待，屏幕将展示上次标定后的斜率和 E0 值，随后自动进入测量模式。在此模式下，屏幕的上部分显示当前的电势值或 pH 值，而下部分则显示设定的温度值。有关仪器的启动、标定及温度设置的具体操作，请参考图 9-5 的说明。

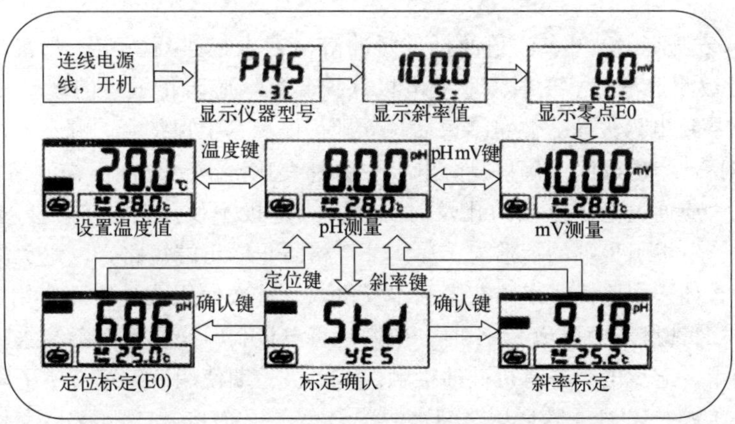

图 9-5　仪器的启动、标定及温度设置的具体操作

3. 标定及温度设置

（1）标定步骤

首先，清洗电极并将其放入标准缓冲溶液 1（pH 6.86）中。使用温度计测量该溶液的温度，并在仪器上设置相同的温度值。待 pH 读数稳定后，按下“定位”键。仪器提示“Std yE5”字样时，按下“确认”键，仪器会自动识别并显示当前温度下的标称 pH 值。按下“确认”键即完成一点标定（斜率为 100%）。

如需进行二点标定，请按照以下步骤操作：再次清洗电极，并将其放入标准缓冲溶液 2（pH 4.00 或 pH 9.18）中。测量溶液 2 的温度，并在仪器上设置相同的温度值。待 pH 读数稳定后，按下“斜率”键。仪器提示“Std yE5”字样时，按下“确认”键，仪器会自动识别并显示当前温度下的标称 pH 值。按下“确认”键即完成二点标定。

若使用其他标准缓冲溶液进行标定，在按最后一次“确认”键前，可手动调节显示的 pH 数据至当前温度下对应标准缓冲溶液的 pH 值。

(2) 设置温度值

使用温度计测量当前被测溶液的温度。通过按下“温度△”或“温度▽”键来调节显示值，使其与温度计测得的被测溶液温度一致。按下“确认”键，完成设置；若要放弃设置，可按下“pH/mV”键。

4. 测量 pH 值

使用已经标定的仪器来测量溶液的 pH 值时，如果被测溶液的温度与标定溶液的温度不同，测量步骤会有所不同。具体操作步骤如下：

首先用蒸馏水清洗电极头部，然后用被测溶液再次清洗。

如果被测溶液的温度与标定溶液的温度相同，直接将电极浸入被测溶液中。使用玻璃棒搅拌，确保溶液均匀后，从显示屏上读取 pH 值。

如果温度不同，先用温度计测量被测溶液的温度。在仪器键盘上按“温度”键，调整至测得的温度值，然后按“确认”键。接着将电极插入被测溶液中，同样使用玻璃棒搅拌以确保溶液均匀，之后读取 pH 值。

通过上述步骤，可以准确地测量出溶液的 pH 值。

四、仪器维护及注意事项

在测量前，必须使用已知 pH 值的标准缓冲溶液对电极进行标定。标准缓冲溶液的 pH 值应尽可能接近被测溶液的 pH 值。取下电极保护套时，应防止敏感的玻璃球泡部分与硬物接触，以免破损导致电极失效。测量结束后，立即为电极套上保护套，并在套内加入少量外参比补充液，以维持球泡的湿润。确保复合电极中的外参比溶液至少高出被测溶液液面 10 mm，若低于这一水平，应通过电极上端的孔及时补充。当电极不使用时，应拉上橡皮套以防补充液蒸发。务必保持电极引出端的清洁与干燥，并严格防止输出端短路，以避免测量失准或电极失效。未使用时，插入短路插头以防灰尘和湿气侵入。首次使用或长时间未用的 pH 复合电极需在 3 $mol \cdot L^{-1}$ KCl 溶液中浸泡 24 小时。应避免将电极长时间浸泡在蒸馏水、蛋白质溶液或酸性氯化物溶液中。避免电极与有机硅油接触。若电极长期使用后斜率有所下降，可将电极下端浸入 4%氢氟酸中 3～5 秒，随后用蒸馏水清洗干净，并置于 0.1 $mol \cdot L^{-1}$ 盐酸溶液中浸泡以恢复性能。若被测溶液中含有可能污染敏感球泡或堵塞界面的物质，可能导致电极钝化、斜率下降和读数不准确。一旦出现此类问题，应根据污染物的性质选择适当的溶液进行清洗，以恢复电极性能。玻璃电极的有效期限为一年，无论使用与否，一年后性能可能降低，建议及时更换。

五、缓冲溶液的配制方法

1. pH 4.00 溶液：将 10.12 g GR 邻苯二甲酸氢钾溶解于 1000 mL 高纯去离子水中。
2. pH 6.86 溶液：将 3.387 g GR 磷酸二氢钾和 3.533 g GR 磷酸氢二钠溶解于 1000 mL 高纯去离子水中。
3. pH 9.18 溶液：将 3.80 g GR 四硼酸钠溶解于 1000 mL 高纯去离子水中。

实验十 ▸ 希托夫法测定离子迁移数

一、实验目的

1. 掌握希托夫法测定离子迁移数的基本原理和操作方法。
2. 测定 $CuSO_4$ 溶液中 Cu^{2+} 和 SO_4^{2-} 的迁移数。
3. 掌握库仑电量计的使用原理及方法。

二、预习要求

1. 明确迁移数的意义。
2. 了解希托夫法测定迁移数的原理和方法。
3. 学习如何使用库仑电量计。

三、实验原理

1. 离子迁移数的概念

电解质溶液通过离子的定向迁移来导电。当电流通过电解质溶液时，正、负离子分别向阴极、阳极迁移，同时电极上发生氧化还原反应。反应物质的量与通过电荷量的关系遵循法拉第（Faraday）定律。通过溶液的总电荷量 Q 等于正、负离子搬运的电荷量 Q_+ 和 Q_- 之和，即：

$$Q=Q_+ + Q_- \tag{10-1}$$

由于各种离子的迁移速度不同，它们各自所携带的电荷量也必然不同。每种离子所携带的电荷量与通过溶液的总电荷量之比，称为该离子在此溶液中的迁移率，用符号 t_B 表示。该物理量无量纲。设正、负离子的迁移速度分别为 r_+ 和 r_-，则正、负离子的迁移率分别为：

$$t_+=\frac{Q_+}{Q}=\frac{r_+}{r_+ + r_-} \quad t_-=\frac{Q_-}{Q}=\frac{r_-}{r_+ + r_-} \tag{10-2}$$

离子的迁移数与浓度、温度及溶剂性质有关。在低浓度范围内，提高某种离子的浓度通常会增加其迁移数；但在高浓度时，由于离子间相互作用增强，迁移数可能趋于稳定或下降。温度升高会加快离子迁移速率，但对正负离子迁移数差异的影响需视电解质类型而定。此外，同一种离子在不同电解质中的迁移数会因溶剂性质（如黏度、介电常数）的差异而显著不同。但在温度升高时，正、负离子的迁移数差异会减小。同一种离子在不同电解质中的迁移数是不同的。

2. 希托夫法测定离子迁移数的原理

离子迁移数的测定方法有希托夫法、界面移动法和电动势法等。希托夫法通过电解前后两电极区电解质浓度的变化来求算离子的迁移数。具体操作时，需测定电极区电解质溶液浓度的变化，再用电量计（或库仑计）测得电解过程中通过的总电荷量，最后通过物料平衡计算离子迁移数：

$$t_+=\frac{Q_+}{Q}=\frac{\text{阳极区电解质减少的物质的量}}{\text{电量计阴极上沉积出金属的物质的量}} \tag{10-3}$$

$$t_-=\frac{Q_-}{Q}=\frac{\text{阴极区电解质减少的物质的量}}{\text{电量计阴极上沉积出金属的物质的量}} \tag{10-4}$$

以 Cu 为电极，电解 $CuSO_4$ 溶液为例。通电后，溶液中的 Cu^{2+} 在阴极上被还原，而在阳极上金属铜溶解生成 Cu^{2+}。因此，阴极区 Cu^{2+} 的浓度变化由两个因素引起：一是 Cu^{2+} 迁入；二是 Cu 在阴极上的还原反应 $\frac{1}{2}Cu^{2+}+e^- \longrightarrow \frac{1}{2}Cu$。

在阴极区 Cu^{2+} 的物质的量变化为：$n_{后}=n_{前}+n_{迁}-n_{电}$，则

$$t_{Cu^{2+}}=\frac{n_{迁}}{n_{电}} \qquad t_{SO_4^{2-}}=1-t_{Cu^{2+}} \tag{10-5}$$

式中，$n_{前}$ 为电解前阴极区存在的 Cu^{2+} 的物质的量；$n_{后}$ 为电解后阴极区存在的 Cu^{2+} 的物质的量；$n_{电}$ 为电解过程中阴极还原生成的 Cu 的物质的量；$n_{迁}$ 为电解过程中迁入阴极区的 Cu^{2+} 的物质的量。

根据电解过程中 $CuSO_4$ 的总量保持不变的原理，可以推断出阳极区 $CuSO_4$ 物质的量变化是由阴离子的迁移引起的。理论上，同一离子在阳极区和阴极区的迁移数量应该是相同的。

由此，我们可以认识到希托夫法用于测定离子迁移数的基础假设至少包括两项：

① 只有电解质的离子负责电荷的传递，而溶剂水本身并不导电；这与实际状况基本一致。

② 在计算中忽略了离子的水合效应。

实际上，正离子和负离子所带的水量不一定相同。因此，电极区电解质浓度的改变，部分是由于水迁移所引起的，这种不考虑离子水化现象所测得的迁移数称为希托夫迁移数。如果考虑到水的迁移对浓度的影响，计算得出的阳离子或阴离子的实际迁移数被称为真实迁移数。

四、仪器及试剂

仪器材料：迁移管 1 套（南大万和有限公司 HTF-7C）；铜库仑计 1 套；分析天平 1 台；台秤 1 台；精密稳流电源 1 台；碱式滴定管（100 mL）1 支；锥形瓶 4 只；移液管（10 mL）4 支；铁架台；滴管若干。

试剂药品：硫酸铜溶液（0.05 mol·L^{-1}）；HNO_3 溶液（1 mol·L^{-1}）；KI 溶液（10%）；淀粉指示剂（0.5%）；标准硫代硫酸钠溶液（0.0500 mol·L^{-1}）；乙酸溶液（1 mol·L^{-1}）。

五、实验步骤

1. 准备铜库仑计

两铜片先用细砂纸磨光，除去表面氧化层，用蒸馏水冲洗，再放进 1 mol·L^{-1} 硝酸溶液中浸泡几分钟，取出后用蒸馏水冲洗，用酒精淋洗并吹干。将两铜片分别放在分析天平上

称重（m_1）。

用 0.05 mol·L^{-1} 的硫酸铜溶液清洗迁移管、铜片和库仑计。将两铜片固定在库仑计的盖子上。在库仑计中装入适量 0.05 mol·L^{-1} 的硫酸铜溶液，然后将装有铜片的库仑计盖子盖好，确保硫酸铜溶液覆盖铜片的一半以上。

2. 准备迁移管

将适量的硫酸铜溶液装入迁移管中，确保溶液进入迁移管的中间部分。轻轻左右倾斜迁移管，排出管内的气泡。把两个电极分别插入迁移管中，确保硫酸铜溶液能够覆盖位于迁移管上方的球形部位。通过调节底部的活塞，排出迁移管内剩余的气泡。检查活塞和电极周围，确保没有气泡存在。按图 10-1 连好装置。

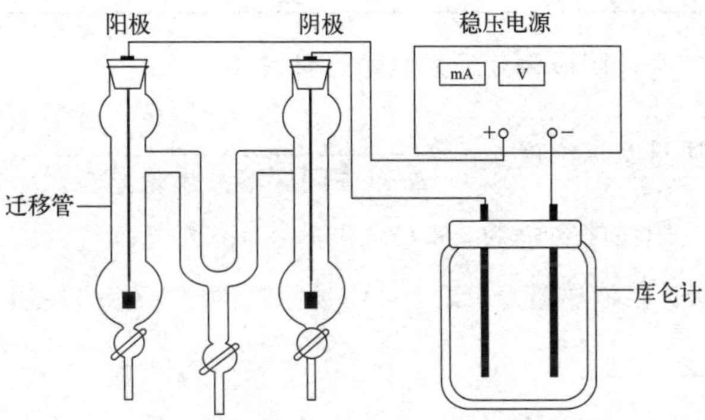

图 10-1 希托夫法测定离子迁移数装置图

3. 电解过程

将测定装置的“输出细调”旋钮逆时针旋到底，“输出”端红色为正极，黑色为负极。确保测定装置、迁移管和库仑计连接无误后，插上电源并开启测定装置的电源开关。当数显表全亮时，顺时针缓慢调节“输出细调”旋钮至所需的实验电流值。连续通电 90 min 以上，确保电流稳定，并记录平均室温。到达时间后，将电流调至“0”，关闭电源。

取出库仑计中的两个铜片，清洗并吹干后，放在分析天平上称重（m_2）。取三个干净的锥形瓶，分别放置于天平上称其重量。将锥形瓶放置在迁移管下方，分别接收“阳极区”、“阴极区”和“中间区”的溶液。随后，将含有硫酸铜溶液的烧杯置于天平上进行称重。

4. Cu^{2+} 的浓度滴定

在三个锥形瓶中分别滴入 10%碘化钾溶液 10 mL、1 mol·L^{-1} 乙酸溶液 10 mL，并用标准硫代硫酸钠溶液进行滴定。当滴至淡黄色时，加入 1 mL 淀粉指示剂，继续滴定直至紫色消失为止，此时实验结束。随后，清洗迁移管、库仑计、电极和铜片，吹干后保存。

六、注意事项

1. 实验中的铜片必须是纯度为 99.999%的电解铜。

2. 实验过程中凡是能引起溶液扩散、搅动等的因素必须避免。电极阴、阳极的位置能对调，迁移管及电极周围不能有气泡，两电极上的电流密度不能太大。

3. 本实验中各部分的划分应正确，不能将阳极区与阴极区的溶液错划入中间区，这样会引起实验误差。

4. 本实验由铜库仑计的增重计算电荷量，因此称量及前处理都很重要，需仔细进行。
5. 加入 KI 后，析出 I_2 的速率很快，故应立即滴定。

七、数据记录和处理

室温 $T=$________；气压 $p=$________

电流强度 $I=$______；通电时间 $t=$______；标准硫代硫酸钠溶液浓度 $c=$______；

阴极铜片电解前质量 $m_1=$________；阴极铜片电解后质量 $m_2=$________。

区域	锥形瓶质量		溶液质量 Δm/g	$Na_2S_2O_3$ 体积 V/mL
	$m_{空}$/g	$m_{总}$/g		
中间				
阴极				

1. 根据通电前后库仑计阴极铜片的质量差，计算出 $n_{电}$。

2. 计算中间区的质量摩尔浓度 $b_{前}=\dfrac{c_{Na_2S_2O_3}V\times10^{-3}}{\Delta m(\text{中间区溶液质量})-c_{Na_2S_2O_3}VM_{Na_2S_2O_3}\times10^{-3}}$

3. $n_{后}=c_{Na_2S_2O_3}V(\text{阴极区滴定 }Na_2S_2O_3\text{ 用量})\times10^{-3}$

$n_{前}=b_{前}[\Delta m(\text{阴极区溶液质量})-c_{Na_2S_2O_3}V(\text{阴极区滴定 }Na_2S_2O_3\text{ 用量})M_{Na_2SO_3}\times10^{-3}]$

4. $t_{Cu^{2+}}=\dfrac{n_{后}-n_{前}+n_{电}}{n_{电}}$

八、思考题

1. 为什么不能将通过库仑计的阴极电流密度设置得过大?
2. 如果电解作用导致溶液中间区的浓度发生变化，为何需要重新进行实验?
3. 在 0.1 $mol\cdot L^{-1}$ 的 KCl 和 0.1 $mol\cdot L^{-1}$ 的 NaCl 溶液中，Cl^- 的迁移数是否相同?
4. 如果要根据阳极区电解质溶液的浓度来计算 Cu^{2+} 的迁移数，应该如何操作?

九、参考文献

[1] 东北师范大学，等. 物理化学实验 [M]. 3 版. 北京：高等教育出版社，2014：121-123.

[2] 才东奇，田福平，赵泽瑞，等. 希托夫法测定离子迁移数的影响因素探究 [J]. 大学化学，2024，39 (4)：94-99.

[3] 丛铁，肇启东，陈茜，等. 希托夫法测定离子迁移数实验的教学改革研究 [J]. 大学化学，2023，38 (5)：137-142.

[4] 许立，王娟，平兆艳. 希托夫法测定离子迁移数实验的改进 [J]. 山东化工，2019，48 (19)：115-116.

[5] 詹世景，吴植宇，李林杰，等. 希托夫法测定离子迁移数实验的改进 [J]. 广州化工，2017，45 (8)：149-150.

[6] 沈丽，赵亚萍，竺海能，等. 希托夫法测定离子迁移数实验的改进 [J]. 实验室科学，2014，17 (6)：29-30+33.

实验十一 原电池电动势的测定

一、实验目的

1. 掌握对消法测定电池电动势。
2. 熟悉实验室常用电极的使用和处理方法。
3. 掌握盐桥的制备方法。

二、预习要求

1. 学习如何正确使用电位差计器、标准电池和电流检测器。
2. 理解可逆电池、可逆电极和盐桥的概念及制备方法。
3. 掌握通过原电池的电动势来测定相关热力学函数的原理。

三、实验原理

1. 可逆电池

任何能使化学能转变为电能的装置都称为电池（或原电池）。原电池由两个半电池组成，即由正、负电极与相应的电解质溶液构成。在电池反应过程中，正极发生还原反应，负极发生氧化反应，并且电池反应是这两个电极反应的总和。电池的电动势等于组成它的两个半电池的电极电势的代数和。电极电势的真实含义是金属电极与接触溶液之间的电势差。然而，电极电势的绝对值无法从实验上进行测定，因此在电化学中，当前所说的电极电势指的是以某一电极为标准而得出的相对值。国际上采用的标准电极是标准氢电极，即当氢气在气相中的分压达到标准压力 100 kPa 且氢离子的活度 a 为 1 时，被氢气饱和的铂电极。

当原电池在无限缓慢放电的条件下（几乎无电流流过电路）工作时，可以获得最大的有效功。此时，正极的电极电势称为 φ_+，而负极的电极电势称为 φ_-。两电极间的电势差就是电池的电动势：

$$E=\varphi_+-\varphi_-$$

以铜-锌电池为例进行分析：

电池结构 $Zn \mid ZnSO_4(a_{Zn^{2+}}) \| CuSO_4(a_{Cu^{2+}}) \mid Cu$

负极反应 $Zn \longrightarrow Zn^{2+}(a_{Zn^{2+}})+2e^-$

正极反应 $Cu^{2+}(a_{Cu^{2+}})+2e^- \longrightarrow Cu$

电池反应 $Zn+Cu^{2+}(a_{Cu^{2+}}) \longrightarrow Zn^{2+}(a_{Zn^{2+}})+Cu$

Zn 电极的电极电势 $$\varphi_{Zn^{2+}/Zn}=\varphi^{\ominus}_{Zn^{2+}/Zn}-\frac{RT}{2F}\ln\frac{a_{Zn}}{a_{Zn^{2+}}} \tag{11-1}$$

Cu 电极的电极电势 $$\varphi_{Cu^{2+}/Cu}=\varphi^{\ominus}_{Cu^{2+}/Cu}-\frac{RT}{2F}\ln\frac{a_{Cu}}{a_{Cu^{2+}}} \tag{11-2}$$

所以铜-锌电池的电动势为 $E=\varphi_{+}-\varphi_{-}=\varphi_{Cu^{2+}/Cu}-\varphi_{Zn^{2+}/Zn}$

$$=\varphi^{\ominus}_{Cu^{2+}/Cu}-\varphi^{\ominus}_{Zn^{2+}/Zn}-\frac{RT}{2F}\ln\frac{a_{Cu}a_{Zn^{2+}}}{a_{Cu^{2+}}a_{Zn}}$$

$$=E^{\ominus}-\frac{RT}{2F}\ln\frac{a_{Zn^{2+}}}{a_{Cu^{2+}}} \tag{11-3}$$

式中，$\varphi^{\ominus}_{Cu^{2+}/Cu}$ 和 $\varphi^{\ominus}_{Zn^{2+}/Zn}$ 是当 $a_{Cu^{2+}}=a_{Zn^{2+}}=1$ 时，铜电极和锌电极的标准电极电势。

由于氢电极使用不便，通常选择其他易制备且电极电势稳定的电极作为参比电极，例如甘汞电极。此外，银电极、铂电极和铂黑电极也经常被用作参比电极。

2. 电池电动势的测量

电池电动势的测量工作必须在电池处于可逆条件下进行。这是因为一旦原电池与伏特计相接，它们之间便形成了一个通路，并且有电流通过。在这时，电池两极上会发生极化现象，导致原电池进入非可逆状态。同时，由于电池本身存在内阻，伏特计所测得的实际上只是两个电极间的电势差，而非原电池的真正电动势。为了准确测定原电池的电动势，应该在接近热力学可逆条件下进行测量，即使用电位差计在无电流（或极小电流）通过时测量两个电极间的电势差。这样测得的值即为原电池的电动势。

测定可逆原电池电动势常采用对消法，该法的工作原理是将一个与待测电池电动势大小相等、方向相反的外加电压并联至待测电池上，从而消除待测电池中的电流。此时外加电压等于待测电池的电动势。测定原理如图 11-1 所示。

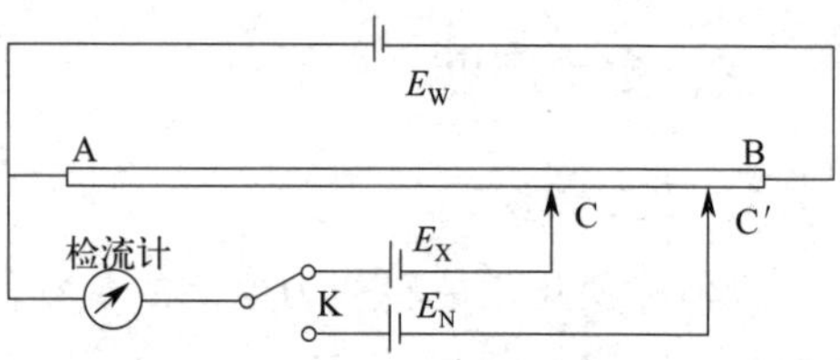

图 11-1　对消法测电池电动势原理

E_X 表示待测电池的电动势，而 E_N 表示标准电池的电动势（用于校准）。测定时，首先将换向开关 K 拨至 E_N 挡位，然后调整滑线电阻 AC′，使检流计中无电流通过。由于 AB 是一个均匀电阻，因此：

$$\frac{E_N}{E_{AB}}=\frac{L_{AC'}}{L_{AB}} \tag{11-4}$$

将开关 K 调至 E_X 挡位，并调整 AC，确保电流表中无电流通过，则有：

$$\frac{E_X}{E_{AB}}=\frac{L_{AC}}{L_{AB}} \tag{11-5}$$

将两式相除，可得：

$$\frac{E_X}{E_N}=\frac{L_{AC}}{L_{AC'}} \tag{11-6}$$

四、仪器及试剂

仪器材料：电位差计（南京南大万和有限公司 EM-3C）1 套；甘汞电极 1 支；银电极 1 支；铂电极 1 支；150 mL 玻璃烧杯 3 只；U 形玻璃管 3 只；2000 W 电炉 1 台；石棉网 1 片；2 L 不锈钢小盆 2 个；玻璃棒 2 根；10 mL 移液管 4 根；电子天平 1 台；托盘天平（含砝码）1 套；镊子 1 把；橡皮筋若干。

试剂药品：$AgNO_3$ 溶液（0.01 mol·L^{-1}）；HAc 溶液（0.1 mol·L^{-1}）；NaAc 溶液

(0.1 mol·L^{-1})；饱和 KCl 溶液；饱和 KNO_3 溶液；苯醌合苯二酚（醌氢醌）。

五、实验步骤

1. 电极的处理及盐桥的制备

饱和甘汞电极、银电极及铂电极均为商品电极，使用前用蒸馏水淋洗干净，用滤纸将电极表面的水分吸干。称取琼脂 2 g 及量取 50 mL 饱和 KNO_3 溶液放入不锈钢小盆中，将小盆放置到电磁炉上开始缓慢加热，边加热边搅拌，溶液沸腾后，将热溶液灌入洗净的 U 形玻璃管中，确保管中没有气泡，并将 U 形玻璃管口朝上（三个一组，用橡皮筋固定）放置在实验台上冷却，保持大约 10 min 即可凝固成冻胶固定在管内。

2. 仪器校准

将标准 Weston 电池连接至仪器的外部接线柱，并将功能选择开关调至外标。调节操作面板左侧的六个旋钮（如图 11-2 所示），直至电动势的指示值显示为与温度相关的标准 Weston 电池电动势，该电动势值需预先计算得出。按下校准按钮，校准即完成（结果显示平衡指示为 0）。

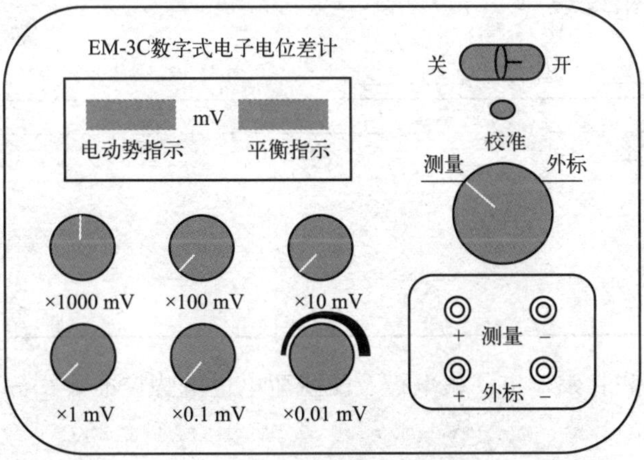

图 11-2 EM-3C 型数字式电子电位差计操作面板图

3. 电池 A 电动势的测量

取一个洁净并且干燥的 150 mL 烧杯，装入 40 mL 0.01 mol·L^{-1} $AgNO_3$ 溶液，插入银电极作为正极。另取一个洁净并且干燥的烧杯，装入 40 mL 饱和 KCl 溶液，插入甘汞电极作为负极。最后将 KNO_3 盐桥插入两电极所在的溶液中，组合成原电池。将银电极与电位差计标有“测量”的正极相接，饱和甘汞电极与电位差计标有“测量”的负极相接。将电位差计的功能选择开关置于“测量”档，调节操作面板左侧的拨位开关（×1000 mV、×100 mV、×10 mV、×1 mV 和×0.1 mV）和旋钮（0.01 mV），将平衡指示调为“00000”。待电动势读数稳定后，记录被测电动势的值。测量完毕后，电池溶液不要倒掉，留下制备下一个原电池。

4. 电池 B 电动势的测量

取 20 mL 0.1 mol·L^{-1} HAc 溶液及 20 mL 0.1 mol·L^{-1} NaAc 溶液放入洁净干燥的 150 mL 烧杯，再加入 0.05 g 醌氢醌固体，搅拌并插入干净的铂电极，制得的醌氢醌电极为正极；电池 A 中的饱和甘汞电极作为负极；通过 KNO_3 盐桥连接两电极所在的溶液，组合成原电池。按照步骤 3 测量电池 B 的电动势。

5. 电池 C 电动势的测量

使用电池 A 中的银电极作为正极，并使用电池 B 中的醌氢醌电极作为负极，并插入各自的溶液中。通过 KNO_3 盐桥连接两电极所在的溶液，这样便构成了一个电池装置。然后，根据步骤 3 中描述的方法来测量电池 C 的电动势。

六、注意事项

1. 测定电池电动势时需使用对消法，以消除电池内阻的影响。

2. EM-3C 型数字式电子电位差计使用内置标准电池。使用中应根据室温校准其给定的电动势。

3. 对消法本身精度很高，关键在于电极的正确处理。电极不干净会导致很大的误差。本实验中，使用甘汞电极前要确保氯化钾处于过饱和状态（即有固体存在），并检查醌氢醌是否充分溶解，是否完全对消。

七、数据记录和处理

室温 $T=$________；气压 $p=$________。

项目	E_A/V	E_B/V	E_C/V
第一次测量			
第二次测量			
第三次测量			
平均测量值			
理论值			
测量相对误差			

实验室温度下饱和甘汞电极、银电极及醌氢醌电极电势校准公式分别如下：

$$\varphi^{\ominus}_{Ag^+/Ag}/V=0.799-0.00097(t/℃-25)$$

$$\varphi^{\ominus}_{H^+/QH_2}/V=0.6994-0.00074(t/℃-25)$$

$$\varphi^{\ominus}_{Hg/Hg_2Cl_2}/V=0.2415-0.00065(t/℃-25)$$

八、思考题

1. 电位差计、标准电池、检流计和工作电池在电动势测定实验中各承担什么角色？试从电化学原理角度解释为何必须使用对消法而非直接测量电池的端电压。

2. 若实验中用硝酸钾代替琼脂-氯化钾盐桥，电动势测定可能产生何种偏差？结合离子迁移速率和液接电势的概念说明原因。

3. 若未校准标准电池的电动势（直接使用标称值），在室温变化较大的情况下，最终迁移数计算结果产生何种系统误差？试推导误差传递公式。

4. 已知某缓冲溶液的电动势 E 与 pH 的关系式为 $E=K-0.0592\text{pH}$（25℃），若实验中测得 $E=0.456$ V，且 $K=0.699$ V，求该溶液的 pH 值。若温度升至 30℃，公式中的斜率如何变化？说明原因。

5. 若实验中误将待测电池正负极反接，检流计指针会如何偏转？此时测得的“电动势”

值的符号和大小有何特征？试结合能斯特方程和电路原理分析。

九、参考文献

[1] 傅献彩，沈文霞，姚天扬，等．物理化学下册［M］．6 版．北京：高等教育出版社，2022：68-69.
[2] 王文珍．物理化学实验［M］．北京：化学工业出版社，2017：92-96.
[3] 张克坚．电池电动势测量方法的讨论［J］．装备制造技术，2016，(12)：252-253＋256.
[4] 吴慧敏，艾佑宏．原电池电动势测定实验的改进［J］．广东化工，2012，39 (13)：192-193.
[5] 王应．电位差计测量电池电动势的探讨［J］．科技信息，2010，(14)：778＋780.
[6] 栾翀．电动势的测定及其应注意的问题［J］．科技信息，2008，(35)：593-595.

附录一 EM-3C 型数字式电子电位差计

一、使用方法

通电：插上电源插头，打开电源开关，两组 LED 显示屏便会亮起。预热 5 min。请将右侧的功能选择开关设置到“测量”位置。

接线：请按照极性正确地连接测量线与被测电动势。本仪器配备了 4 根通用测量线，通常黑色线代表负极，黄色或红色线代表正极。

设定内部标准电动势值：左侧 LED 显示屏展示通过拨位开关和电位器设定的内部标准电动势值。例如，若要设定值为 1.01862，操作如下：将×1000 mV 挡的拨位开关调至 1，将×100 mV 挡调至 0，将×10 mV 挡调至 1，将×1 mV 挡调至 8，将×0.1 mV 挡调至 6，然后调节×0.01 mV 挡的电位器，直到电动势指示 LED 显示屏的最后一位显示为 2。右侧 LED 显示屏则用于显示设定值与被测电动势之间的差值。如果显示为“OU. L”，则表示被测电动势与设定值之间的差异过大。

二、测量

将右侧功能选择开关置于“测量”挡，观察右侧 LED 显示屏的显示值。通过调节左侧的拨位开关和电位器，设定其内部标准电动势值，直到右侧 LED 显示屏显示值接近“00000”。待“电动势指示”显示值稳定后，该值即为被测电动势值。需注意，“电动势指示”与“平衡指示”的显示值在小范围内摆动属于正常现象，摆动范围在±1 之内。

三、校准

1. 用外部标准电池校准

仪器出厂时已调校好。为确保精度，用户可自行校准。操作步骤如下：打开仪器面板并上电；连接标准电池；将面板右侧的功能选择开关调至“外标”位置；调节左侧的拨位开关和电位器，设定内部标准电动势为接近但不等于标准电池的数值；观察右侧平衡指示 LED 的显示值，若显示值不接近于零，则按下校准按钮后释放，此时平衡指示 LED 的显示值应归零，表示校准完成。

2. 用内部 1V 基准校准

同样，仪器出厂时已调校完毕。用户按以下步骤进行校准：打开仪器面板并上电（无需连接外部标准电池)；将面板右侧的功能选择开关调至“内标”位置；调节左侧的拨位开关和电位器，设定内部标准电动势值为 1000.00 mV；检查右侧平衡指示 LED 的显示值，若该值不接近于零，则按下校准按钮后释放，平衡指示 LED 的显示值应为零，表示校准完成。

四、注意事项

1. 避免将仪器放置在强电磁场干扰区。
2. 仪器已完成校准，请勿自行调整。
3. 如果仪器通电后无显示，请检查后面板上的 0.5 A 保险丝。
4. 若波段开关旋钮松动或位置不正确，可使用专用工具调整旋钮至正确位置。

附录二 铂电极、铂黑电极、甘汞电极、Ag/AgCl 电极和银电极

一、铂电极和铂黑电极

铂的标准电极采用铂作为电极材料，是电化学反应中常用的标准参比电极。存在两种常见类型：普通铂电极和铂黑电极。

普通铂电极是一种惰性电极，不参与反应，具有均匀光滑的表面，适用于测量电解质溶液中的活性离子浓度及进行电极动力学研究。使用前，应使用蒸馏水清洗铂电极，如遇油污，需先在丙酮中浸泡，再用蒸馏水冲洗。

铂黑由众多微小铂晶体构成，因其表面积在光线照射下经多次反射而显黑色。铂黑电极通过在铂金属表面镀一层铂黑来增加表面积，降低电流密度，防止极化，从而提升测量灵敏度。这种电极因具有较高的电化学活性，常用于氧化还原反应的研究。使用时，避免直接擦拭以防铂黑脱落。若铂黑镀层脱落或褪色，必须重新电镀或更换新电极以保证数据准确。未使用时，铂黑电极应浸泡在去离子水中以防干燥导致表面发生变化。

二、甘汞电极

甘汞电极是由汞、甘汞（Hg_2Cl_2）和一定浓度的氯化钾溶液所构成的微溶盐电极。其构造如图 11-3 所示。其半电池可表示为：$Pt|Hg|Hg_2Cl_2(s)|KCl(a)$，电极反应为：

$$Hg_2Cl_2 + 2e^- \longrightarrow 2Hg + 2Cl^-$$

甘汞电极的制备相对简单，只需在纯汞表面覆盖一层氯化亚汞与汞的混合物，并充入特定浓度的氯化钾溶液。经过数日的放置，其电势会逐渐稳定，因此使用非常方便。它通常用作外部参比电极。根据 KCl 浓度的不同，甘汞电极可分为三种类型，具体数据参见表 11-1。

表 11-1 常用甘汞电极数据（298.15 K）

电极类型	φ/V	$\left(\frac{\partial\varphi}{\partial T}\right)_p$/(V·K^{-1})
$Pt|Hg|Hg_2Cl_2(s)|KCl(0.1\ mol\cdot L^{-1})$	0.3338	−0.00007
$Pt|Hg|Hg_2Cl_2(s)|KCl(1\ mol\cdot L^{-1})$	0.2800	−0.00024
$Pt|Hg|Hg_2Cl_2(s)|KCl$(饱和)	0.2444	−0.00076

由表中数据可以看出，饱和甘汞电极制备最为方便，但其温度系数较大。而 0.1 mol·L^{-1} 甘汞电极的温度系数最小，适用于精密测量。商品电极使用较方便，可直接插入待测溶液中，然而其内阻较大。

使用甘汞电极时应注意以下几点：首先，电极内的 KCl 溶液中不能有气泡；其次，饱和甘汞电极的溶液中应保留少量 KCl 固体。如果甘汞电极表面有 KCl 溶液或晶体附着，应随时清除。测量时，电极应竖直放置，确保甘汞芯浸没在 KCl 溶液之中。若电极内部的 KCl 溶液不足，应及时补充。

在操作甘汞电极时，需移除上端侧管口的橡皮塞和下端的电极帽。若电极长时间不使用，则应重新盖上侧管口的橡皮塞和下端的电极帽，并置于电极盒中保存。由于甘汞电极的电势具有较大的负温度系数和热滞后性，精确测量应在恒温条件下进行。此外，甘汞电极在高温下稳定性差，建议在 70 ℃以下的环境中使用。最后，由于甘汞容易发生光解反应，导致电极电势变化，因此在使用时及存放过程中应避免光照。

三、 Ag/AgCl 电极

Ag/AgCl 电极主要由三部分组成：银电极、银氯化物（AgCl）和 KCl 溶液（图 11-3）。其中，银电极作为主体部分，由纯银制成；银氯化物作为电极表面的一层薄膜，由银与氯离子反应生成；KCl 溶液用于维持电极内部的离子浓度平衡。根据 Nernst 方程可知，Ag/AgCl 电极的电势与溶液中氯离子浓度有关，因此，通过调整 KCl 溶液的浓度可以改变参比电极的电势。25 ℃时，不同 Ag/AgCl 电极的电极电势列于表 11-2。

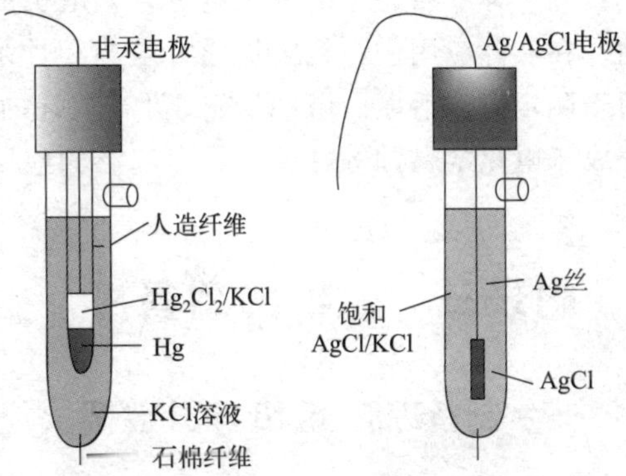

图 11-3 甘汞电极及 Ag/AgCl 电极结构示意图

表 11-2 不同 Ag/AgCl 电极的电极电势（298.15 K）

电极	KCl 浓度	电极电势(vs. SHE)/V
0.1 mol/L Ag/AgCl 参比电极	0.1 mol·L^{-1}	+0.2880
标准 Ag/AgCl 电极	1.0 mol·L^{-1}	+0.2223
饱和 Ag/AgCl 电极	饱和 KCl(34 g/100 mL 水)	+0.2000

Ag/AgCl 电极与标准氢电极的电势换算：如果是饱和 KCl 溶液，在 25 ℃情况下，最终电势需加上 0.197 V，再加上 0.0592 V 乘以 pH 值。

Ag/AgCl 电极使用注意事项：

① 电极不用时，应保存在与其内部溶液浓度相同的 KCl 溶液中，避免微孔陶瓷头长时间暴露在空气中（时间不能大于几分钟）。

② 使用时，内部溶液不应有气泡，以免影响其稳定性。避免电极受到剧烈振动，以防 AgCl 薄膜脱落。

③ 应将电极存放在避光处，以防 AgCl 因光照而分解。

④ 电阻增大，可能是因为微孔陶瓷头干燥了。此时可以将玻璃管从白色聚四氟乙烯帽中垂直拔出约 6 mm，让少量空气进入玻璃管，然后将玻璃管垂直放置，用手指轻弹，使气

泡移向电极室的上部，然后将玻璃管插回聚四氟乙烯帽中，这时，KCl 溶液应该能从微孔陶瓷头处压出。如需重新注入 KCl 溶液，仔细拔掉白色聚四氟乙烯帽，用注射器向玻璃管中注满溶液，确保玻璃管底部无气泡后，再向白色聚四氟帽中加入少量溶液，并将玻璃管插入白色聚四氟帽中。

四、银电极

银电极是一种常用的参比电极，广泛应用于电化学分析、电化学合成、电化学腐蚀等领域。银电极的标准电极电势是指在标准状态下，银离子与银金属之间的电极反应的电势。标准状态是指溶液中离子的活度为 1，气体的分压为 1 个大气压，温度为 25 ℃的状态。根据热力学原理，银电极的标准电极电势可以通过标准电极电势表得到。银电极的标准电极电势为＋0.80 V，这意味着在标准状态下，银离子被还原成银金属的趋势很强，因此银电极常被用作参比电极。

除了标准状态下的电极电势，银电极的电极电势还受溶液中离子活度、温度等因素的影响。在实际应用中，银电极通常与饱和甘汞电极配对使用，构成氯化银电极。氯化银电极常用于测定离子活度、pH 值等，具有较好的稳定性和重现性。此外，银电极还可用于电化学合成、电化学腐蚀等领域，具有广泛的应用前景。

附录三　盐桥的制备

一、制备琼脂-饱和 KCl 盐桥

1. 在一个干净的烧杯中加入 3 g 琼脂和 97 mL 蒸馏水。
2. 使用水浴加热直至琼脂完全溶解。
3. 加入 30 g KCl，并充分搅拌至完全溶解。
4. 趁热使用滴管将此溶液加入 U 形玻璃管中。
5. 待琼脂凝结后即可使用。

二、制备琼脂-饱和 KNO_3 盐桥

1. 称取 1 g 琼脂放入 50 mL 饱和 KNO_3 溶液中，浸泡片刻。
2. 缓慢加热至沸腾，直到琼脂全部溶解后稍冷。
3. 将洗净的 U 形管插入琼脂溶液中，确保管内无气泡。
4. 从管的上口填满溶液，保持充满状态冷却到室温，将其凝固成冻胶固定在管内。
5. 取出后擦净备用。

三、保存方法

不使用时，将盐桥放入相应的饱和溶液（KCl 或 KNO_3）中保存。

实验十二 ▸ 碳钢在碳酸铵中极化曲线的测定

一、实验目的

1. 了解金属的钝化行为的原理及其测量方法。

2. 掌握使用线性电位扫描法测定碳钢在碳酸铵溶液中的阳极极化曲线，并分析其钝化行为。

二、预习要求

1. 学习金属钝化现象的原理。

2. 学习超电势测量的原理。

3. 掌握 WHHD-2 型恒电位仪的操作方法。

三、实验原理

1. 阳极极化曲线

在研究可逆电池的电动势和电池反应时，电极上几乎没有电流通过，每个电极或电池反应都是在无限接近于平衡条件下进行的，因此电极反应是可逆的（如图 12-1 所示）。当电流通过电池时，则电极的平衡状态被破坏，此时电极反应处于不可逆状态。随着电极上的电流密度增加，电极反应的不可逆程度也增大。在有电流通过电极时，由于电极反应的不可逆而导致电极电势偏离平衡值的现象称为电极的极化。导致极化现象的原因是离子扩散的迟缓性及电化学反应的迟缓性，其结果是在阴、阳电极上产生了超电势 η。由于超电势的存在，阴极的电极电势变得更负，阳极的电极电势变得更正。

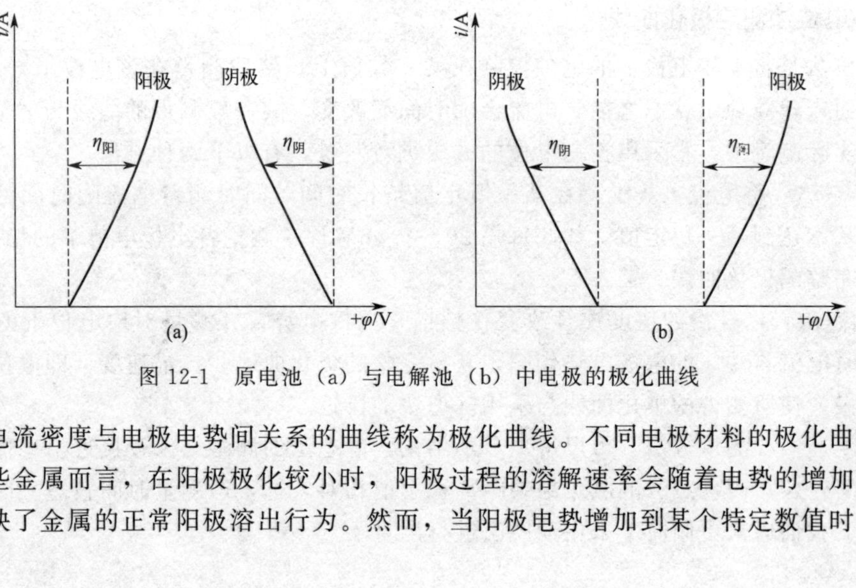

图 12-1 原电池（a）与电解池（b）中电极的极化曲线

描述电流密度与电极电势间关系的曲线称为极化曲线。不同电极材料的极化曲线形式各异。对某些金属而言，在阳极极化较小时，阳极过程的溶解速率会随着电势的增加而逐渐增大，这反映了金属的正常阳极溶出行为。然而，当阳极电势增加到某个特定数值时，其溶解速率会达到最大值。超过这一点，随着电势的继续增加，阳极溶解速率反而会大幅度降低，这种现象被称为金属的钝化现象。铁、镍、铬等金属在外部电流作用下可能会发生电化学钝化。具有可钝化特性的金属的阳极极化曲线如图 12-2 所示。

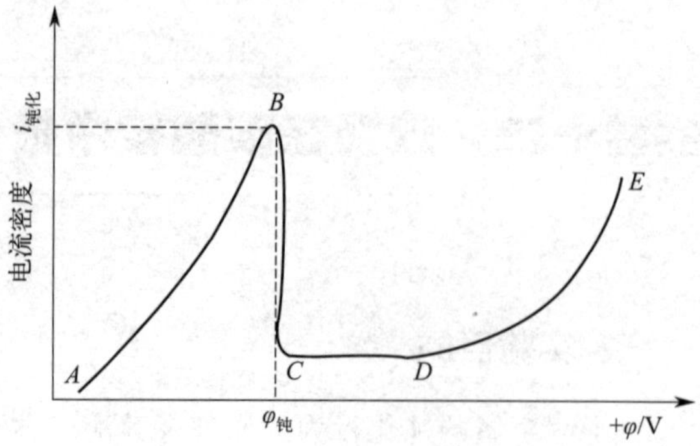

图 12-2 一些金属的阳极极化曲线

整个曲线可以分为四个区域：A、B、C 和 D。从 A 点开始，随着电势向正方向移动，电流密度相应增加。当电势超过 B 点后，电流密度随着电势的增加迅速减小至最小值。这一现象是因为在金属表面生成了一层具有高电阻且耐腐蚀的钝化膜。B 点对应的电势称为临界钝化电势，相应的电流则称为临界钝化电流。当电势达到 C 点后，电流维持在一个基本稳定且非常小的数值，这个电流被称作维钝电流。直到电势升高至 D 点，电流随电势上升而增大，表明阳极重新发生氧化，这可能是由于形成了高价金属离子或是水分子放电释放氧气。因此，CD 段被称为过钝化区。

2. 影响金属钝化过程的几个因素

影响金属钝化过程及钝化性质的因素，可归纳为以下几点：

① 溶液的组成。在中性溶液中，金属一般比较容易钝化，而在酸性或某些碱性溶液中则不易钝化；溶液中卤素离子（尤其是 Cl^-）的存在能明显地阻止金属的钝化；溶液中存在某些具有氧化性的阴离子（如 CrO_4^{2-}）则可以促进金属的钝化。

② 金属的化学组成和结构。各种纯金属的钝化能力不尽相同，例如铁、镍、铬三种金属的钝化能力大小排序为铬＞镍＞铁。因此，添加铬、镍可以提高钢铁的钝化能力及钝化的稳定性。

③ 外界因素（如温度、搅拌等）。一般来说，温度升高，以及搅拌加剧，可以推迟或防止钝化过程的发生，这与离子扩散有关。

3. 恒电位法测定极化曲线

恒电位法是将工作电极上的电位控制在某一数值上，然后测量在该电位下对应的电流。在电极表面未建立稳定状态之前，电流会随时间而改变，故一般测得的曲线为“暂态”极化曲线。在实际测量中，常采用控制电位的方法进行测量，有以下两种方法：

① 静态法：将电极电势维持在某一恒定值较长时间，同时测量电流随时间的变化，直到电流值基本达到某一稳定值。如此每隔 20～50 mV 逐个测量各电极电势下的稳定电流值，即可获得完整的极化曲线。

② 动态法：以较慢的速度连续改变（扫描）电极电势，并测量对应电位下的瞬时电流值，将瞬时电流与对应的电极电势作图，获得完整的极化曲线。扫描速度（即电位变化的速度）应较慢，使所测得的极化曲线与采用静态法的接近。

比较上述两种测量方法，可以得出以下结论：静态法的测量结果较接近稳态值，但所需的测量时间较长；而动态法的测量结果距离稳态值相对较远，但测量时间较短。因此，在实际工作中，我们通常更倾向于采用动态法进行测量。

恒电流法是将工作电极的电流恒定在一定值的情况下，测量其对应的电极电势，得到极化曲线。但通过恒电流法所得到的阳极极化曲线不能完整地描绘出碳钢的溶解和钝化的实际过程。因此，本实验采用恒电位法。

四、仪器及试剂

仪器材料：WHHD-2 型恒电位仪（南京南大万和有限公司）1 套；碳钢电极（工作电极）1 支；饱和甘汞电极（参比电极）1 支；铂电极（辅助电极）1 支；金相砂纸若干；四口电解池 1 个；导线若干；小烧杯 4 个。

试剂药品：饱和 NH_4HCO_3 溶液；浓氨水；H_2SO_4（0.5 $mol \cdot L^{-1}$）；饱和 KCl 溶液。

五、实验步骤

1. 仪器预热及调零

熟悉仪器面板各按键及旋钮的功能，如图 12-3 所示。打开恒电位仪开关，预热 15 min，调整 IR 补偿旋钮，将其逆时针旋转至 0，并确保 IR 补偿开关处于弹出状态。调整“菜单/微调”和输出调节旋钮，使仪器电位至 0，同时调节电流为 0。

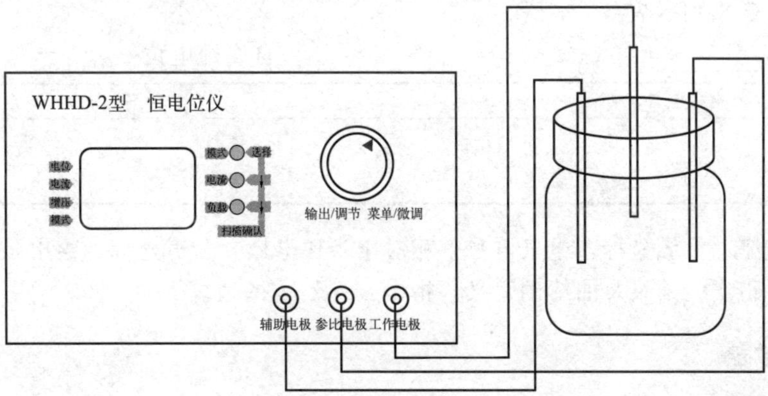

图 12-3　仪器装置图

2. 电极处理

用金相砂纸磨光工作电极表面，接着用细绒布抛光成镜面效果，并用脱脂棉蘸取硫酸溶液进行除油处理，最后测量抛光后电极的面积。

3. 电解池搭建

分别用量筒量取 100 mL 饱和碳酸氢铵溶液和 100 mL 浓氨水，加入 250 mL 的四口电解池中。将电解池固定在铁架台上，安置工作电极（碳钢电极）、铂电极、饱和甘汞电极，并确保工作电极居中。将恒电位仪的接线夹分别与碳钢电极（工作电极）、铂电极（辅助电极）、饱和甘汞电极（参比电极）连接，进行检查以确保连接正确。

4. 自腐蚀电位确定

将恒电位仪设置为恒电位模式，将输出设为参比模式，电压量程设为 AUTO，电流量程设置为“20 mA”，设置工作模式为参比模式。首先测定参比电极与工作电极之间的自腐蚀电位，电压表读数在−0.88 V 左右表示合格，否则需重新处理工作电极。

5. 极化曲线测定

将工作模式设为“恒电位”，输出设为假负载，调整输出调节和菜单/微调旋钮，使电位值为自腐蚀电位（约－0.88 V）。然后将工作模式设为“恒电位”，输出方式设为“电解槽”，从自腐蚀电位开始，每次增加 20 mV，持续一段时间，测量其相应的电流值，直到电位为 1.0 V 为止。

6. 装置拆卸

实验完毕，先将输出设定为假负载，然后关掉恒电位仪电源，取出电极，清洗仪器。

六、注意事项

1. 按照实验要求，严格对工作电极表面进行处理。

2. 必须先测量参比电极与工作电极之间的自腐蚀电位，确认合格后方可开始下一步的恒电位测定。

3. 使用恒电位仪时，确保工作电极与辅助电极之间没有接线短路现象。

七、数据记录和处理

1. 将实验数据列成表格

室温 T=＿＿＿＿＿＿；气压 p=＿＿＿＿＿＿；自腐蚀电位 $\varphi_{自腐蚀}$=＿＿＿＿＿＿。

电极电势 φ/V	电流 i/mA

2. 以电流密度为纵坐标，电极电势（相对于参比电极）为横坐标，绘出阳极极化曲线。

3. 讨论所得实验结果及曲线的意义，指出 $\varphi_{钝}$ 及 $i_{钝}$ 的值。

八、思考题

1. 为什么测定极化曲线时要采用恒电位法?

2. 请简述阳极保护的基本原理。

九、参考文献

[1] 傅献彩，沈文霞，姚天扬，等．物理化学下册［M］．6 版．北京：高等教育出版社，2022：149.

[2] 董建东．不同浓度的碳酸铵溶液对碳钢电极极化曲线的影响［J］．广州化工，2021，49（10）：49-51.

[3] 蒋华麟，陈萍华，舒红英，等．不同表面活性剂对碳钢电极极化曲线的影响［J］．实验科学与技术，2018，16（6）：79-81，85.

[4] 张鹏辉，杨仕豪，莫丽儿．铁和碳钢在浓碱溶液中的阳极极化曲线［J］．广州化工，2007（5）：43-45.

[5] 蔡军，曾玲，罗忠鉴．计算机控制的碳钢极化曲线测定［J］．四川师范大学学报（自然科学版），2005（6）：121-124.

实验十三 ▶ 蔗糖水解反应速率常数的测定

一、实验目的

1. 理解并能够应用实验原理测定反应速率常数，同时识别一级反应的特征。
2. 熟练掌握旋光仪的操作技巧。
3. 学会利用图解技术求解反应速率常数。

二、预习要求

1. 掌握旋光度与蔗糖转化反应速率常数之间的关系。
2. 学习如何测定 α_t 和 α_∞。
3. 了解旋光仪的结构及操作方法。

三、实验原理

1. 蔗糖水解原理

蔗糖在酸性溶液中的水解反应为：

$$C_{12}H_{22}O_{11}(\text{蔗糖})+H_2O\xrightarrow{H^+}C_6H_{12}O_6(\text{葡萄糖})+C_6H_{12}O_6(\text{果糖})$$

在水中，该反应速率很慢，因此常使用 H^+ 作为催化剂，在酸性介质中加速这一过程。该反应的速率与三个因素相关：蔗糖、水及催化剂的浓度。当催化剂浓度保持恒定时，理论上这是一个二级反应。然而，由于水的总量很大，即使部分水分子参与了反应，水的浓度也几乎保持不变。因此，实际上反应速率仅与蔗糖的浓度成正比，使得该反应可以被当作一级反应处理。其动力学方程式可以相应地表示为：

$$r=-\frac{dc}{dt}=kc \tag{13-1}$$

式中，c 是反应物在 t 时刻的浓度，$mol\cdot L^{-1}$；k 是反应速率常数，min^{-1}。将上式积分可得：

$$\ln c=-kt+\ln c_0 \tag{13-2}$$

在方程中，c_0 是 $t=0$ 时的反应物浓度，$mol\cdot L^{-1}$；t 是反应时间，min。从该方程可以得知，通过在不同的反应时间测定反应物的浓度，然后将自然对数 $\ln c$ 相对于时间 t 作图，可以通过线性回归分析得到直线的斜率，这个斜率就是反应的速率常数 k。

反应物的浓度降至起始浓度的一半所需的时间即为反应的半衰期，可用 $t_{\frac{1}{2}}$ 表示。将 $c=\frac{1}{2}c_0$ 代入式(13-2)，得一级反应的半衰期为：

$$t_{\frac{1}{2}}=\frac{\ln 2}{k}=\frac{0.6931}{k} \tag{13-3}$$

从公式可以看出，一级反应的半衰期取决于反应速率常数，与反应物起始浓度无关，这是一级反应的特点。

2. 蔗糖水解的旋光性

蔗糖及其水解产物都是具有旋光性的物质。然而，它们的旋光能力各不相同。因此，可以通过观察体系反应过程中旋光度的变化来监测反应进度。溶液的旋光度受多个因素影响，包括其中旋光物质的类型和浓度、溶剂的特性、液层的厚度、光源的波长以及温度等。

为了比较不同物质的旋光能力，引入了比旋光度这一概念，即每单位浓度和路径长度的旋光度，它可以通过以下公式来表示：

$$[\alpha]_D^t=\frac{\alpha}{lc} \tag{13-4}$$

式中，t 为实验温度,℃；D 表示单色光源采用钠光灯，波长为 589nm；α 为旋光度；l 为液层厚度，m；c 为浓度，$kg \cdot m^{-3}$。由公式可知，在其他条件均固定时，旋光度 α 与反应物浓度成线性关系，即：

$$\alpha=Kc \tag{13-5}$$

式中，K 是一个与物质旋光能力、液层厚度、溶剂性质、光源波长、温度等因素有关的常数。

蔗糖是右旋性物质，其比旋光度 $[\alpha]_D^{20}=66.6°$。葡萄糖也是右旋性物质，其比旋光度 $[\alpha]_D^{20}=52.5°$，而果糖则是左旋性物质，其比旋光度 $[\alpha]_D^{20}=-92.5°$。由于生成物中果糖的左旋性比葡萄糖的右旋性大，外消旋化作用的结果是生成物呈左旋性。当蔗糖完全水解时，其左旋性达到最大值。

旋光度与浓度成正比。此外，溶液的总旋光度等于其各组分旋光度之和。设定反应的时刻分别为 0、t 和∞，对应的溶液旋光度为 α_0、α_t 和 α_∞。对于蔗糖、葡萄糖和果糖，它们的 K 值分别表示为 K_1，K_2 和 K_3，则

$$t=0 \qquad \alpha_0=K_1c_0 \tag{13-6}$$

$$t=t \qquad \alpha_t=K_1c+K_2(c_0-c)+K_3(c_0-c) \tag{13-7}$$

$$t=\infty \qquad \alpha_\infty=K_2c_0+K_3c_0 \tag{13-8}$$

将式(13-6) 和式(13-7) 分别减去式(13-8)，得：

$$\alpha_0-\alpha_\infty=(K_1-K_2-K_3)c_0 \tag{13-9}$$

$$\alpha_t-\alpha_\infty=(K_1-K_2-K_3)c \tag{13-10}$$

用式(13-9) 除以式(13-10)，得：

$$\frac{c_0}{c}=\frac{\alpha_0-\alpha_\infty}{\alpha_t-\alpha_\infty} \tag{13-11}$$

将式(13-11) 代入式(13-2) 可得：

$$\ln(\alpha_t-\alpha_\infty)=-kt+\ln(\alpha_0-\alpha_\infty) \tag{13-12}$$

若将 $\ln(\alpha_t-\alpha_\infty)$ 随时间 t 的变化绘制成图像，并由此图像得到一条直线，那么可以通过计算该直线的斜率来确定反应速率常数 k，进一步通过公式计算得到该反应的半衰期 $t_{\frac{1}{2}}$。

四、仪器及试剂

仪器材料：WXG-4 旋光仪 1 台；超级恒温槽 1 台；锥形瓶（100 mL）1 个；锥形瓶

（150 mL）1个；烧杯（250 mL）1个；秒表1块；移液管（25 mL）2支；天平1台。

试剂药品：蔗糖（AR）；盐酸（4.00 mol·L^{-1}）。

五、实验步骤

1. 旋光仪零点的校正

打开旋光仪开关并预热。洗净旋光管的各部件，注入蒸馏水使液体在管口形成凸面。盖好玻璃片，再用螺旋帽旋紧，确保无水漏出或无气泡生成（若有小气泡，将其赶到旋光管的扩大部分）。注意不要过分用力，以不漏为准。用干布擦净旋光管两端的玻璃片，然后放入旋光仪中，重复测定三次，取其平均值，此值为旋光仪的零点。将旋光管内的蒸馏水倒掉，擦干待用。

2. α_t 的测定

使用天平称取10 g蔗糖，溶解在蒸馏水中。使用50 mL容量瓶配制成溶液待用。用移液管取25 mL蔗糖溶液，注入100 mL干燥的锥形瓶中。再向锥形瓶中加入25 mL 2 mol·L^{-1}的HCl，在HCl加入一半时开始计时，摇匀。取少量混合液清洗旋光管两次，然后用此溶液注满旋光管。盖好盖子，并检查是否漏液或形成气泡。擦净旋光管两端的玻璃片，立即将旋光管置于旋光仪中，测定其旋光度，同时记下时间。在测定第一个旋光度后，分别在第5 min、10 min、20 min、30 min、50 min、75 min、100 min时再次测定。

3. α_∞ 的测定

将剩余的混合液放入50～60 ℃的水浴中，温热30 min（注意控制温度，避免过热），以完成水解过程。随后，让混合液冷却至室温。接着，依照之前的步骤，将混合液倒入旋光管中，并测量其旋光度。所测得的值即为α_∞。实验完成后，应立即清洗并擦干旋光管，以防止酸对其造成腐蚀，并避免蔗糖在玻璃片和盖套上形成黏合。

六、注意事项

1. 混合好的反应液应谨慎使用，否则在测定α_∞时，可能存在反应液不足的情况。
2. 本实验未使用恒温装置进行测量，因此仅能测定室温下的速率常数。

七、数据记录和处理

1. 原始数据记录

室温 t=________℃；气压 p=________kPa；α_∞=________。

样品	t/min	α_t	$\alpha_t-\alpha_\infty$	$\ln(\alpha_t-\alpha_\infty)$
1				
2				
3				
4				
5				
6				
7				

2. $\ln(\alpha_t-\alpha_\infty)$-$t$ 曲线的绘制。由所得直线的斜率求出k，由截距计算α_0。

3. 计算蔗糖水解反应的半衰期 $t_{\frac{1}{2}}$。

八、思考题

1. 为什么可以使用电子天平来称量蔗糖，而不是必须使用分析天平来进行更精确的称量？

2. 为什么可以使用蒸馏水进行零点校正？在本实验中，进行零点校正是否是必须的？

3. 本实验计时起点不是从混合瞬间开始（即 $t=0$），而是在加入一半 HCl 后开始计时。这种计时方法是否合理？

4. 在使用移液管转移蔗糖溶液时，是否需要确保体积的精确度？

九、参考文献

[1] 东北师范大学，等．物理化学实验［M］．3 版．北京：高等教育出版社，2014：48-59.

[2] 周崇松，郭纤，曾凡花，等．蔗糖水解速率常数测定实验教学内容的改进［J］．山东化工，2017，46（15）：148-149.

[3] 王勤．蔗糖水解反应速率常数测定法的两种改进策略［J］．广西科技师范学院学报，2016，31（4）：139-141.

[4] 田志美，宋崇富，田友华，等．蔗糖水解反应速率常数测定方法的改进［J］．实验科学与技术，2015，13（4）：1-3.

[5] 孙德军，张秀华．旋光法测蔗糖水解反应 k 实验类型的教学设计［J］．广东化工，2014，41（19）：261-262.

附录一　WXG-4 旋光仪

一、基本原理

电磁波和声波都是横波，其电、磁、机械振动方向与传播方向垂直。光波作为电磁波的一种，同样也是横波。单一横波的振动具有明确的方向，这种现象称为偏振。

一束自然光由多个独立的光波构成，它们的振动方向各不相同［图 13-1(a)］。当在自然光的传播路径上加上起偏器后，只有振动方向与起偏方向相同的光能顺利通过。这些通过起偏器的光具有单一的振动方向，即偏振光［图 13-1(b)］。

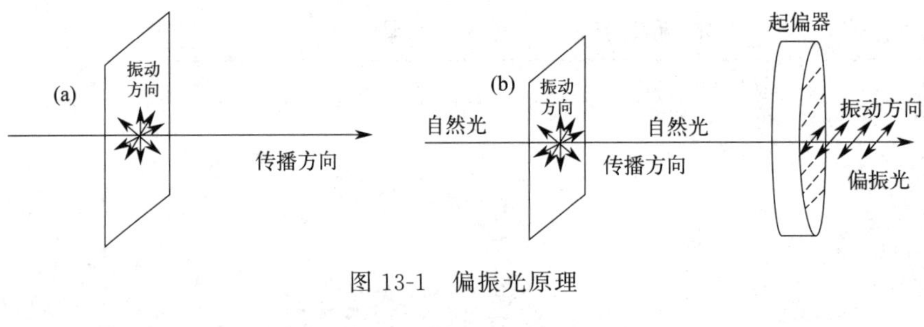

图 13-1　偏振光原理

偏振光通过某种物质后，其振动面会以光的传播方向为轴线转过一定的角度。这种现象称为旋光现象，而旋转的角度被称为旋光度。

线偏振光通过后，凡能将其振动面旋转一定角度的物质，称为旋光性物质。这类物质不仅限于固体，如石英、朱砂等，还包括具有旋光性质的液体，如糖溶液、松节油等。不同的旋光性物质可以使偏振光的振动面向不同方向旋转。当面对光源时，若振动面逆时针旋转，该物质称为左旋物质；若振动面顺时针旋转，则称为右旋物质。

振动面旋转的角度与旋光性物质的温度、浓度以及光在该物质中传播的路程有关。通过测量偏振光在已知浓度的溶液中传播的路程和振动面旋转的角度，可以计算出该物质的旋光度。若已知某旋光性物质的旋光率，同样可以通过测量偏振光在物质中传播的路程和振动面旋转的角度来算出该物质的浓度。

旋光仪的构造如图 13-2 所示。在测量过程中采用半影法，钠光灯发出的光线经过偏光片后转变为平面偏振光。当光线通过中央石英片和两旁玻璃补偿片（合称劳伦特半波片）时，会产生三分视场效果。检偏镜与刻度盘相连，通过转动刻度盘调节手轮，即可调整检偏镜的位置。这样，观察者可以看到三分视场各部分亮度的变化情况，如图 13-3 所示。在这些视场中，图(a) 和 (c) 分别代表大于或小于零度的视场，而图(b) 则对应于零度视场，图(d) 是全亮视场。为了准确读取数据，需找到零度视场，并通过装有放大镜的视窗从刻度盘游标处进行读数。

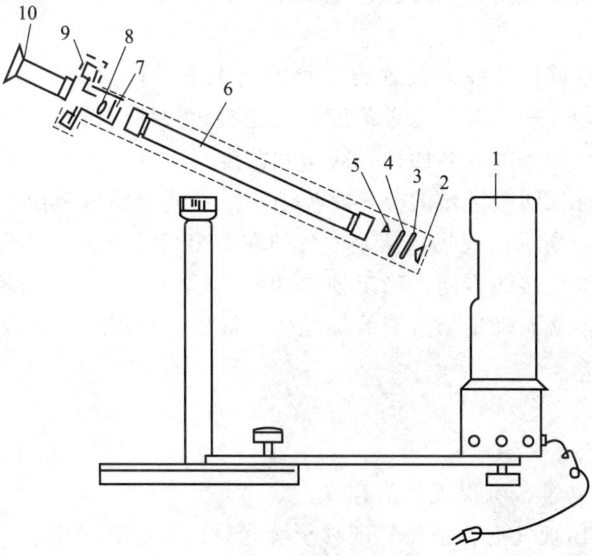

图 13-2　旋光仪构造示意图

1—光源；2—会聚透镜；3—滤光片；4—偏光片；5—中央石英片和两旁玻璃补偿片；6—测试管；7—检偏镜；8—望远镜物镜；9—刻度盘；10—望远镜目镜

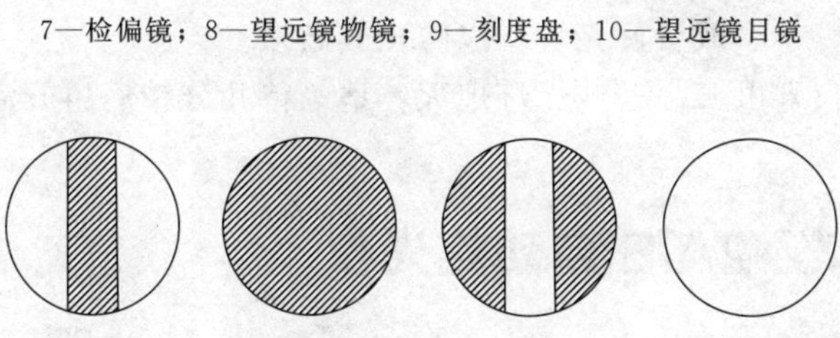

图 13-3　三分视场示意图

将装有一定浓度的某种溶液的旋光管置于旋光仪中。因溶液的旋光性，平面偏振光旋转了一个角度，零度视场因此发生变化。通过转动刻度盘调节手轮，以恢复亮度一致的零度视场。此时检偏镜所转过的角度即为溶液的旋光度，通过视窗中的读数可以确定该数值。

如图 13-4 所示，读数装置包括刻度盘和游标盘。刻度盘与检偏镜连为一体，可在刻度盘调节手轮驱动下转动。为避免刻度盘偏心差，游标盘上装有左右两个相隔180°的游标。测量时，读取两个游标的数值并计算平均值。

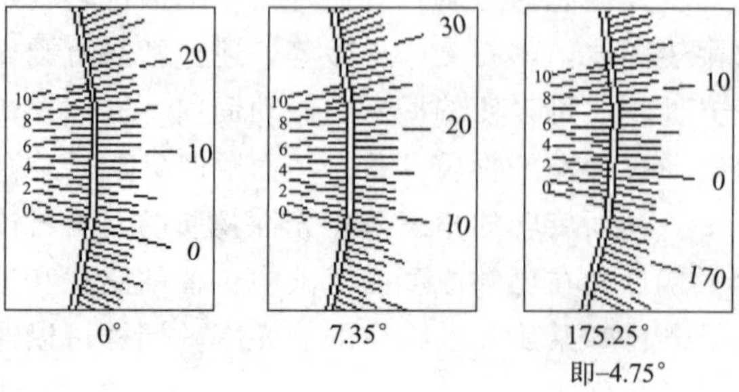

图 13-4 旋光仪计数示例

二、 WXG-4 旋光仪的使用方法

接通电源并开启仪器的电源开关。等待约 5 min，直到钠光灯正常发光后仪器即可开始工作。首先，调节旋光仪的目镜，确保视场中的明暗区域及分界线清晰可见。接着，调整检偏镜的位置来观察视场明暗变化，熟悉这一规律。学习如何读取游标上的数值，并记录最大仪器误差。

检查仪器零位的准确性：在未放置旋光管的情况下，调整旋光仪至图 13-3(b) 所示的视场。当视场亮度均匀且较暗时，记录刻度盘上左右两游标窗口的相应读数作为零位读数。

接下来，将装有已知浓度（共四种）或未知浓度（一种）糖溶液的旋光管依次放入仪器内。重新调整目镜，确保明暗区域的分界线清晰。然后调整检偏镜位置，使视场亮度均匀且较暗，达到图 13-3(b) 所示的视场。从刻度盘的左右窗口记下相应的角度读数。

通过观察偏振光被旋转的方向，确定物质的旋光性（左旋还是右旋）。利用已知数据和测得的数据进行作图，从而确定糖溶液的旋光率。最后，根据所作曲线查找出待测糖溶液的浓度。

三、注意事项

1. 溶液应装满旋光管，确保无气泡存在。
2. 如果旋光管中出现气泡，请将气泡移至旋光管的底部或顶部。
3. 在使用前，务必清洁旋光管及其两端的透明窗口。
4. 清洁后，方可将旋光管安装到旋光仪上。
5. 在操作过程中，小心放置旋光管，以防止其破损。
6. 避免频繁开关仪器电源。若钠光灯熄灭，请等待几分钟后再开启。

附录二 WZZ-2A/B 自动旋光仪

WZZ-2A/B 自动旋光仪的外形结构详见图 13-5。该仪器使用 20 W 的钠光灯作为光源，通过小孔光阑和物镜形成平行光。此平行光经过偏光片后转变为平面振动光，其振动平面是垂直的。当这束偏振光穿过具有法拉第效应的磁旋绕线圈时，其振动平面会以 50 Hz 的频率做周期性的β角摆动。随后，这束光线通过检偏镜投射到光电倍增管上，从而产生交变的光电信号。

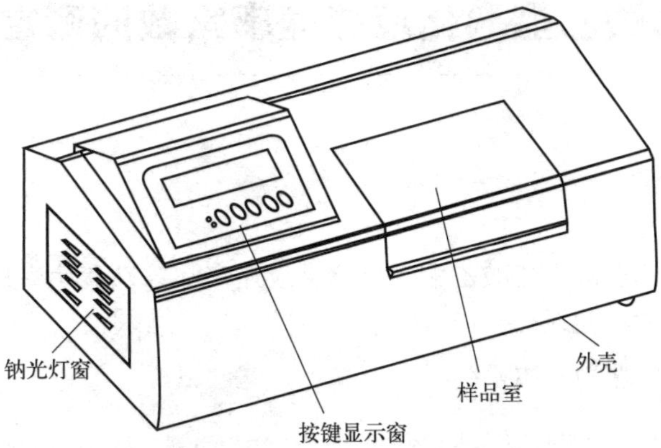

图 13-5 WZZ-2A/B 自动旋光仪的外形结构

一、操作方法

将仪器电源插头插入 220 V 交流电源插座，并确保使用交流电子稳压器（1 kVA）。同时，请确保设备已正确接地。开启电源开关以点亮钠光灯。为确保钠光灯发光稳定，需预热约 15 min，使内部的钠充分蒸发。随后，打开光源开关，让钠光灯在直流电的条件下运行；如果灯熄灭了，可能需要重新打开光源开关一到两次。按下测量开关后，设备会自动进入平衡状态。进行一至两次复测后，使用清零按钮重置读数。

将装有蒸馏水或其他空白溶剂的旋光管放入样品室，然后关闭箱盖。等待数值稳定后，再次使用清零按钮重置读数。使用软布清除旋光管通光面两端的雾状水珠，注意不要过度拧紧螺旋帽，以防产生压力影响读数。放置和取出旋光管时要注意其标记的位置与方向。

接下来，将待测样品注入旋光管中，按照相同的位置与方向放入样品室并关闭箱盖。设备的读数窗口会显示样品的旋光度。待读数稳定后记录，并通过多次复测取平均值以获得最终测定结果。若读数超出测量范围，仪器会在±45°处振荡；此时取出旋光管后，仪器会自动回零。如果钠光灯的直流供电出现故障，可以改用交流供电进行测试，但性能可能略有下降。完成测试后，依次关闭测量开关、光源和电源开关。

二、测定浓度或含量

首先，我们需要准备已知浓度的标准品或参考物质，并按照梯度稀释法配制一系列不同浓度的试样。接着，分别测量这些试样的旋光度。根据测得的数据，以浓度为横轴、旋光度为纵轴绘制旋光曲线（通常为散点图）。通过线性回归分析拟合曲线后，可建立标准曲线方程，并据此制作用于实际测量的查对表。

在进行样品的浓度或含量的测定时，首先要测量样品的旋光度。然后，根据这个旋光度值，在旋光曲线上查找相应的样品浓度或含量。为了确保准确性，使用同一台仪器和同一支旋光管进行所有旋光曲线的测定是非常重要的。这一点在操作过程中应给予特别注意。

实验十四 ▶ 乙酸乙酯皂化反应速率常数的测定

一、实验目的

1. 掌握通过电导率法测定乙酸乙酯的皂化反应速率常数以及计算其活化能。
2. 了解二级反应的特性。
3. 掌握电导率仪的使用方法。

二、预习要求

1. 学习利用电导率法测定化学反应速率常数的原理。
2. 学习如何通过作图法求解二级反应的速率常数，并据此计算该反应的活化能。
3. 熟悉使用电导率仪的正确方法和应注意的事项。

三、实验原理

乙酸乙酯的皂化反应属于二级反应。设定反应物的初始浓度为 c_0；在时间 t 后，已消耗的反应物浓度记为 x：

	$CH_3COOC_2H_5$	$+OH^-$	$=\!=\!=CH_3COO^-$	$+C_2H_5OH$
$t=0$	c_0	c_0	0	0
$t=t$	c_0-x	c_0-x	x	x
$t=\infty$	0	0	c_0	c_0

该反应的速率方程为：

$$\frac{dx}{dt}=k(c_0-x)^2 \tag{14-1}$$

式中，k 为反应速率常数。将上式积分得：

$$\frac{x}{c_0(c_0-x)}=kt \tag{14-2}$$

由于起始浓度 c_0 已知，我们可以通过实验测量在不同时间 t 时的 x 值。然后，用$\frac{c_0}{c_0-x}$对 t 作图，从所得直线的斜率求出 k 值。

测定物质浓度的方法很多，本实验采用电导率法。在乙酸乙酯的皂化反应中，参与导电的离子包括 OH^-、Na^+ 和 CH_3COO^-。由于反应体系为很稀的水溶液，可以假定 CH_3COONa 完全电离；因此，反应前后 Na^+ 的浓度保持不变，其产生的电导值不发生变化，可不予以考虑。随着反应进行，导电能力较强的 OH^- 逐步被导电能力较弱的 CH_3COO^- 替代，导致溶液的电导率逐渐下降。通过电导率仪监测反应过程中电导率的变化，便能实时跟踪反应物浓度的变化。

在稀溶液中，每种强电解质的电导与其浓度成正比关系。系统的总电导是由溶液中所有强电解质的电导值相加得到的。设定 G_0、G_t 和 G_∞ 分别代表在初始时刻（$t=0$）、任意时刻（$t=t$）和反应完成后（$t=\infty$）的溶液电导，则有如下关系：

$$G_0=A_1c_0 \tag{14-3}$$

$$G_\infty=A_2c_0 \tag{14-4}$$

$$G_t=A_1(c_0-x)+A_2x \tag{14-5}$$

式中，A_1 与 A_2 是与温度、溶剂、电解质性质相关的比例常数。通过结合式(14-3)、式(14-4) 和式(14-5)，可以得出以下结论：

$$x=\frac{G_0-G_t}{G_0-G_\infty}c_0 \tag{14-6}$$

将式(14-6) 代入式(14-2) 得：

$$\frac{1}{c_0}\times\frac{G_0-G_t}{G_t-G_\infty}=kt \tag{14-7}$$

整理可得：

$$G_t=\frac{1}{c_0k}\times\frac{G_0-G_t}{t}+G_\infty \tag{14-8}$$

由式(14-8) 可知，只要测定不同时刻溶液的电导值 G_t 和起始溶液的电导值 G_0，然后以 G_t 对 $\frac{G_0-G_t}{t}$ 作图所得直线的斜率为 $\frac{1}{c_0k}$，这样即可求出某温度下的反应速率常数 k 值。

将电导与电导率 κ 的关系式 $G=\kappa\frac{A}{l}$ 代入式(14-8) 得：

$$\kappa_t=\frac{1}{c_0k}\times\frac{\kappa_0-\kappa_t}{t}+\kappa_\infty \tag{14-9}$$

通过实验测定不同时刻溶液的电导率 κ_t 和起始溶液的电导率 κ_0，以 κ_t 对 $\frac{\kappa_0-\kappa_t}{t}$ 作图，从直线的斜率也可求出反应速率常数 k 值。如果知道不同温度下的反应速率常数 k_{T_2} 和 k_{T_1}，根据 Arrhenius 公式可计算出该反应的活化能 E_a。

$$\ln\frac{k_{T_2}}{k_{T_1}}=\frac{E_a}{R}\left(\frac{1}{T_1}-\frac{1}{T_2}\right) \tag{14-10}$$

四、仪器及试剂

仪器材料：电导率仪（上海仪电科学仪器股份有限公司，DDS-307 型）1 台；双叉管 1 只；DJS-1 型铂黑电极 1 支；恒温水浴 1 套；移液管（25 mL）2 只；烧杯（250 mL）2 只；容量瓶（50 mL）1 个；锥形瓶（200 mL）5 个；洗耳球 1 只；秒表 1 块。

试剂药品：NaOH 溶液（0.02 mol·L^{-1}）；乙酸乙酯溶液（0.02 mol·L^{-1}）。

五、实验步骤

1. 调节电导率仪

将恒温槽温度调至 25 ℃±0.1 ℃。将电极安装到电导率仪上并接通电源。打开电源开关后，仪器自动进入测量状态。接着，设置电极常数并确认，仪器便显示“测量”，此时已经进入测量状态。

2. κ_0 的测定

在干燥的 200 mL 锥形瓶中，用移液管加入 50 mL 0.02 mol·L^{-1} NaOH 和 50 mL 电导水，将 NaOH 溶液的浓度稀释至 0.01 mol·L^{-1}。混合均匀后，取适量溶液洗涤双叉管和电极，然后将剩余溶液倒入电导池，溶液高度以能浸没铂黑电极并高出 1 cm 为宜。在恒温槽中恒温 15 min 后，轻轻摇动几次，再将电极插入溶液中，测定溶液的电导率，直至读数稳定，该数值即为 κ_0。

3. κ_t 的测定

取 10 mL 0.02 mol·L^{-1} 乙酸乙酯溶液和 10 mL 0.02 mol·L^{-1} NaOH 溶液分别注入双叉管的两个叉管（注意勿使两溶液混合），在双叉管中插入电极并置于恒温槽中恒温 10 min。然后摇动双叉管，使两种溶液均匀混合并完全导入装有电极一侧的叉管中，同时开启秒表，记录反应的起始时间。测定反应 4 min、8 min、12 min、16 min、20 min、24 min、28 min、32 min、36 min 和 40 min 后的电导率值。

4. 反应活化能 E_a 的测定

按照前述各步骤，在 30 ℃下重新测定反应速率常数，并且计算反应的活化能。

六、注意事项

1. 防止置于恒温槽内的容器倾斜。
2. 混合反应液时，必须盖紧双叉管并确保均匀混合，无漏液。
3. 更换测定液时，应洗净并烘干电导池。

七、数据记录和处理

1. 原始数据记录

室温 t=______℃；气压 p=________kPa；$c_{0,\text{NaOH}}$=________；$c_{0,\text{乙酸乙酯}}$=________；κ_0=________。

25 ℃			35 ℃		
t/min	κ_t/(mS·cm^{-1})	$\frac{\kappa_0-\kappa_t}{t}$/(mS·$cm^{-1}$·$min^{-1}$)	t/min	κ_t/(mS·cm^{-1})	$\frac{\kappa_0-\kappa_t}{t}$/(mS·$cm^{-1}$·$min^{-1}$)

2. 以 κ_t 对 $\frac{\kappa_0-\kappa_t}{t}$ 作图，求得不同温度的速率常数 k。
3. 利用所作的图求两个温度下的 κ_∞。
4. 求此反应在 25 ℃和 35 ℃时的半衰期。
5. 根据不同温度的 k 求得反应的活化能 E_a。

八、思考题

1. 为何本实验需要在恒温条件下进行，且乙酸乙酯（$CH_3COOC_2H_5$）溶液和 NaOH

溶液在混合前需要预先调至相同温度？

2. 为什么可以将 0.01 mol·L^{-1} NaOH 溶液的电导率视作无限稀释时的电导率（κ_0）？

3. 如果乙酸乙酯（$CH_3COOC_2H_5$）与 NaOH 均为高浓度溶液，能否用此方法求得电导率的值？请解释原因。

九、参考文献

[1] 傅献彩，沈文霞，姚天扬，等．物理化学下册［M］．6 版．北京：高等教育出版社，2022：180.

[2] 祝淑颖，吴舒婷，郑欧．乙酸乙酯皂化反应速率常数的测定实验改进和拓展［J］．大学化学，2024，39（4）：107-113.

[3] 高杰．乙酸乙酯皂化反应速率常数测定实验的改进［J］．辽宁化工，2022，51（2）：194-196.

[4] 陈书鸿，张丽莹，乐艳，等．乙酸乙酯皂化反应速率常数测定实验的改进［J］．重庆三峡学院学报，2016，32（3）：61-64.

[5] 刘振．乙酸乙酯皂化反应速率常数测定实验改进［J］．西安文理学院学报（自然科学版），2015，18（2）：17-19.

[6] 任庆云，杨晓磊，王松涛．“乙酸乙酯皂化反应速率常数测定”实验数据处理程序的开发［J］．广州化工，2014，42（13）：199-201.

[7] 玉占君，张文伟，任庆云．电导法测定乙酸乙酯皂化反应速率常数的一种数据处理方法［J］．辽宁师范大学学报（自然科学版），2006，（4）：511-512.

附录　DDS-307 型电导率仪

一、开机前的准备

DDS-307 型电导率仪的外形结构展示在图 14-1 中。首先，把多功能电极架插入到对应的插座内，并确保其固定。接着，将电导电极安置在电极架上，并使用蒸馏水进行清洗。

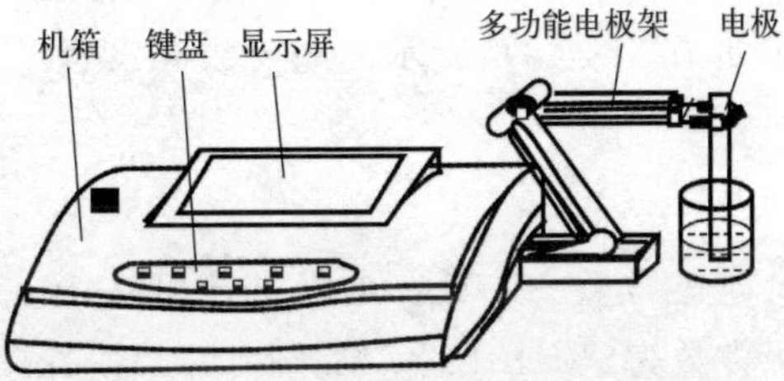

图 14-1　DDS-307 型电导率仪的外形结构

二、仪器操作流程

连接电源线，并打开仪器开关，仪器随即进入测量状态。此时，仪器的显示屏上会显示如图 14-2(a)所示的状态。待仪器预热 30 min 后，用户便可进行测量[图 14-2(b)]。

在测量状态下，首先按“温度”键来设置当前的温度值。接下来，通过按“电极常数”和“常数调节”键来设置电极常数。详细的操作流程请参见图 14-3。

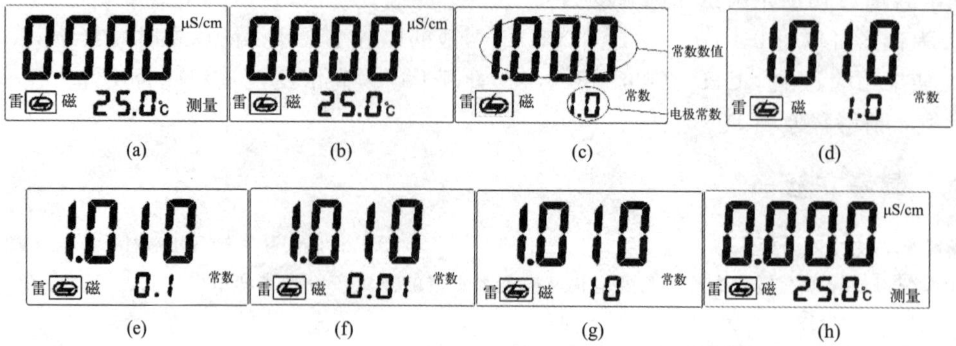

图 14-2　仪器的各测量状态

三、温度设置

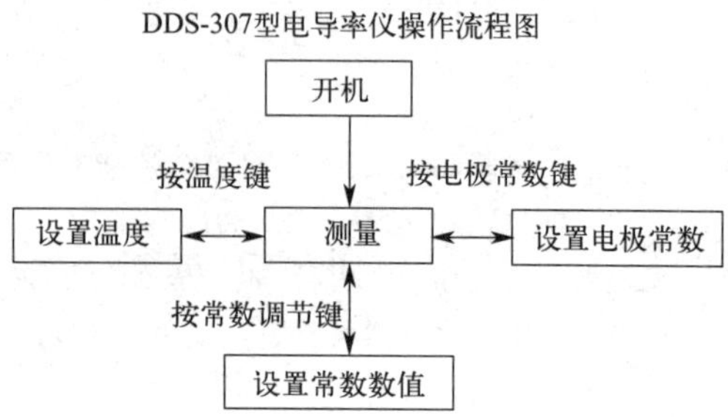

图 14-3　仪器操作流程

在测量状态下，使用温度计测量溶液温度。通过按“温度△”或“温度▽”调整温度显示值，直至与溶液温度相符。按“确认”完成温度设置，按“测量”取消设置并返回测量状态。

四、电极常数设置

使用前需设置电极常数。电导电极的常数包括 0.01、0.1、1.0、10 四种。每种电极的常数值标记在电极上。按“电极常数”或“常数调节”进入设置模式，仪器显示如图 14-2(c) 所示。根据电极上的常数值进行设置。

1. 电极常数设置为“1”

按“电极常数▽”或“电极常数△”键，电极常数可在 10、1、0.1、0.01 之间切换。如果电导电极标签上的电极常数为“1.010”，则选择“1”并按“确认”键；然后按“常数数值▽”或“常数数值△”键，调整常数数值至“1.010”，再按“确认”键。此时即完成电极常数值的设置。仪器显示如图 14-2(d) 所示。如要放弃设置，按“测量”键即可返回测量状态。

2. 电极常数设置为“0.1”

按“电极常数▽”或“电极常数△”键，电极常数可在 10、1、0.1、0.01 之间切换。如果电导电极标签上的电极常数为“0.1010”，则选择“0.1”并按“确认”键；然后按“常数数值▽”或“常数数值△”键，调整常数数值至“1.010”，再按“确认”键。此时即完成电极常数值的设置。仪器显示如图 14-2(e) 所示。如要放弃设置，按“测量”键即可返回测量状态。

3. 电极常数为 0.01 的数值设置

按“电极常数▽”或“电极常数△”键，电极常数的显示值在 10、1、0.1、0.01 之间转换。如果电导电极标贴的电极常数为 0.01010，则选择 0.01 并按确认键；再按“常数数值▽”或“常数数值△”键，使常数数值显示为 1.010，按确认键。此时完成电极常数值的设置（电极常数为上下两组数值的乘积）。仪器显示如图 14-2(f) 所示。如用户放弃设置，按“测量”键，返回测量状态。

4. 电极常数为 10 的数值设置

按“电极常数▽”或“电极常数△”键，电极常数的显示值在 10、1、0.1、0.01 之间转换。如果电导电极标贴的电极常数为 10.10，则选择 10 并按确认键；再按“常数数值▽”或“常数数值△”键，使常数数值显示为 1.010，按确认键。此时完成电极常数值的设置（电极常数为上下两组数值的乘积）。仪器显示如图 14-2(g) 所示。如用户放弃设置，按测量键，返回测量状态。

5. 测量

经过上述设置，仪器可用来测量被测溶液。按测量键，使仪器进入电导率测量状态。仪器显示如图 14-2(h) 所示。用温度计测出被测溶液的温度，按温度设置操作步骤进行温度设置；然后，仪器接上电导电极，用蒸馏水清洗电极头部，再用被测溶液清洗一次，将电导电极浸入被测溶液中，用玻璃棒搅拌溶液使溶液均匀，在显示屏上读取溶液的电导率值。

五、注意事项

在使用电极前，必须将其浸泡在蒸馏水中数小时。经常使用的电极应存放在蒸馏水中。为确保仪器的测量精度，建议在每次使用前，根据需要重新标定电极常数。同时，应定期进行电导电极的常数标定。

在测量高纯水时，应避免污染，并正确选择电导电极的常数。推荐使用密封、流动的测量方式以获得最佳结果。仪器显示的 TDS（总溶解固体）按照公式 TDS＝电导率×0.5 计算，可直接读取。

为确保测量的准确性，使用电极前，应先用小于 0.5 $\mu S \cdot cm^{-1}$ 的去离子水（或蒸馏水）冲洗两次，然后再用被测试样冲洗，之后才能进行测量。此外，应确保电极插头、插座保持干燥，防止受潮，以避免不必要的测量误差。

实验十五 ▶ 丙酮碘化反应级数的测定

一、实验目的

1. 掌握使用孤立法确定反应级数的方法。
2. 测定在酸催化作用下丙酮碘化反应的速率常数，并计算其活化能。
3. 加深对复杂反应特性的了解。

二、预习要求

1. 了解丙酮碘化反应的机理及动力学方程。
2. 明确透光率与反应速率常数之间的联系。
3. 回顾分光光度计的结构和使用方法。

三、实验原理

只有少数化学反应是由单一基元反应构成的简单反应。大多数化学反应涉及多个基元反应，即复杂反应。这些复杂反应的反应速率与反应物浓度之间的关系往往不能直接用质量作用定律来预测，而是需要通过实验来确定动力学速率方程。

确定反应级数的方法通常包括孤立法、半衰期法和积分法。孤立法是动力学研究中常用的一种方法。设计一系列实验，使其中一个组分的浓度发生变化，而其他组分的浓度保持不变，从而可以确定该组分的级数。这种方法也可以用来得到不同影响因素的级数，进而建立反应的速率方程。

丙酮碘化反应是一个复杂反应，其反应方程式为：

$$CH_3COCH_3+I_2 \xrightleftharpoons{H^+} CH_3COCH_2I+I^-+H^+$$

丙酮碘化反应的反应机理可分为两步：

$$CH_3COCH_3+H^++H_2O \underset{k_2}{\overset{k_1}{\rightleftharpoons}} CH_3C(OH)CH_2+H_3O^+$$

$$CH_3C(OH)CH_2+I_2 \xrightarrow{k_3} CH_3COCH_2I+I^-+H^+$$

第一步是丙酮的烯醇化反应，这是一个很慢的可逆反应。第二步是烯醇的碘化反应，这是一个快速且趋于进行到底的反应。因此，丙酮碘化反应的总速率由丙酮的烯醇化反应的速率决定。同时，丙酮的烯醇化反应的速率取决于丙酮和氢离子的浓度。若以单质碘浓度的降低来表示丙酮碘化反应的速率，此反应的动力学方程式可表示为：

$$r=-\frac{dc_{I_2}}{dt}=kc_A^x c_{H^+}^y c_{I_2}^z \tag{15-1}$$

式中，c_A、c_{H^+}、c_{I_2} 分别为丙酮、盐酸和碘的浓度；x、y、z 分别为丙酮、盐酸和碘的分级数；k 表示丙酮碘化反应总的速率常数。

若在反应过程中，丙酮的浓度远大于碘的浓度，且催化剂酸的浓度也足够大时，我们可以认为丙酮和酸的浓度保持不变，即 $c_A \approx c_{H^+} \gg c_{I_2}$。在此实验条件下，实验证实丙酮碘化反应对碘是零级反应，也就是说 $z=0$。除非在很高的酸度下，反应速率与碘的浓度无关。因此，直到碘全部消耗之前，反应速率将保持为常数：

$$r=-\frac{dc_{I_2}}{dt}=kc_A^x c_{H^+}^y=\text{常数} \tag{15-2}$$

对式(15-2) 积分可得

$$c_{I_2}=-kc_A^x c_{H^+}^y t+C \tag{15-3}$$

式中，C 是积分常数。以 c_{I_2} 对 t 作图，c_{I_2}-t 关系应为直线，由其斜率可求得反应速率 r。

反应速率、速率常数及反应级数都可通过实验来确定。在可见光范围内，碘溶液具有较宽的吸收谱带；相比之下，盐酸、丙酮、碘化丙酮的吸收不明显。因此，可以使用分光光度计来监测丙酮碘化反应中碘的浓度变化。根据朗伯-比尔定律（Lambert-Beer law）可得：

$$A=\lg\frac{1}{T}=\lg\frac{I_0}{I}=\varepsilon bc_{I_2} \tag{15-4}$$

式中，A 为吸光度；T 为透光率；I 和 I_0 分别为某一波长的光线通过待测溶液和空白溶液的光强度；ε 为吸光系数；b 为比色皿厚度。

将式(15-4) 代入式(15-3) 中整理后，得

$$\lg T=\varepsilon bkc_A^x c_{H^+}^y t+B \tag{15-5}$$

由式(15-5) 可知，$\lg T$ 对时间 t 作图可得一直线，由其斜率即可求出反应速率，即

$$r=\frac{\text{斜率}}{\varepsilon b}=kc_A^x c_{H^+}^y \tag{15-6}$$

测定某个反应的反应级数，例如指数 x，至少需要开展两次实验。在这两次实验过程中，应当保持氢离子和碘的初始浓度固定不变，而改变丙酮的初始浓度。随后，可以根据方程式(15-1) 得：

$$\frac{r_{\mathrm{I}}}{r_{\mathrm{II}}}=\frac{kc_{A,\mathrm{I}}^x c_{H^+}^y c_{I_2}^z}{kc_{A,\mathrm{II}}^x c_{H^+}^y c_{I_2}^z}=\left(\frac{c_{A,\mathrm{I}}}{c_{A,\mathrm{II}}}\right)^x \tag{15-7}$$

同理可求出指数 y：

$$\frac{r_{\mathrm{I}}}{r_{\mathrm{III}}}=\frac{kc_A^x c_{H^+,\mathrm{I}}^y c_{I_2}^z}{kc_A^x c_{H^+,\mathrm{III}}^y c_{I_2}^z}=\left(\frac{c_{H^+,\mathrm{I}}}{c_{H^+,\mathrm{III}}}\right)^y \tag{15-8}$$

根据式(15-1)，可以通过指数、反应速率以及各浓度数据算出速率常数 k。如果知道不同温度下的反应速率常数 k，那么可以根据 Arrhenius 公式计算出该反应的活化能 E_a。

$$\ln\frac{k_{T_2}}{k_{T_1}}=\frac{E_a}{R}\left(\frac{1}{T_1}-\frac{1}{T_2}\right) \tag{15-9}$$

四、仪器及试剂

仪器材料：可见分光光度计（上海光谱仪器有限公司 SP-721）1 套；比色皿 2 个；秒表 1 块；恒温槽 1 套；容量瓶（50 mL）7 只；容量瓶（100 mL）1 只；移液管（5 mL）3 支；移液管（10 mL）3 支。

试剂药品：丙酮标准溶液（2.000 mol・L^{-1}）；HCl 标准溶液（1.000 mol・L^{-1}）；I_2 标准溶液（0.01 mol・L^{-1}）。

五、实验步骤

1. 校准分光光度计

打开分光光度计电源并预热 15～20 min 至系统稳定，调节波长至 560 nm。接着，将恒温槽的进出水管与仪器恒温夹套连接，确认无泄漏后，将整套恒温系统置于样品室（暗箱）内，避免环境光干扰。设定恒温槽温度为（25.0±0.1)℃，待温度稳定 10 min 后，取洁净比色皿注入蒸馏水至 3/4 高度，用无尘纸擦拭外壁光面并置于光路中，关闭样品室盖。调节光强调节钮使透光率示值稳定在 100%T，完成基线校正后取出比色皿并倒空蒸馏水。

2. 测定摩尔吸光系数

从 0.01 mol・L^{-1} 的碘溶液取出 10 mL，加入 100 mL 的容量瓶中。然后，使用二次蒸馏水将溶液稀释至刻度线。确保充分摇动使溶液混合均匀。接着，从稀释后的溶液中取出一部分，注入已经预热至恒定温度的比色皿中。将比色皿置于分光光度计的光路中，并精确测量其透光率。最后，根据透光率的数据计算出摩尔吸光系数（ε_d）的值。

3. 测定丙酮碘化反应的速率常数

① 使用移液管分别吸取 0.01 mol・L^{-1} 标准碘溶液 10 mL、10 mL、10 mL、5 mL，注入编号为 1、2、3、4 的干净 50 mL 容量瓶中。然后使用移液管分别向 1 至 4 号容量瓶中依次加入 1 mol・L^{-1} 标准 HCl 溶液 5 mL、5 mL、10 mL、5 mL，接着分别添加适量的蒸馏水，盖上瓶盖，放入恒温槽保持恒温。

② 取一个干净的 50 mL 容量瓶，用 2 mol・L^{-1} 的标准丙酮溶液清洗两次，然后注入约 50 mL 同样的溶液，放入恒温槽保持恒温。

③ 取一个干净的 50 mL 容量瓶，装满蒸馏水，放入恒温槽保持恒温。

④ 待所有样品达到恒温后（不少于 10 min)，使用移液管取 10 mL 已恒温的丙酮溶液迅速加入 1 号容量瓶中，当丙酮溶液加到一半时开始计时。用已恒温的蒸馏水将此混合液稀释至刻度，迅速摇匀，然后用此混合液多次清洗干净的比色皿。之后迅速将溶液注入比色皿中测定不同时刻的透光率。每隔 2 min 读取一次透光率，直到获得 10 至 12 个数据为止；若透光率变化较大，则改为每隔 1 min 记录一次。

⑤ 使用移液管分别取 5 mL、10 mL、10 mL 已恒温的标准丙酮溶液，依次注入 2、3、4 号容量瓶中。采用上述方法分别测定不同浓度的溶液在不同时刻的透光率［温度仍为(25.0±0.1)℃或(30.0±0.1)℃］。

上述各反应物的用量如下：

编号	碘溶液/mL	HCl 溶液/mL	丙酮溶液/mL	蒸馏水/mL
1	10	5	10	25
2	10	5	5	30
3	10	10	10	20
4	5	5	10	30

4. 活化能 E_a 的测定

将恒温槽的温度升高到 35 ℃，并重复上述操作。测定时间应相应缩短，可以调整为每隔 1 min 记录一次数据。

六、注意事项

1. 温度会影响反应速率常数，因此实验过程中应保持体系的温度恒定。
2. 实验所需的所有溶液都需要准确配制。
3. 混合反应溶液的操作应在恒温槽中进行，以确保操作的迅速性和准确性。

七、数据记录和处理

1. 原始数据记录

室温 $t=$________℃；气压 $p=$________kPa；$\varepsilon b=$________；恒温温度：________℃。

容量瓶编号		1		2		3		4	
		T	$\lg T$	T	$\lg T$	T	$\lg T$	T	$\lg T$
t/min	0								
	1								
	2								
	3								
	4								
	5								
	6								
	7								
	8								
	9								
	10								
	11								
$c_{HCl}/(mol\cdot dm^{-3})$									
$c_{丙酮}/(mol\cdot dm^{-3})$									
$c_{I_2}/(mol\cdot dm^{-3})$									

2. 以 $\lg T$ 对 t 作图，求直线的斜率。
3. 计算丙酮、酸和碘的分反应级数，建立丙酮碘化反应速率方程式。
4. 计算反应速率常数 k。
5. 根据不同温度下的 k 值求得反应的活化能 E_a。

八、思考题

1. 在动力学实验中，精确地计时是至关重要的。在本实验中，一旦将丙酮溶液加入含有 I_2 和 HCl 的溶液中，反应便立即开始。但是，只有在溶液完全混合均匀并倒入比色皿后，才开始计时。这种做法是否会对实验结果产生影响？原因是什么？

2. 本实验对丙酮溶液和 HCl 的初始浓度与 I_2 的初始浓度之间的比例有何具体要求？

实验十六 B-Z 振荡反应

一、实验目的

1. 了解 B-Z（Belousov-Zhabotinskii）振荡反应的基本原理及研究化学振荡反应的方法。

2. 掌握使用金属铈离子作为催化剂，硫酸介质中丙二酸被溴酸钾氧化过程的基本原理。

3. 测定系统的诱导时间和振荡周期随温度的变化，并计算实验温度范围内的诱导和振荡活化能。

二、预习要求

1. 了解化学反应的振荡现象和研究化学振荡反应的方法。

2. 掌握反应的诱导活化能以及振荡活化能的计算方法。

三、实验原理

化学振荡是一种周期性的化学现象，即反应系统中某些物理量，例如组分的浓度，随时间发生周期性的变化。早在 17 世纪，波义耳（Robert Boyle）就观察到，磷放置在留有少量缝隙的带塞烧瓶中时会出现周期性闪亮的现象。这是由于磷与氧的反应属于支链反应。当自由基累积到一定程度时，就会发生自燃现象。随后，瓶中的氧气被迅速耗尽，导致反应停止。随后，氧气通过瓶塞的缝隙扩散进入，经过一段时间后再次发生自燃。1921 年，勃雷偶然发现，在稀硫酸溶液中，过氧化氢与碘酸钾反应时，释放氧气的速率及碘的浓度会随时间出现周期性变化。从那时起，这类化学现象开始受到人们的注意。特别是 1959 年，贝洛索夫（B. P. Belousov）首次观察到并由扎波廷斯基（A. M. Zhabotinsky）进一步研究的反应，即在含有硫酸铈的酸性溶液中，丙二酸被溴酸钾氧化的过程，也展现了类似现象：

$$3H^{+}+3BrO_3^{-}+5CH_2(COOH)_2 \xrightarrow{Ce^{3+}} 3BrCH(COOH)_2+4CO_2+5H_2O+2HCOOH$$

这段研究引起了人们对化学振荡的广泛兴趣，并发现了一批可呈现化学振荡现象的、具有溴酸盐的反应系统。这类反应被称为 B-Z 反应。其中，$KBrO_3$ 在水溶液中氧化丙二酸［$CH_2(COOH)_2$］的反应是化学振荡反应中最为著名，且研究得最为详细的一例，其催化剂为 Ce^{4+}/Ce^{3+} 或 Mn^{3+}/Mn^{2+}。

人们曾经对 B-Z 反应进行过多方面的探讨，并提出了不少机制来解释 B-Z 振荡反应。其中较有说服力的机制是 KFN 机理，即由 Field、Koros 和 Noyes 三位科学家的姓氏简称而来。根据这一机理，反应主要由以下三个过程组成：

过程 A：当系统中［Br^-］足够大时，发生如下反应：

$$Br^{-}+BrO_3^{-}+2H^{+} \xrightarrow{k_1} HBrO_2+HBrO \tag{16-1}$$

$$Br^{-}+HBrO_2+H^{+} \xrightarrow{k_2} 2HBrO \tag{16-2}$$

过程 A 是消耗 Br^-，产生能进一步反应的 $HBrO_2$，HBrO 为中间产物。其中，反应(16-1)是速率控制步骤，达到准定态时，有$[HBrO_2]=\frac{k_1}{k_2}[BrO_3^-][H^+]$。此处 HBrO 一旦生成,立即与丙二酸反应而被消耗。

过程 B:当系统中$[Br^-]$较小时,Ce^{3+}按下式被氧化:

$$HBrO_2+BrO_3^-+H^+\xrightarrow{k_3}2BrO_2\cdot+H_2O \tag{16-3}$$

$$BrO_2\cdot+Ce^{3+}+H^+\xrightarrow{k_4}HBrO_2+Ce^{4+} \tag{16-4}$$

$$2HBrO_2\xrightarrow{k_5}BrO_3^-+H^++HOBr \tag{16-5}$$

过程 B 是一个自催化过程。所谓自催化过程，是指反应产物也能催化该反应本身。当 Br^- 的浓度降低到一定程度后，$HBrO_2$ 会通过式(16-3)和式(16-4)进行反应。这会导致反应速率不断加快。同时，Ce^{3+} 被氧化成 Ce^{4+}。$HBrO_2$ 的积累受到式(16-5)的制约。一旦达到稳态，整个过程便趋于平衡：$[HBrO_2]\approx\frac{k_3}{2k_5}[BrO_3^-][H^+]$。

过程 C：丙二酸发生溴化反应生成 $BrCH(COOH)_2$，同时 Ce^{4+} 被还原为 Ce^{3+}，并且 Br^- 得以再生。

$$4Ce^{4+}+BrCH(COOH)_2+H_2O+HOBr\xrightarrow{k_6}2Br^-+4Ce^{3+}+3CO_2+6H^+ \tag{16-6}$$

过程 C 对化学振荡至关重要。若仅有过程 A 和过程 B，则只构成普通的自催化反应，且该反应一次性完成。正是因过程 C 的介入，通过消耗丙二酸，Br^- 和 Ce^{3+} 得以再生，从而让反应能够循环进行，形成了周期性的振荡现象。在此类振荡反应中，Br^- 扮演控制离子的角色。

化学振荡体系的振荡现象可以通过多种方法观察。例如，可以观察溶液颜色的变化，这通常是由反应物或产物在化学过程中的浓度变化引起的。此外，还可以通过测定电势随时间的变化来研究振荡行为，这种方法可以提供关于反应动力学的详细信息。

由上述可见，产生化学振荡需满足三个条件：

① 反应必须远离平衡态。只有当化学反应显著偏离平衡态，并且具有高度不可逆性时，化学振荡才可能发生。在封闭系统中，这些振荡会逐渐衰减；而在敞开系统中，它们可以持续更长时间。

② 反应过程中需要自催化步骤。自催化反应使得产物能够加速该反应进程，例如，过程 A 中产生的溴酸（$HBrO_2$）同时充当了反应物的角色。

③ 反应体系必须具备双稳态特性，即存在两个稳定的不同状态，从而具备双稳定性。

在本实验体系中，溴离子（Br^-）和铈离子（Ce^{3+}）的浓度会发生周期性变化。这些变化本质上都是氧化还原反应，因此可以通过设计电极反应来研究。电极电势的大小与参与氧化还原反应的物质浓度有关。测量这两种离子的浓度变化时，可以使用饱和甘汞电极作为参比电极。同时，采用溴离子选择性电极来测定溴离子浓度的变化，并使用铂电极（Pt）配合铈离子的氧化还原电极（Ce^{4+}/Ce^{3+}）来测定铈离子浓度的变化。通过构建这样的电池，可以测定反应过程中电池电动势的变化，从而得到溴离子和铈离子的浓度变化。

本实验采用饱和甘汞电极作为参比电极，铂电极作为工作电极，溶液中的 Ce^{4+}/Ce^{3+} 是氧化还原电对。此时：

$$\varphi_{Ce^{4+}/Ce^{3+}}=\varphi^{\ominus}-\frac{RT}{zF}\ln\frac{[Ce^{3+}]}{[Ce^{4+}]} \tag{16-7}$$

所构成电池的电动势为：

$$E=\varphi_{Ce^{4+}/Ce^{3+}}-\varphi_{甘汞} \tag{16-8}$$

记录电池电动势（E）随时间（t）变化的 E-t 曲线，观察 B-Z 振荡反应。在不同温度下测定诱导时间 t_u 和振荡周期 t_p，研究温度对振荡过程的影响。

根据文献，诱导时间 t_u 和振荡周期 t_p 与相应的活化能之间存在如下关系：

$$\ln\frac{1}{t_u}=-\frac{E_u}{RT}+C \tag{16-9}$$

$$\ln\frac{1}{t_p}=-\frac{E_p}{RT}+C \tag{16-10}$$

分别以 $\ln\frac{1}{t_u}$、$\ln\frac{1}{t_p}$ 对 $\frac{1}{T}$ 作图，可得直线，直线斜率 K 为：

$$K=-\frac{E}{R} \tag{16-11}$$

由式(16-11) 可以计算诱导活化能 E_u 和振荡活化能 E_p。

四、仪器及试剂

仪器材料：恒温反应器 50 mL 1 只；超级恒温槽 1 台；磁力搅拌器 1 台；记录仪 1 台；或计算机采集系统 1 套；铂电极；参比电极（硫酸钾作参比液）；移液管（25 mL）4 支。

试剂药品：丙二酸（0.4 mol·L^{-1}）；溴酸钾（0.2 mol·L^{-1}，现配）；硫酸铈铵（0.004 mol·L^{-1}）；硫酸溶液（3 mol·L^{-1}）；H_2SO_4（1 mol·L^{-1}）。

五、实验步骤

① 配制浓度为 0.2 mol·L^{-1} 的溴酸钾溶液 1000 mL。

② 按图 16-1 连接好振荡反应仪器，打开超级恒温槽，将温度调节到（25.0±0.1)℃。

③ 依次启动计算机，启动程序，根据仪器上的标号选择适当的 COM 接口，设置好坐标，一般可选择 0.4～1.2 V，时间选择为 15 min 即可。

④ 洗净并干燥反应器，打开 B-Z 振荡反应装置的电源，在恒温反应器中依次加入已配好的丙二酸、硫酸、溴酸钾各 15 mL，打开搅拌器开关，同时将装有硫酸铈铵溶液的试剂瓶放入超级恒温槽中，恒温 10 min。

⑤ 向装有甘汞电极的液接试管中加入少量 1 mol·L^{-1} 的 H_2SO_4 溶液（确保电极浸入溶液中），然后将电极旁的胶帽取下。

⑥ 恒温结束后，按下 B-Z 振荡反应装置的“采零”键，然后将电极线的正极接在铂电极上，负极接在甘汞电极上，在计算机上点击“数据处理”菜单中的“开始绘图”，然后加入硫酸铈铵 15 mL。观察反应过程中溶液的颜色变化。

⑦ 计算机自动记录实验曲线。当出现 3～4 个峰值时，点击“数据处理”菜单中的“结束绘图”，然后存盘。点击“清屏”，准备进行下一步操作。

⑧ 将恒温反应器的温度分别设置为 30 ℃、35 ℃、40 ℃、45 ℃、50 ℃，重复以上实验操作。

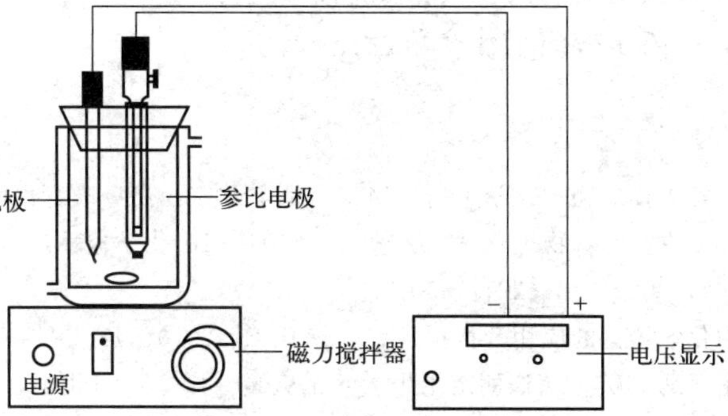

图 16-1　B-Z 振荡反应测量系统

六、注意事项

1. 实验所用试剂均需用不含 Cl^- 的去离子水配制，且参比电极不宜直接使用甘汞电极，以防止氯离子的干扰。若使用 217 型甘汞电极，则需用 $1\ mol \cdot L^{-1}$ H_2SO_4 作为液体介质。也可选用硫酸亚汞参比电极。对于双盐桥甘汞电极，其外部套管应充满饱和 KNO_3 溶液，以减少 Cl^- 带来的振荡抑制。

2. 配制 $4\times10^{-3}\ mol \cdot L^{-1}$ 的硫酸铈铵溶液应在 $0.20\ mol \cdot L^{-1}$ 的硫酸介质中进行，以避免水解导致的浑浊现象。

3. 实验中要求高纯度的溴酸钾试剂，并确保所使用的反应容器彻底冲洗干净；同时，需精确控制磁力搅拌器的转子位置和速度。

4. 实验结束后，将甘汞电极的胶帽扣紧，然后把该电极置于饱和 KCl 溶液中保存。向反应器中加入去离子水后，再置入铂电极。

5. 加样顺序会影响体系的振荡周期，因此在实验过程中应始终保持加样顺序一致。

七、数据记录和处理

1. 从 E-t 曲线中得到诱导时间和振荡周期。

2. 将实验数据记录于下表：

项目	T/℃				
	30	35	40	45	50
$(1/T)/K^{-1}$					
t_u					
$\ln(1/t_u)$					
t_p					
$\ln(1/t_p)$					

3. 根据 t_u、t_p 与 T 的数据，作 $\ln\frac{1}{t_u}$-$\frac{1}{T}$和 $\ln\frac{1}{t_p}$-$\frac{1}{T}$图，由直线的斜率求出表观活化能 E_u、E_p。

八、思考题

1. 本实验记录的电势代表了什么含义？

2. 影响诱导时间和振荡周期的主要因素包括哪些？

3. 在本实验中，铈离子扮演了什么角色？

九、参考文献

[1] 傅献彩，沈文霞，姚天杨．物理化学下册［M］．5版．北京：高等教育出版社，2006：296.

[2] 宗丽娜，刘叶，郑云香，等．物理化学实验改进：修饰的BZ化学振荡反应在食品检测中的应用［J］．化学教育（中英文），2022，43（22）：55-61.

[3] 李燕．分析测定中化学振荡的应用分析［J］．云南化工，2020，47（1）：82-83.

[4] 于敏，王传岭，张嘉娴．BZ振荡法测定维生素C的含量［J］．山东化工，2019，48（22）：81-83.

[5] 胡佳欣，邹倩，杨文静，等．B-Z振荡反应教学实验的反应条件改进［J］．实验室研究与探索，2019，38（3）：51-55＋202.

[6] 伍星宇．基于课堂演示的BZ振荡反应改进［J］．科技与创新，2018，（21）：43-44＋46.

实验十七 ▶ 最大气泡法测定液体的表面张力

一、实验目的

1. 测定不同浓度的乙醇溶液的表面张力，计算吸附量。
2. 研究气液界面上的吸附现象，并计算被吸附分子在表面层的横截面积。
3. 掌握最大气泡法测量溶液的表面张力，理解该方法的原理并掌握相关技术。

二、预习要求

1. 掌握最大气泡法测定表面张力的原理，理解影响表面张力测定的因素。
2. 理解如何由表面张力的实验数据计算分子的横截面积。
3. 熟练使用实验数据来计算吸附量的方法。

三、实验原理

1. 表面张力

液体表面层分子与内部分子所处的环境不同，液体内部的分子处于球形对称的力场当中，合力为零。表面层分子受到指向液体内部的合力，因此液体表面都有自动缩小的趋势。这种作用于液体表面，使液体表面积缩小的力称为表面张力，单位是 N/m。表面张力是液体的重要特性之一，其数值与所处的温度、压力、浓度及共存的另一相的组成有关。

当系统的温度、压力及组成恒定时，可逆地使表面增加 dA 所需的非体积功为表面功。

$$dG = \delta W'_{R} = \gamma dA \tag{17-1}$$

从这个角度理解，公式中 γ 是增加单位表面积所需的可逆功，也就是单位面积的表面层分子比相同数量的内部分子多出的自由能，称为比表面吉布斯自由能，单位为 J/m^2。比表面吉布斯自由能和表面张力是分别通过力学方法和热力学方法研究表面现象的物理量，它们使用的符号、量纲和数值都相同，但单位和物理意义不同。

2. 溶液表面的吸附

在指定温度下，纯液体的表面张力是恒定的，当液体中加入溶质形成溶液后，情况会有所不同。溶液的表面张力不仅与温度有关，还与溶质的种类和溶液浓度有关。这归因于部分溶质分子进入溶液表面，改变了表面层的分子组成，导致分子间引力发生变化，从而表面张力也随之改变。同时，溶液表面的溶质浓度与内部浓度存在差异，这种效应称为溶液的表面吸附作用。如果溶质的加入降低了液体的表面张力，这种溶质被称为表面活性剂。表面活性剂在表面的浓度高于本体，此过程称为正吸附。相反，如果溶质的加入增加了液体的表面张力，这类溶质被称为非表面活性物质或表面惰性物质，此时溶质在表面的浓度低于本体中的浓度，此过程称为负吸附。

恒温下，溶质在表面的吸附量（Γ）与溶液的表面张力和浓度有关，该关系可以用吉布斯（Gibbs）等温吸附方程来表示：

$$\Gamma=-\frac{c}{RT}\left(\frac{\partial\gamma}{\partial c}\right)_T \tag{17-2}$$

式中，$\left(\frac{\partial\gamma}{\partial c}\right)_T$ 为表面张力随浓度的变化率；c 为平衡时的溶液浓度，$mol \cdot m^{-3}$；R 为 $8.314\ J \cdot mol^{-1} \cdot K^{-1}$；$T$ 为吸附时的温度，K。$\Gamma=\frac{1}{A}\left(n_2-n_1\frac{n_2^0}{n_1^0}\right)$的意义为单位面积的表面层所含溶质的物质的量 n_2 与溶液本体中相同数量的溶剂所含溶质物质的量 $n_1\frac{n_2^0}{n_1^0}$的差值，也称为溶质的表面过剩量，单位为 $mol \cdot m^{-2}$。

当$\left(\frac{\partial\gamma}{\partial c}\right)_T<0$ 时，$\Gamma>0$，称为正吸附；当$\left(\frac{\partial\gamma}{\partial c}\right)_T>0$ 时，则 $\Gamma<0$，称为负吸附。以表面张力对浓度作图，在所得的等温曲线上任选一点作切线（图 17-1），斜率即为$\left(\frac{\partial\gamma}{\partial c}\right)_{T'}$，将所得到的$\left(\frac{\partial\gamma}{\partial c}\right)_T$ 带入式(17-2)，即可得到不同浓度的 Γ。

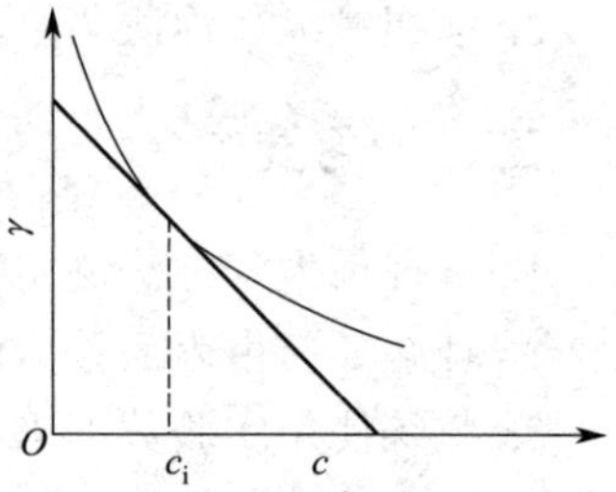

图 17-1 表面张力与浓度的关系

3. 饱和吸附与溶质分子的横截面积

表面活性剂具有显著的不对称结构，由亲水的极性基和疏水的非极性基构成。在有机物中，极性部分通常包括$—NH_3^+$、—OH、—SH、—COOH、$—SO_2OH$ 等，例如乙醇就属于这类化合物。表面活性剂分子在水溶液表面的排列情况会随浓度的变化而变化。如图 17-2 所示，当浓度较低时，分子可以在表面平躺；而当浓度增加时，极性基会伸向溶液内部，非极性基则朝向外部空间。一旦浓度达到一定水平，表面活性剂分子将占据所有表面位置，形成饱和吸附层。

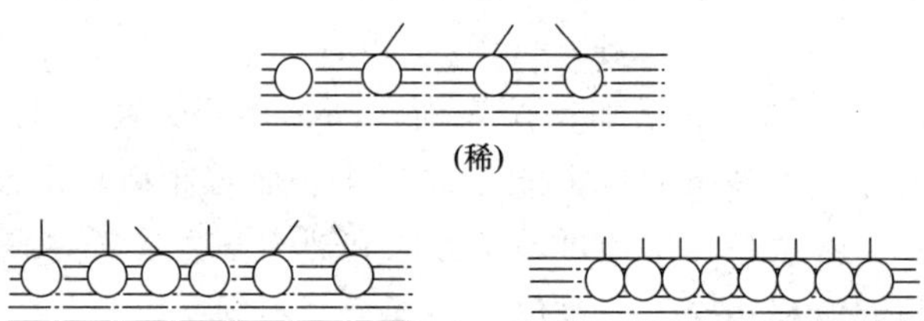

图 17-2 表面活性剂分子在水溶液表面上的排列情况示意图

吸附量 Γ 和浓度 c 之间的关系可用朗格缪尔（Langmuir）吸附等温式表示：

$$\Gamma=\Gamma_\infty\frac{Kc}{1+Kc} \tag{17-3}$$

式中，Γ_∞ 为饱和吸附量；K 为常数。将上式取倒数，可得

$$\frac{c}{\Gamma}=\frac{c}{\Gamma_\infty}+\frac{1}{K\Gamma_\infty} \tag{17-4}$$

以$\frac{c}{\Gamma}$对 c 作图所得直线的斜率为$\frac{1}{\Gamma_\infty}$。吸附剂的比表面积为：

$$S_0=\Gamma_\infty L\alpha_\infty \tag{17-5}$$

式中，S_0 为比表面积，即每克吸附剂具有的总表面积，$m^2 \cdot g^{-1}$；L 为阿伏伽德罗常数；α_∞ 为每个吸附分子的横截面积（如，醋酸分子横截面积为 $24.3\times10^{-20}\ m^2$）。

若已知溶质的密度 ρ、摩尔质量 M，就可以计算出吸附层厚度，即分子的长度 δ 为

$$\delta=\frac{\Gamma_\infty M}{\rho} \tag{17-6}$$

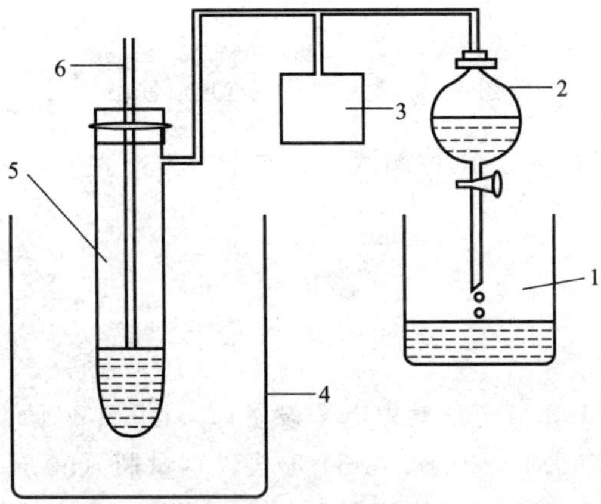

图 17-3　最大气泡法测定表面张力的装置示意图

1—烧杯；2—分液漏斗；3—数字压力计；4—恒温装置；5—测定管；6—毛细管（R 在 0.15～0.2 mm）

4. 最大气泡法测定表面张力

将被测液体装入测定管（图 17-3）中，使测定管中的毛细管端面与液面相切，液面沿毛细管上升。打开抽气瓶的活塞，缓慢放水抽气，测定管中压力 $p_{系统}$ 逐渐减少，毛细管内压力 $p_{大气}$ 将管内液面压至管口，并形成气泡（图 17-4）。气泡的曲率半径 r 由大变小，直到等于毛细管半径 R 时，所承受的压力差达到最大，大气压力将气泡从管口压出。根据拉普拉斯（Laplace）公式，得到：

$$\Delta p=p_{大气}-p_{系统}=\frac{2\gamma}{r} \tag{17-7}$$

随着曲率半径的增大，气泡膜承受的压力差减小。然而，测定管内的压力差却在增大，这立即导致了气泡的破裂。当气泡形成半球形时［如图 17-4(b)所示］，其曲率半径 r 与毛细管的半径 R 相等，此时达到最小值。在这种情况下，压力差 Δp 达到最大，即最大附加压力值 Δp_{max}。这个最大值可以通过“数字压力计”测量得到。

$$\Delta p_{max}=\frac{2\gamma}{R} \tag{17-8}$$

整理式(17-7) 可得

$$\gamma=\frac{R}{2}\Delta p_{max}=K'\Delta p_{max} \tag{17-9}$$

式中 $K'=\frac{R}{2}$ 为仪器常数，可由已知表面张力的物质测定。若用水作为已知的标准物质（25 ℃时水的表面张力 $\gamma_{H_2O}=0.07197\ N\cdot m^{-1}$），则：

$$K'=\frac{\gamma_{H_2O}}{\Delta p_{max,H_2O}} \tag{17-10}$$

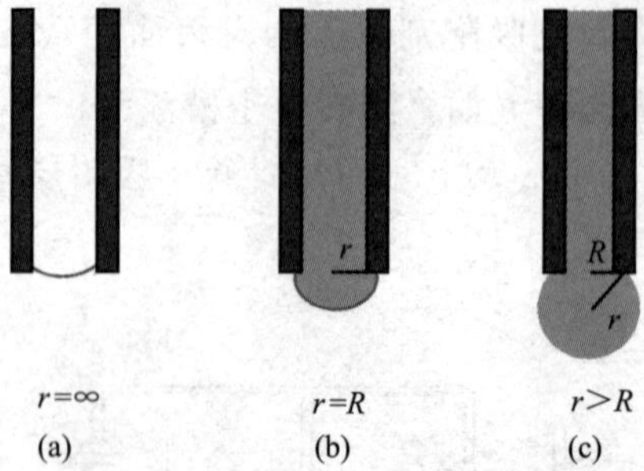

图 17-4 毛细管内气泡形成过程

将式(17-10)带入式(17-9)，则待测液体表面张力为

$$\gamma=\frac{\gamma_{H_2O}}{\Delta p_{max,H_2O}}\Delta p_{max} \tag{17-11}$$

四、仪器及试剂

仪器材料：恒温装置 1 套（南京桑力电子设备厂，DP-AW-1）；带有支管的试管（附木塞）1 支；毛细管（半径为 0.15～0.02 mm）1 根，容量瓶（50 mL）8 只；数字式微压差测量仪 1 台；烧杯（200 mL）1 个；移液管 1 支；洗耳球 1 个；滴管 1 个。

试剂药品：乙醇（AR）。

五、实验步骤

1. 乙醇溶液的配制

使用电子天平和容量瓶，分别配制以下浓度的乙醇溶液各 50 mL：0.30 mol·L^{-1}、0.60 mol·L^{-1}、0.90 mol·L^{-1}、1.20 mol·L^{-1}、1.50 mol·L^{-1}、1.80 mol·L^{-1}。

2. 测定仪器常数 K'

（1）仪器连接

如图 17-5 所示，取出两根硅胶管，一根插入传感器接口，另一根插入微压调节泵接口。再取出一个三通玻璃管，连接微压调节泵和压力传感器接口。选择“正压”模式，并将硅胶管连接到公共接口以及正压接口上。

（2）样品放置

取下加样口的密封塞，将毛细管垂直插入测试系统正上方管口，连接正压接口与毛细血管，使管路通畅。使用移液管通过加样口注入蒸馏水，调整毛细管接口或样品管下方的活塞，使液面恰好与毛细管底部相切。

（3）密封性检查

打开仪器并预热 5 min，连接硅胶管到三通玻璃管，并保持恒温 5 min。等待数值基本稳定后，将毛细管上端磨口轻微拔起（或短暂通大气），使压力计显示“采零”。向外旋转微压调节阀，使系统内压力逐渐增加，直到出现气泡为止。关闭微压调节阀，释放系统里剩余压力至无气泡产生，此时系统仍有压力，若无泄漏，压力数值为微小变化，若变化过快说明系统有泄漏，检查系统密封性，并重复此步骤。

（4）表面张力的测定

调节进气速度，使气泡从毛细管尖端以单个形式逸出，且每个气泡形成的时间约为 6～

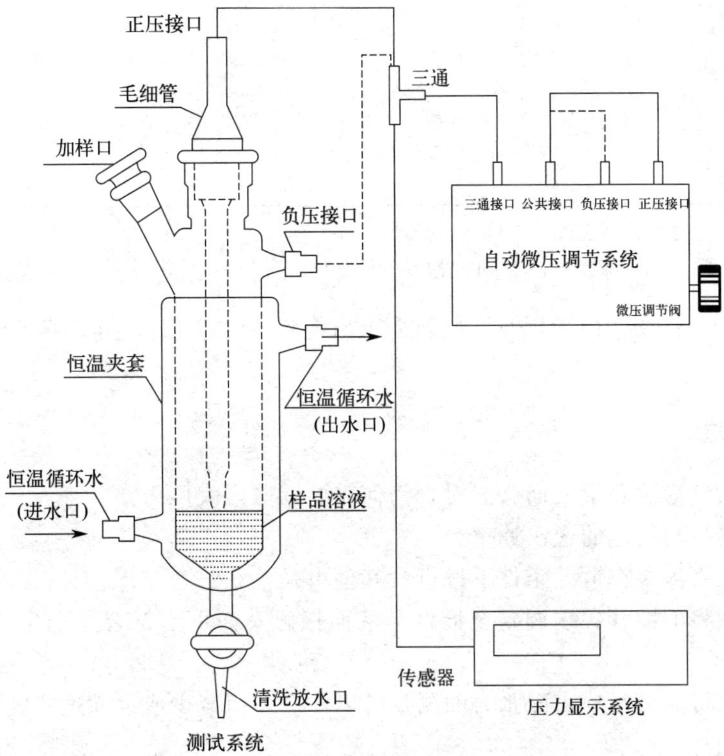

图 17-5　最大气泡法测定表面张力装置图

10 s。在形成气泡的过程中，液面半径经历大变小再变大的变化，同时实时压力显示系统的指示值则经历小变大再变小的过程。当“峰值保持”显示屏上每次显示的压力峰值大致相同时，连续测量三次后计算平均值。根据该数据则可计算仪器常数 K'。向内旋转关闭微压调节阀，清理毛细管，并排空滴液管中的水。

3. 表面张力随溶液浓度变化的测定

取 0.30 $mol \cdot L^{-1}$ 乙醇溶液洗净样品管和毛细管，然后加入适量溶液，按上述操作步骤测定 Δp_{max}。然后按由稀到浓的顺序对余下样品测定各溶液最大压力差，并计算各溶液的表面张力 γ。

六、注意事项

1. 毛细管径应尽可能细，一般控制在 0.2 mm 左右，且毛细管顶端的管壁应稍薄，端面需保证完全平滑。实验前，可用金相砂纸进行磨整。

2. 确保待测样品具有极高的纯度，相关仪器也要保持高度洁净。

3. 气泡逸出的速度应尽可能缓慢，每分钟不宜超过 20 个。

4. 本方法对震动极为敏感，因此必须避免震动。

七、数据记录和处理

1. 计算溶液表面吸附量 Γ

室温 t＝________℃；气压 p＝________ kPa。

$c/(\text{mol}\cdot\text{dm}^{-3})$	0	0.30	0.60	0.90	1.20	1.50	1.80
$\Delta p_{\max}/\text{kPa}$							
$\gamma/(\text{N}\cdot\text{m}^{-1})$							
$\left(\frac{\partial\gamma}{\partial c}\right)_{T,p}$							
$\Gamma/(\text{mol}\cdot\text{m}^{-2})$							
$(c/\Gamma)/\text{m}^{-1}$							

以 γ 对 c 作图，求出曲线上不同浓度 c 点处的 $\left(\frac{\partial\gamma}{\partial c}\right)_{T,p}$ ，并计算相应浓度的 Γ。

2. 以 c/Γ 对 c 作图，由所得直线的斜率求出饱和吸附量 Γ_∞，并计算乙醇分子的横截面积 S_0。

八、思考题

1. 使用最大气泡法测量表面张力时，为何需要读取最大压力差？
2. 为什么要控制气泡的逸出速率？
3. 该实验是否需要在恒温条件下进行？其理由是什么？
4. 为何必须将毛细管尖端调整至恰好与液面接触？如果不符合这个条件，会对实验结果产生什么影响？
5. 哪些因素可能会影响表面张力的测量结果？应如何减少或消除这些因素的影响？

九、参考文献

[1] 傅献彩，侯文华．物理化学下册［M］．6版．北京：高等教育出版社，2022：347-352.

[2] 宋建华，陈玉莹．提高最大气泡法测定溶液表面张力准确性研究［J］．广州化工，2022，50（10）：96-97＋157.

[3] 王健英，丁越，季晓菁，等．最大气泡法测定液体表面张力的实验改进［J］．药学教育，2012，28（6）：51-53.

[4] 潘湛昌，苏小辉，张环华，等．最大气泡法测定液体表面张力实验装置的改进［J］．实验室研究与探索，2011，30（12）：31-33.

[5] 吴世彪，徐玲，王颖，等．最大气泡法测溶液表面张力实验数据处理的改良［J］．中国现代教育装备，2010，（5）：65-66.

[6] 丑华，朱宇萍．最大气泡法测定乙醇溶液表面张力［J］．内江师范学院学报，2009，24（6）：72-75.

[7] 李建平，胡玮，董超，等．最大气泡法测液体表面张力实验多媒体CAI课件的开发与应用［J］．实验技术与管理，2007，（8）：86-89.

[8] 卞正炜，成文吉．最大气泡法测定溶液表面张力的最佳操作［J］．江苏教育学院学报（自然科学版），2007，24（1）：103-104.

[9] 贡雪东，张常山，王大言，等．最大气泡法测溶液表面张力的改进［J］．大学化学，2004，（5）：37-38.

附录　不同温度水的表面张力

$t/℃$	20	22	25	24	25	26	28	30	35
$\gamma/(\text{mN}\cdot\text{m}^{-1})$	72.75	72.44	72.28	72.13	71.97	71.82	71.50	71.18	70.38

实验十八 ▶ 溶液吸附法测定固体比表面积

一、实验目的

1. 使用醋酸溶液吸附法来测定活性炭固体的比表面积。
2. 验证 Langmuir 和 Freundlich 的经验公式。
3. 了解固-液界面上的分子吸附现象。

二、预习要求

1. 了解醋酸溶液吸附法测定活性炭比表面积的基本原理。
2. 了解固体吸附剂吸附气体的原理，以及这与从溶液中吸附溶质的原理有何不同。
3. 复习分光光度计的结构及使用方法。

三、实验原理

固体表面上的原子或分子与液体一样，受力不均匀，因此固体可以吸附气体或液体分子，降低其表面自由能。气体或溶质分子在固体表面富集的现象称为固体的吸附作用。固体作为吸附剂在溶液中既可以吸附溶质，也可以吸附溶剂，吸附情况复杂，目前尚未有完整理论，但人们通过长期实践总结出了一些经验规律。

在一定温度下，当固液吸附达到平衡时，溶液中的溶质浓度（c）与质量为 m 的吸附剂所吸附的吸附质的质量（q）之间存在特定关系。

$$\frac{q}{m}=kc^{n} \quad 或 \lg\frac{q}{m}=\lg k+n\lg c \tag{18-1}$$

式中，k 和 n 是由实验确定的参数，参数 k 可以定性地表示吸附剂和吸附质相互作用的强度。对此具有理论意义的是朗格缪尔吸附等温式：

$$\frac{q}{m}=\frac{abc}{1+bc} \tag{18-2}$$

其中，a 是关于饱和吸附量的参数，b 是与吸附热有关的参数。将上式整理可得：

$$\frac{m}{q}=\frac{1}{abc}+\frac{1}{a} \tag{18-3}$$

因此，由$\frac{m}{q}$对$\frac{1}{c}$作图所得直线的斜率和截距可以得到 a 和 b 的数值。

溶质的浓度较小时，式(18-2) 可简化为：

$$\frac{q}{m}=abc \tag{18-4}$$

如果溶质浓度较高，式(18-2) 则可简化为：

$$\frac{q}{m}=a \tag{18-5}$$

此时 q/m 与浓度无关，成为恒定值。该 q/m 即为最大值，表示此时固体表面被溶质分子完全掩盖。

通常，固体在溶液中的吸附量以单位质量的吸附剂吸附溶质的物质的量来表示：

$$\Gamma=\frac{(c_0-c)V}{m} \tag{18-6}$$

式中，c_0 为溶液的初始浓度，c 为吸附后溶液的平衡浓度，V 为溶液的体积，m 为吸附剂的质量，Γ 为吸附量。当溶液浓度较低时，吸附量随浓度上升较快；随着浓度增加，吸附量上升减缓，吸附逐渐达到饱和状态。

实验表明，稀溶液中固体的吸附过程通常会符合 Freundlich 等温方程和 Langmuir 吸附方程式。Freundlich 等温方程可表示为：

$$\Gamma=kc^{\frac{1}{n}} \quad 或 \ \lg\Gamma=\frac{1}{n}\lg c+\lg k \tag{18-7}$$

此方程纯系经验方程式，可较好地应用于单分子层吸附，尤其是吸附能力很强的吸附剂。式中 c 为吸附平衡时的浓度，k 和 n 是与吸附剂、吸附质种类和吸附温度有关的常数。当浓度较低时吸附层为单层，吸附符合 Langmuir 吸附方程式：

$$\Gamma=\Gamma_\infty\frac{Kc}{1+Kc} \tag{18-8}$$

即

$$\frac{1}{\Gamma}=\frac{1}{\Gamma_\infty K}\times\frac{1}{c}+\frac{1}{\Gamma_\infty} \tag{18-9}$$

以 $\frac{1}{\Gamma}$ 对 $\frac{1}{c}$ 作图应为一条直线，由直线截距可以得到 Γ_∞，即最大吸附量，则吸附剂的比表面积为：

$$S_0=\Gamma_\infty L\alpha_\infty \tag{18-10}$$

式中，S_0 为比表面积，即每克吸附剂具有的总表面积，m^2/g；L 为阿伏伽德罗常数；α_∞ 为每个吸附分子的横截面积（如醋酸分子的横截面积为 $24.3\times10^{-20}\,m^2$）。

四、仪器及试剂

仪器材料：锥形瓶（200 mL）5 支；容量瓶（200 mL）5 只，碱式滴定管（50 mL）1 支；漏斗 4 个；漏斗架 1 个。

试剂药品：NaOH 溶液（$0.1\ mol\cdot L^{-1}$）；HAc 溶液（$0.5\ mol\cdot L^{-1}$）；活性炭；酚酞指示剂。

五、实验步骤

1. 溶液配制及固体比表面积的测定

取浓度为 $0.5\ mol\cdot L^{-1}$ 的醋酸溶液，将其逐一稀释制成浓度为原浓度的 $\frac{1}{2}$、$\frac{1}{4}$、$\frac{1}{8}$、$\frac{1}{16}$、$\frac{1}{32}$ 的 HAc 水溶液。用标定好的 $0.1\ mol\cdot L^{-1}$ NaOH 溶液滴定醋酸溶液，确定浓度 c_0。从这些溶液中取出 50 mL 放入 1～5 号锥形瓶中，精确称量 0.5～1 g 活性炭加入各锥形瓶中，盖上瓶塞并振荡 2 h。过滤各溶液，滤液用 $0.1\ mol\cdot L^{-1}$ NaOH 溶液滴定，确定浓度 c。

2. 验证对比 Freundlich 等温方程和 Langmuir 吸附方程式

根据 c_0 和 c 的差值计算 q。绘制 $\lg\Gamma$ 与 $\lg c$ 之间关系的图。以 $\frac{1}{\Gamma}$ 对 $\frac{1}{c}$ 作图，用于研究在吸附过程中 Freundlich 等温方程和 Langmuir 吸附方程式的一致性。通过分析 $\frac{m}{q}$ 对 $\frac{1}{c}$ 作图所得直线斜率和截距，可以求出 Langmuir 吸附等温式中的常数 a 和 b。

3. 计算最大吸附量 Γ_∞ 及比表面积 S_0

计算每个浓度下的吸附量，以 $\frac{1}{\Gamma}$ 对 $\frac{1}{c}$ 作图求最大吸附量 Γ_∞ 及比表面积 S_0。

六、注意事项

1. 活性炭颗粒要均匀。
2. 振荡时间要充足，以达到吸附饱和。
3. 要按照从稀到浓的顺序测定溶液的吸光度以减少误差。

七、数据记录和处理

1. 原始数据记录

室温 $t=$________℃；气压 $p=$________ kPa。

样品	起始			平衡			m/g
	V_{HAc}/mL	V_{NaOH}/mL	$c_0/(mol\cdot dm^{-3})$	V_{HAc}/mL	V_{NaOH}/mL	$c/(mol\cdot dm^{-3})$	
1							
2							
3							
4							
5							

2. 数据处理

$q=(c_0-c)VM_{HAc}$

样品	q	$\lg\left(\frac{q}{m}\right)$	$\lg c$	$\frac{m}{q}$	$\frac{1}{c}$	Γ	$\frac{1}{\Gamma}$
1							
2							
3							
4							
5							

3. 以 $\lg\frac{q}{m}$ 对 $\lg c$ 作图。

4. 以 $\frac{m}{q}$ 对 $\frac{1}{c}$ 作图，用直线斜率和截距求出 Langmuir 吸附等温式中的常数 a 和 b。

5. 以 $\frac{1}{\Gamma}$ 对 $\frac{1}{c}$ 作图求最大吸附量 Γ_∞ 及比表面积 S_0。

八、思考题

1. 引起实验误差的主要原因包括哪些?

2. 由 Langmuir 和 Freundlich 的经验方程计算出的比表面积存在差异，这种差异的原因是什么?

九、参考文献

[1] 东北师范大学，等. 物理化学实验 [M]. 3版. 北京：高等教育出版社，2014：188-190.

[2] 宗喜梅，赵琳，李艺璇，等. 溶液吸附法测定改性煤矸石固体比表面积 [J]. 太原师范学院学报（自然科学版），2023，22 (2)：49-53.

[3] 李垒，潘湛昌，胡光辉. 溶液吸附法测定比表面实验原理的讨论式教学 [J]. 广东化工，2021，48 (3)：196+206.

[4] 田福平，张艳娟，姚云龙，等. 溶液吸附法测固体吸附剂比表面积结果分析 [J]. 实验室科学，2017，20 (6)：25-28.

[5] 华南平，倪春华. 关于亚甲基蓝在活性炭表面吸附投影面积 σ_A 的探讨 [J]. 大学化学，2005，(1)：43-47.

[6] 王利华，袁誉洪，尹有文. “溶液吸附法测定固体比表面积”实验的改进 [J]. 中南民族学院学报（自然科学版），1996，(1)：60-63.

实验十九 ▸ 电导法测定表面活性剂临界胶束浓度

一、实验目的

1. 掌握表面活性剂的临界胶束浓度（CMC）的意义。
2. 了解常用的 CMC 测定方法。
3. 了解两种和两种以上测定表面活性剂溶液的 CMC 的实验方法。
4. 配制简易的洗涤剂，并探讨临界胶束浓度与洗涤剂洗涤能力之间的关系。

二、预习要求

1. 了解表面活性剂的特性及临界胶束浓度的定义。
2. 了解表面活性剂临界胶束浓度的常用测定方法。
3. 复习电导率仪的结构及使用技巧。

三、实验原理

1. 表面活性剂的特性及胶束形成原理

表面活性剂是指加入少量即能使溶液表面张力明显降低的物质。表面活性剂分子是由亲水性的极性基团（通常是离子化）和憎水性的非极性基团（具有 8～18 个碳原子的直链烃或环烃）所组成的有机化合物。以亲水基团的结构为依据，表面活性剂可分为三大类：①阴离子型表面活性剂，如羧酸盐（肥皂）、烷基硫酸盐（十二烷基硫酸钠）、烷基磺酸盐（十二烷基苯磺酸钠）等；②阳离子型表面活性剂，主要是胺盐，如十二烷基二甲基叔胺盐酸盐和十二烷基二甲基苄基氯化铵；③非离子型表面活性剂，如聚乙二醇类。

在含有表面活性剂的溶液中，当表面活性剂浓度较低时，表面活性剂会在溶液的表面定向排列。一旦溶液表面被表面活性剂完全覆盖，即其浓度超过特定值时，表面活性剂的离子或分子将在溶液中发生缔合，从而形成“胶束”（图 19-1）。这一过程减少了非极性基团与水的接触面积。对于特定的表面活性剂而言，其在溶液中开始形成胶束所需的最低浓度被称为临界胶束浓度（critical micelle concentration，CMC）。随着表面活性剂浓度的进一步增加，球形胶束可能会转变为棒形胶束，甚至进一步发展成层状胶束（图 19-2）。

CMC 通常表现为一个狭窄的浓度范围（见图 19-3）。这个数值用于衡量表面活性剂的活性强度。CMC 的值越小，意味着改变表面性质所需的表面活性剂浓度越低。因此，表面活性剂的活性较高时，只需少量即可有效进行润湿、乳化、发泡、增溶和洗涤等操作。

2. 表面活性剂临界胶束浓度的测定原理

在 CMC 点处，由于溶液结构的变化，其物理和化学性质（例如表面张力、电导率、渗透压、浊度和光学特性等）随浓度变化的曲线表现出明显的转折点（图 19-3）。这一现象不仅是测定 CMC 值的重要实验依据，也是表面活性剂的关键特性之一。常用的测定方法包括

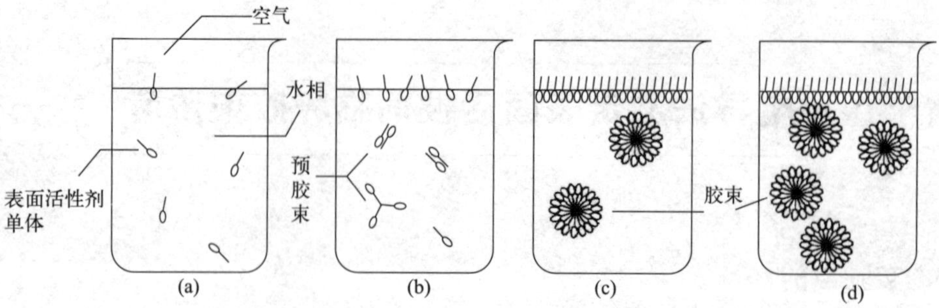

图 19-1 胶束形成过程示意图

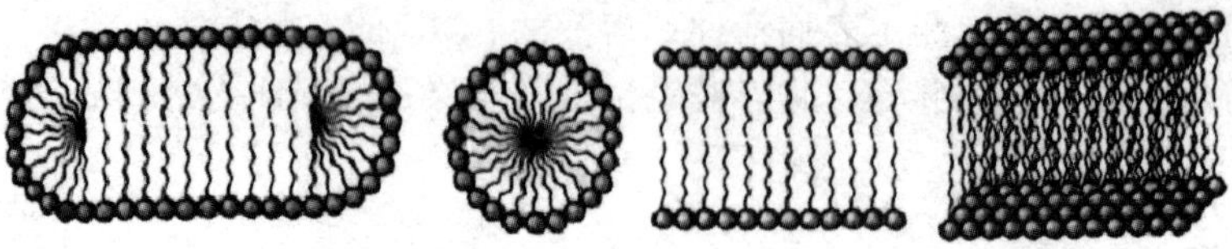

图 19-2 棒状和层状胶束示意图

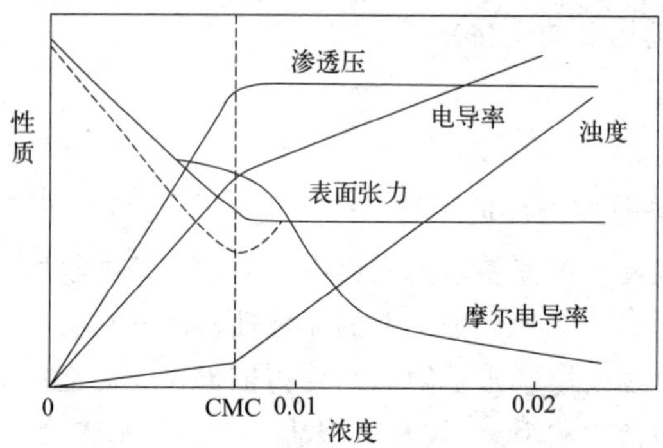

图 19-3 25℃时十二烷基硫酸钠水溶液的物理性质和浓度关系

电导法、表面张力法、光散射法、比色法（染料吸附法）和浊度法（增溶法）等。其中，电导法因其简便性和可靠性而被广泛使用，尤其对高活性的阴离子型表面活性剂具有很高的准确性。

在溶液中，主要影响电导的是带长链烷基的表面活性剂离子及其对应的反离子，而胶束对电导的影响非常小。从贡献大小来看，反离子的影响大于表面活性剂离子。当溶液浓度达到临界胶束浓度（CMC）时，表面活性剂离子会缔合成胶束，此时反离子会被固定在胶束表面，导致它们对电导的贡献显著降低。同时，由于胶束的电荷被反离子部分中和，这种电荷量小且体积大的胶束对电导的贡献极小，因此溶液的电导会急剧下降。对于离子型表面活性剂的稀溶液，其摩尔电导率的变化与强电解质类似，即摩尔电导率 Λ_m 与浓度的平方根成线性关系：

$$\Lambda_m = \Lambda_m^\infty - A\sqrt{c} \tag{19-1}$$

式中，Λ_m^∞ 是无限稀释时溶液的摩尔电导率；A 为常数。

本实验采用电导率仪来测定不同浓度的十二烷基硫酸钠水溶液的电导率值。首先，计算出相应的摩尔电导率 Λ_m，然后绘制摩尔电导率与浓度平方根的关系曲线（Λ_m-$\sqrt{c}$）。在这条曲线上，转折点对应的浓度即为该溶液在该温度下的临界胶束浓度。

四、仪器及试剂

仪器材料：电导率仪（上海雷磁仪器有限公司，DDS-307）1 台；铂黑电导电极 2 支；磁力搅拌器 1 台；容量瓶（100 mL）12 只；烧杯（100 mL）2 只；移液管（50 mL）2 支；酸式滴定管（25 mL）1 支。

试剂药品：十二烷基硫酸钠。

五、实验步骤

1. 原始溶液的配制

准确称取在 80 ℃干燥 3 h 的十二烷基硫酸钠，用电导水准确配制成 0.050 mol·L^{-1} 的原始溶液。

2. 测量溶液的配制

分别量取 0.050 mol·L^{-1} 原始溶液 4 mL、8 mL、12 mL、14 mL、16 mL、18 mL、20 mL、24 mL、28 mL、32 mL、36 mL、40 mL，用容量瓶配制成 100 mL 溶液。

3. 电导率仪的校正及电极常数 K_{cell} 的测定

将电极安装到电导率仪上，接好电源线，开启电源开关预热 10 min，将校正、测量选择开关调至“校正”。用蒸馏水洗净烧杯和电极，在烧杯中装入适量的 0.01mol·L^{-1} KCl 标准溶液。从教材后附录中查出测定温度下 0.01 mol·L^{-1} KCl 标准溶液的电导率值。温度采用不补偿方式，量程选择开关设为“Ⅲ”。待仪器读数稳定后，调整常数补偿旋钮，使仪器显示值匹配标准溶液的电导率。量程选择开关设为“检查”，显示值即为电极常数。例如，如果显示值为 92.6 μS·cm^{-1}，则电极常数为 0.926；若显示值为 102.2 μS·cm^{-1}，则电极常数为 1.022。

4. 溶液电导率的测定

将溶液按从稀到浓的顺序依次移入烧杯，并使用电导率仪分别测定其电导率。在更换样品时，需使用下一个更浓的待测溶液来清洗电导电极和烧杯，且至少进行三次。对每个溶液的电导率进行三次读数，并计算其平均值。实验完成后，彻底清洗烧杯和电极。最后，用电导率仪测定去离子水的电导率。

六、注意事项

1. 配制的溶液需确保表面活性剂完全溶解。

2. 在测定电导率之前，首先清洗电导电极。在清洗过程中，两个铂片应避免发生机械摩擦。使用电导水冲洗后，轻轻竖直并用滤纸吸干水分。注意不要使用滤纸擦拭铂片。确保电极片在使用中完全浸没于测试溶液。使用完毕后，电极必须保持干燥。

3. 需要按从低到高的浓度顺序测量样品的电导率。

七、数据记录和处理

1. 计算出不同浓度的十二烷基硫酸钠水溶液的浓度 c 及$\sqrt{c}$。

2. 数据记录及计算出不同浓度的十二烷基硫酸钠水溶液的摩尔电导率 Λ_m。

室温 t=________℃；气压 p=________kPa。

编号	$c/(mol \cdot dm^{-3})$	$\sqrt{c}/(mol \cdot dm^{-3})^{\frac{1}{2}}$	K_{cell}/m^{-1}	$\kappa/(S \cdot m^{-1})$	$\Lambda_m/(S \cdot m^2 \cdot mol^{-1})$
1					
2					
3					
4					
5					
6					
7					
8					
9					
10					
11					
12					

3. 绘制 Λ_m-$\sqrt{c}$ 关系图，由图中的转折点确定临界胶束浓度 CMC 的数值。

八、思考题

1. 影响临界胶束浓度的实验因素有哪些？

2. 如何检验所测得的临界胶束浓度是否正确？

3. 非离子型表面活性剂能通过本实验方法来测定其临界胶束浓度吗？如果不行，应该采用哪种方法进行测定？

九、参考文献

[1] 王文珍．物理化学实验［M］．北京：化学工业出版社，2017：42-46.

[2] 马磊，郭蓉蓉，周骏宏，等．电导滴定法测定离子型表面活性剂的临界胶束浓度的研究［J］．离子交换与吸附，2022，38（5）：437-443.

[3] 张晓光．表面张力法和电导法对比测定表面活性剂临界胶束浓度［J］．化学教育（中英文），2021，42（18）：134-136.

[4] 武丽艳，尚贞锋，赵鸿喜．电导法测定水溶性表面活性剂临界胶束浓度实验的改进［J］．实验技术与管理，2006，(2)：29-30.

[5] 曹向禹，宋秘钊，王万兴．聚酯型高分子表面活性剂临界胶束浓度的测定——紫外分光光度法［J］．表面活性剂工业，1998，(4)：37-38+40.

实验二十 ▸ $Fe(OH)_3$ 及 AgI 溶胶的制备、净化及聚沉

一、实验目的

1. 学习溶胶制备的基本原理，并探索不同的制备方法。
2. 了解溶胶净化的过程及其重要性。
3. 熟悉溶胶的基本性质。
4. 掌握电解质在溶胶中的聚沉作用。

二、预习要求

1. 掌握溶胶的制备方法、净化过程及其作用。
2. 了解溶胶的基本性质，并熟悉常用的聚沉技术。

三、实验原理

溶胶是由具有极小溶解度的固体在液体中高度分散形成的胶态分散系统，其颗粒直径在 $10^{-9}\sim10^{-7}$ m 的范围内。由于溶胶的多相性和高分散性，该系统属于热力学不稳定系统，倾向于通过相互聚结来降低表面积。

1. 溶胶的制备

为了制备出稳定的溶胶，通常需要满足两个条件：首先，固体分散相中的质点大小必须处于胶体分散度的范围内；其次，这些质点在液体介质中应保持分散状态，避免聚结。在制备溶胶的过程中，通常需要添加稳定剂，并采用两种主要方法来控制胶粒的大小：一种是通过分散法将大块固体细化至胶体分散度的范围内；另一种是通过凝聚法使小分子或粒子聚集成所需大小的胶粒。

分散法主要包括三种方式：机械研磨、超声分散和胶溶分散。机械研磨通过胶体磨的高速反向旋转将粗粒子细化至 $10^{-9}\sim10^{-7}$ m 的范围，适合处理脆而易碎的物质。超声分散则使用频率超过 16000 Hz 的超声波作用于待分散物质，通过剪切力实现分散。这种方法操作简便、效率高，常用于分散胶体和制备乳状液。胶溶分散则是将暂时聚集的胶体粒子重新分散形成溶胶。例如，氢氧化铁和氢氧化铝等沉淀实际上是由胶体质点聚集而成的，如果在制备过程中缺少稳定剂（也称为胶溶剂），这些质点会聚集并沉淀。加入少量的电解质后，由于胶体质点吸附离子而带电，沉淀可以在适当搅拌下重新分散成胶体。如果沉淀是由于电解质过量产生的，那么去除多余的电解质也可以使沉淀转化为溶胶。这一过程被称为胶溶作用，它只适用于新生成的沉淀。如果沉淀存放时间过长，小粒子可能会因老化而形成粒子间连接或变大，这时就无法通过胶溶作用重新分散了。

凝聚法是由分散状态的分子（或原子、离子）凝聚为胶体粒子的一种方法，通常可以分为化学凝聚法和更换介质法。化学凝聚法是利用各种化学反应使生成物呈过饱和状态，初生成的难溶物微粒结合成胶粒，在少量的稳定剂存在下形成溶胶。例如，利用水解反应制备氢

氧化铁溶胶时将 $FeCl_3$ 稀溶液滴加至沸腾的水中，氢氧化铁粒子选择性吸附 FeO^+，从而形成稳定的带正电荷的棕红色溶胶，而过量的 $FeCl_3$ 起到稳定剂的作用。更换介质法系利用同一物质在不同溶剂中溶解度相差悬殊的特性，使溶解于良溶剂中的溶质，在加入不良溶剂后，因其溶解度下降而以胶体粒子的大小析出，形成溶胶。该方法虽然简便，但得到的溶胶粒子较大。

2. 溶胶的净化

在制备溶胶的过程中，常常需要使某一参加反应的电解质溶液过量以增加溶胶的稳定性。少量的电解质可以作为溶胶的稳定剂，但过多的电解质存在反而会降低溶胶的稳定性，导致其容易发生聚沉，因此必须将其除去。例如，在制备 $Fe(OH)_3$ 溶胶时产生的 HCl 对溶胶的稳定性是不利的，需要将其除去，这一步骤被称为溶胶的净化。净化的方法包括渗析法和超过滤法。

渗析法是将需要净化的溶胶放置在羊皮纸或动物膀胱等半透膜制成的容器内，膜外放纯溶剂，利用浓度差异，使多余的电解质离子不断渗透至半透膜外。通过多次更换溶剂，可以净化半透膜内的溶胶。为了加快渗析速度，可以在装有溶胶的半透膜两侧外加电场，使多余的电解质离子向相应电极的方向进行定向移动。适当提高温度或将装有溶胶的半透膜容器旋转，都可以达到加快渗析的目的。

超过滤法使用半透膜作为过滤介质，通过吸滤或加压的方式，在压差的作用下，胶粒与含杂质的介质可以迅速分离。随后，使用含有稳定剂的介质将半透膜上的胶粒迅速再次分散。为了加速过滤过程，可以将电渗析与超过滤法结合使用，从而降低超过滤法所需的压力。

3. 胶体的聚沉作用

溶胶失去聚结稳定性后，会进一步失去动力稳定性，这个过程被称为聚沉。电解质的加入能降低溶胶的 ζ 电势，引发聚沉现象。电解质浓度越高，ζ 电势下降得越多，溶胶发生聚沉的可能性也越大。值得注意的是，不同电解质对溶胶的聚沉效果各不相同。在特定时间内，能够明显促使溶胶发生聚沉的电解质的最低浓度，被定义为聚沉值，其计量单位是 $mmol \cdot L^{-1}$。聚沉值的大小反映了电解质对溶胶聚沉能力的影响：聚沉值越大，表示电解质促使溶胶聚沉的能力越弱。

影响聚沉值的关键因素包括电解质中与溶胶电荷相反的离子的价数、离子的大小以及同号离子的作用等。通常情况下，相反离子的价数越高，电解质促使溶胶聚沉的能力就越强，相应的聚沉值就越小。叔采和哈迪两位科学家分别研究了不同电解质对溶胶聚沉值的影响，并总结出了聚沉离子价数与聚沉值之间的关系。他们发现，对于一价、二价和三价的阳离子（M^+、M^{2+}、M^{3+}），其聚沉值的比例大致为：(25～150)∶(0.5～2)∶(0.01～0.1)。这一规律被命名为叔采-哈迪规则。

两种带有相反电荷的溶胶混合时会产生聚沉，这被称为相互聚沉现象。该现象通常涉及两种机理：一是两种带有相反电荷的胶粒通过电性中和作用聚沉；二是其中一种溶胶中含有另一种溶胶的高价反离子。

四、仪器及试剂

仪器材料：具有暗视野镜头显微镜 1 台（公用）；烧杯（50 mL）2 只；锥形瓶（250

mL）1只；烧杯（250 mL）1只；烧杯（1000 mL）1只；胶头滴管2支；量筒（25 mL）2个；试管2支。

试剂药品：$FeCl_3$ 溶液（2%、20%）；火胶棉溶液；$NH_3 \cdot H_2O$ 溶液（10%）；松香乙醇溶液（2%）；$AgNO_3$ 溶液（0.01 mol·L^{-1}）；KI 溶液（0.01 mol·L^{-1}）；$CuSO_4$ 溶液（0.1 mol·L^{-1}）；Na_2SO_4 溶液（1 mol·L^{-1}）；NaCl 溶液（2 mol·L^{-1}）；KNO_3 辅助液；乙醇（AR）；乙醚（AR）；低氮硝化纤维素；去离子水。

五、实验步骤

1. 氢氧化铁 $Fe(OH)_3$ 溶胶的制备

（1）水解法

在250 mL烧杯中加入95 mL蒸馏水并加热至沸腾。在不断搅拌的条件下，使用胶头滴管逐滴加入5 mL 2% $FeCl_3$ 溶液。加完后，继续沸腾几分钟，直至溶液变成暗红棕色的氢氧化铁溶胶。完成此步骤后，测定溶胶的pH值及电导率 κ。

（2）胶溶法

取10 mL 20% $FeCl_3$ 置于小烧杯中，加水稀释至100 mL。用胶头滴管逐滴加入10% $NH_3 \cdot H_2O$ 溶液，直至反应完全。过滤生成的 $Fe(OH)_3$ 沉淀，并用蒸馏水洗涤数次。将沉淀转移到烧杯中，加入10 mL蒸馏水，再使用滴管滴加约10滴20% $FeCl_3$ 溶液，并用小火加热。最终得到红棕色透明的 $Fe(OH)_3$ 溶胶。同样，完成此步骤后，测定溶胶的pH值及电导率 κ。

2. 松香溶胶的制备

用胶头滴管将松香乙醇溶液逐滴加入到盛有蒸馏水的烧杯中，并剧烈搅拌，从而得到半透明的松香溶胶。发现较大质点时，过滤溶胶。接着测定溶胶的pH值及电导率 κ。

3. 两种 AgI 溶胶的制备

首先，取20 mL 0.01 mol·L^{-1} $AgNO_3$ 溶液置于50 mL烧杯中，并在搅拌下缓慢滴加16 mL 0.01 mol·L^{-1} KI溶液，制得溶胶A。随后，测定溶胶A的pH值及电导率 κ。接着，取20 mL 0.01 mol·L^{-1} KI溶液置于另一个50 mL烧杯中，在搅拌下缓慢滴加16 mL 0.01 mol·L^{-1} $AgNO_3$ 溶液，制得溶胶B。最后，测定溶胶B的pH值及电导率 κ。

4. 半透膜的制备

取一个干燥且洁净的150mL锥形瓶，倒入数毫升火胶棉溶液，小心转动锥形瓶以在其内部形成均匀薄层。倾出多余的火胶棉溶液后，将锥形瓶倒置于铁圈上，让剩余的火胶棉溶液流尽，直至溶剂挥发干净。几分钟后，从瓶口处小心剥开一部分膜，在膜与瓶壁之间加入几毫升水，利用水分离膜与瓶壁，轻轻取出，即得到半透膜，也称为火胶棉袋。向袋内加入少量清水，检查袋是否有漏洞。若发现漏洞，擦干漏洞部分，用玻璃棒蘸取少许火胶棉溶液进行修补。

5. $Fe(OH)_3$ 溶胶的净化

将制得的 $Fe(OH)_3$ 溶胶倒入火胶棉袋中，并用线拴紧袋口。随后，将袋子置于一个1000 mL的大烧杯内，加入500 mL蒸馏水。保持温度在60～70 ℃，进行热渗析。为了确保纯净度，每半小时更换一次水，并取1 mL溶液来检验其中的 Cl^- 和 Fe^{3+}（使用 $AgNO_3$

溶液检验 Cl^-，使用 KSCN 溶液检验 Fe^{3+}），直到无法检测出 Cl^- 和 Fe^{3+} 为止。纯化完成后，将溶胶冷却并保存备用。最后，测定净化后溶胶的 pH 值及电导率 κ。

6. 溶胶的聚沉

取两支小试管，每支注入约 2 mL 的 $Fe(OH)_3$ 溶胶。然后，在其中一支试管中滴加 NaCl 溶液，在另一支试管中滴加 Na_2SO_4 溶液。观察并比较两支试管中产生凝聚现象所需的电解质溶液用量。

六、注意事项

1. 在制备溶胶过程中，需要确保铁离子充分水解。因此，滴加溶液的速度不宜过快，并且应持续搅拌以确保均匀混合。

2. 用于制备半透膜的锥形瓶必须保持干燥。添加水的时间既不宜过早，也不宜过晚。

七、数据记录和处理

1. 写出所制备溶胶的胶团结构式。

2. 记录各溶胶性质。

3. 比较 NaCl 和 Na_2SO_4 促使 $Fe(OH)_3$ 溶胶聚沉的能力，并分析原因。

室温：________℃；气压：________ kPa。

性质	$Fe(OH)_3$ 溶胶		松香溶胶	AgI 溶胶	
	水解法	胶溶法		溶胶 A	溶胶 B
胶团结构					
丁达尔现象					
净化前 pH					
净化后 pH					
净化前 κ					
净化后 κ					
$c_{NaCl}/(mol \cdot L^{-1})$					
$c_{Na_2SO_4}/(mol \cdot L^{-1})$					

八、思考题

1. 为什么需要对制得的溶胶进行净化？提高渗析效率可以采取哪些措施？

2. $Fe(OH)_3$ 溶胶进行渗析的目的是什么？如何检测 Fe（OH）$_3$ 溶胶的纯度？

3. 溶胶的制备方法有哪些？其原理是什么？

九、参考文献

[1] 王文珍．物理化学实验［M］．北京：化学工业出版社，2017：42-46.

[2] 冯秀丽，王进贤，董相廷．AgI 纳米有机溶胶的制备与表征［J］．长春理工大学学报，2006，(2)：88-90.

[3] 董相廷，冯秀丽，王进贤，等．AgI 纳米粒子水溶胶的制备与表征［J］．稀有金属材料与工程，2005，(5)：761-763.

实验二十一 电泳及电渗

一、实验目的

1. 学习并掌握使用电泳法来测定 $Fe(OH)_3$ 溶胶的 ζ 电势的原理及技术。
2. 学习并掌握使用电渗法来测定 SiO_2 与水界面的 ζ 电势的原理及技术。
3. 加深对溶胶电学性质的理解。

二、预习要求

1. 掌握胶体的电泳和电渗的基本原理。
2. 明确计算 ζ 公式中各物理量的意义。
3. 了解电渗装置的使用方法。
4. 了解电泳装置的使用方法。

三、实验原理

1. 胶体的 ζ 电势

胶体是一种热力学不稳定而动力学相对稳定的多相分散系统。在胶体中，分散在介质中的粒子由于自身解离或吸附介质中的离子而形成带有一定电荷的胶粒。同时，在胶粒附近的分散介质中还存在数量相等且符号相反的电荷。因此，在相界面上形成了扩散双电层结构。

关于双电层电荷分布的情况，许多人进行了研究并提出了多种模型。目前，大多数人接受的是 1924 年由 Stern 提出的双电层模型(见图 21-1)。根据该模型，构成双电层的反离子分为两部分：一部分反离子处于距固体表面一两个分子直径的距离内，这些离子通过静电引力紧密地分布在粒子表面周围，形成所谓的紧密层；另一部分反离子则以扩散状态存在于紧密层的外部，形成所谓的扩散层。

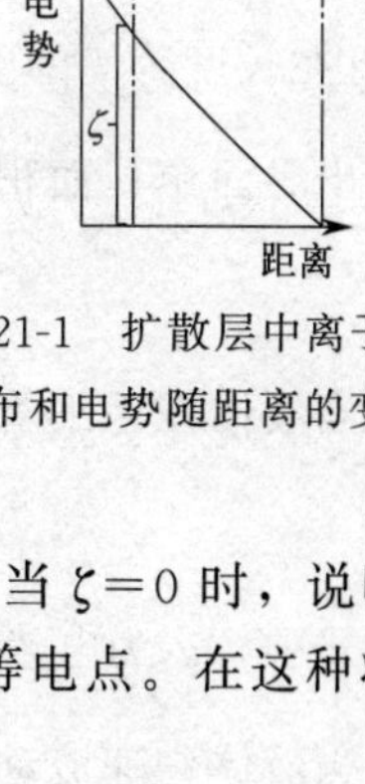

图 21-1 扩散层中离子的分布和电势随距离的变化

胶核及其周围的紧密层共同被称为胶粒。而胶粒的外沿被称为滑移界面，这是胶粒与介质之间发生相对运动的界面。

胶粒表面形成双电层，在两相之间存在一个界面电势。这个电势通常被称为 ζ 电势（也称作电动电势）。ζ 电势是用来描述胶粒带电情况的物理量：①ζ 电势的符号代表胶粒的带电性质，即其电荷的正负性。②ζ 电势值的大小标志着胶粒带电程度。ζ 值的增加表示滑移界面处的电势与溶液内部的差异增大，意味着胶粒的带电量增多，从而使溶胶更稳定。相反，ζ 值的减小表明胶粒的带电量减少。当 $\zeta=0$ 时，说明滑移界面处的电势与溶液内部相同，这时胶粒不带电，这种状态被称为等电点。在这种状态下，胶体的稳定性最低，溶胶可能会发生聚沉。

胶粒表面的双电层存在通过电动现象得到证实。所谓的电动现象，指的是带电胶粒与带有相反电荷的介质之间的相对运动。当置于电场中时，这些带电的胶粒会因其电荷的正负向特定电极方向移动，这一现象称之为电泳。另外，如果胶粒保持固定不动，而带有相反电荷的介质在电场中发生定向移动，这种现象则被称为电渗。

2. 电泳法测定 ζ 电势

电泳法分为宏观法和微观法。宏观法用于观测胶体与另一不含胶粒的无色导电溶液的界面在电场中的移动速率。而微观法则用于直接观察单个胶粒在电场中的移动速率。对于高度分散或过浓的溶胶，不易观察个别粒子的运动，因此采用宏观法较为合适。相反，对于颜色太淡或浓度过稀的溶胶，则适宜采用微观法。在指定条件下，ζ 的数值可以通过亥姆霍兹方程式来计算：

$$\zeta(\text{静电单位})=\frac{K\pi\eta u}{\varepsilon H}$$

或

$$\zeta(\text{V})=\frac{K\pi\eta u}{\varepsilon H}\times 300 \tag{21-1}$$

式中，K 为与胶粒形状有关的常数（对于球形胶粒 $K=6$，棒形胶粒 $K=4$，在实验中均按棒形胶粒处理）；η 为介质的黏度，Pa · s；ε 为介质的介电常数；u 为电泳速度，$\text{cm} \cdot \text{s}^{-1}$；$H$ 为电势梯度，即单位长度上的电势差。

$$H(\text{静电单位})=\frac{E}{300L} \tag{21-2}$$

式中，E 为外电场在两极间的电势差，V；L 为两极间的距离，cm，300 为将伏特表示的电势改成静电单位的转换系数。把式(21-1) 代入式(21-2) 得：

$$\zeta(\text{V})=\frac{4\pi\eta L u 300^2}{\varepsilon E} \tag{21-3}$$

从公式(21-3) 可知，对于特定溶胶系统，如果保持电场强度 E 和电极间距 L 不变，通过测量胶粒的电泳速度（$u=d/t$，d 为胶粒移动的距离，t 为通电时间），则可以计算出 ζ 电势。

3. 电渗法测定 ζ 电势

电渗的实验方法，原则上是要让所研究的分散相质点在静电场中固定，并通以直流电。这样，导电的分散介质就会沿一定方向流过刻度毛细管。通过测量流量和通过的电流，可以计算出 ζ 电势。当电渗现象发生在半径为 r 的毛细管中时，假设固体与液体接触界面处的吸附层厚度为 δ，由于 δ 远小于 r，双电层内液体的流动可以忽略不计。如果表面电荷密度为 σ，且在长度为 l 的毛细管两端施加电势差 U，那么电势梯度就可以确定为 $\frac{U}{l}$；同时，也可以得出界面单位面积上所受的电荷力：

$$F=\sigma\frac{U}{l}$$

当液体在毛细管中流动时，单位面积上所受到的阻力为：

$$f=\eta\frac{\mathrm{d}u}{\mathrm{d}x}=\eta\frac{u}{\delta}$$

式中，u 为电渗速率；η 是液体的黏度。

当液体匀速流动时 $F=f$，即 $\sigma\frac{U}{l}=\eta\frac{u}{\delta}$，故可得

$$u=\frac{U\sigma\delta}{\eta l} \tag{21-4}$$

如界面处的电荷分布情况类似于一个处在介电常数为 ε 的液体中的平板电器上的电荷分布，则其电容为：

$$C=\frac{Q}{\zeta}=\frac{\varepsilon S'}{4\pi\delta}$$

式中，Q 为电荷量；ε 为液体介质的介电常数；S'为面积。从上式可得

$$\sigma=\frac{Q}{S'}=\frac{\varepsilon\zeta}{4\pi\delta} \tag{21-5}$$

将式(21-5) 代入式(21-4)，可得

$$u=\frac{\varepsilon\zeta U}{4\pi\eta l} \tag{21-6}$$

设毛细管截面积为 S，电渗速率为 u，单位时间内流过毛细管的液体体积为 V，则

$$V=Su=\frac{S\varepsilon\zeta U}{4\pi\eta l} \tag{21-7}$$

由于

$$U=IR=I\rho\ \frac{l}{S}=I\ \frac{1}{\kappa}\times\frac{l}{S}=\frac{Il}{\kappa S} \tag{21-8}$$

式中，I 为通过两电极间的电流，R 为两电极间的电阻，ρ 为液体介质的电阻率，κ 为液体介质的电导率。

将式(21-8) 代入式(21-7)，得

$$\zeta=\frac{4\pi\eta\kappa V}{\varepsilon I} \tag{21-9}$$

利用式(21-9) 计算 ζ 电势时，可用实验方法测得 V、κ 和 I 值，而 η、ε 值可从手册中查得。式(21-9) 中所有电学量必须用绝对静电单位表示。采用我国法定计量单位时，若 κ 单位为 $\Omega^{-1}\cdot cm^{-1}$，I 为 A，V 为 $cm^3\cdot s^{-1}$，η 为 $Pa\cdot s$，ζ 为 V 时，则式(21-9) 应为

$$\zeta=300^2\times\frac{40\pi\eta\kappa V}{\varepsilon I}=3.6\times10^6\times\frac{\pi\eta\kappa V}{\varepsilon I} \tag{21-10}$$

在上述公式推导过程中，忽略了毛细管壁的表面电导。本实验中，由于纯水的电导率较低，故采用式(21-9) 或式(21-10) 计算时将引入一些误差。

四、仪器及试剂

仪器材料：电渗测定装置（南京南大万和，WY-5C）；电泳测定管；直流毫安表；电导率仪（DDS-11A 型）；高压直流稳压电源（200～1000 V）；低压直流稳压电源（0～30 V）；恒温槽；秒表；石英粉（80～100 目）；漏斗。

试剂药品：稀 HCl 溶液；$FeCl_3$ 溶液（20%）；胶棉液；$AgNO_3$ 溶液（1%）；KSCN 溶液（1%）。

五、实验步骤

1. 电渗法测定 SiO_2（石英粉）在水中的 ζ 电势

（1）安装电渗仪

将两个铂电极洗净，擦干。将电渗管洗净，揭去磨口瓶塞，按图 21-2 安装电渗仪。将 80～100 目的 SiO_2 粉末注入 A 管中。从侧管 G 管口注入 0.01 mol·L^{-1} 的 NaCl 溶液，浸泡 4 h 以上。浸泡好后，倒掉溶液。盖上磨口瓶塞，再重新倒入 0.01 mol·L^{-1} 的 NaCl 溶液，直至浸没电极为止。如果管内出现小气泡，取下玻璃管，通过倾斜赶走管内的小气泡。

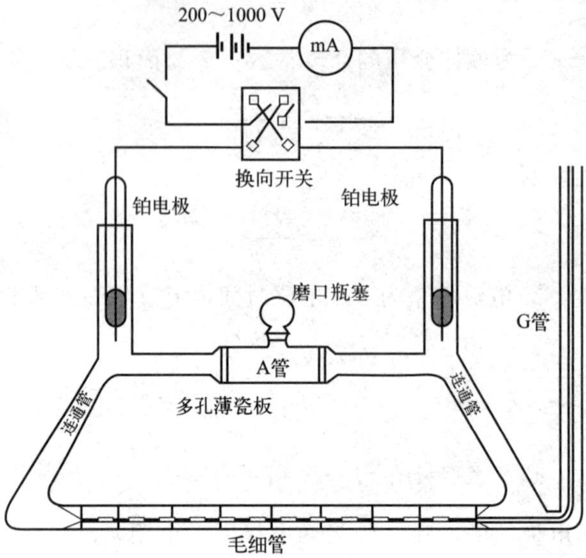

图 21-2　电渗仪装置图

插好两个铂电极。将吹气细管一端从侧管 G 插入至毛细管端口处，另一端插入洗耳球。然后吹入一小气泡至刻度毛细管中。将电渗管放在电渗支架上，按“＋”“－”极性将输出线与两个铂电极相接（红为正，黑为负）。注意观察 2 min，看气泡是否移动，以判断电渗仪的水平性。

（2）测量

开启电渗测定装置，按下 U/I 键以切换至电压/电流模式。使用方向键和飞梭来调整电流至 1.00 mA。接着，按下 Stop/Run 键将输出设置为 ON，仪器随即开始工作，此时毛细管内的气泡会移向另一端。需要停止输出时，再次按下 Stop/Run 键并选择 OFF。仪器屏幕上，右侧显示设定的参数值，左侧则显示实际输出值；其中上排展示的是电压值，下排则为电流值。进行换向操作时，按下换向按钮后，红色电线对应负极（－），黑色电线对应正极（＋）。

记录小气泡的位置，并启动计时器。注意，在开始计时之前，应让气泡在毛细管中正向和反向来回运行 2～3 次。为确保准确记录，小气泡的最终位置需要落在整数刻度上。重复测量正向和反向电渗电流各三次，同时记录下每次的时间和小气泡的起始及终止位置。

（3）重复实验

将电流强度分别调节至 1.40 mA 和 1.80 mA。然后，采用相同的方法重复测量正向和反向电渗时的流量值，每次测量进行三次。在调节电流的过程中，应注意改变电流的方向，以防止气泡的逸出。

（4）实验结束

关闭电渗测定装置的电源。将电极管内的溶液倒入回收瓶，然后冲洗电极管和电极，以便再次使用。

2. 电泳法测定 $Fe(OH)_3$ 溶胶的 ζ 电势

（1）配制 HCl 溶液

设定恒温槽的温度为（25.0±0.1)℃，使用电导率仪测量 $Fe(OH)_3$ 溶胶在 25℃时的电导率。参照附录十一提供的 25℃下 HCl 的电导率与浓度关系，采用内插法确定对应于该电导率的 HCl 浓度，并在 100 mL 容量瓶中制备此浓度的 HCl 溶液。

（2）装置仪器和连接线路

使用蒸馏水清洗电泳管后，再次用少量的溶胶进行洗涤。接着，将渗析好的 $Fe(OH)_3$ 溶胶倒入电泳管中，确保液面高于活塞 5 和活塞 7。随后关闭这两个活塞，并将电泳管倒置以倾倒出多余的溶胶。然后使用蒸馏水清洗活塞 5 和活塞 7 上方的管壁。

打开活塞 6，用自配的 HCl 溶液冲洗一次，然后再次加入该溶液，确保液面略高于活塞 6。最后，插入铂电极，并根据装置图 21-3 正确连接线路。

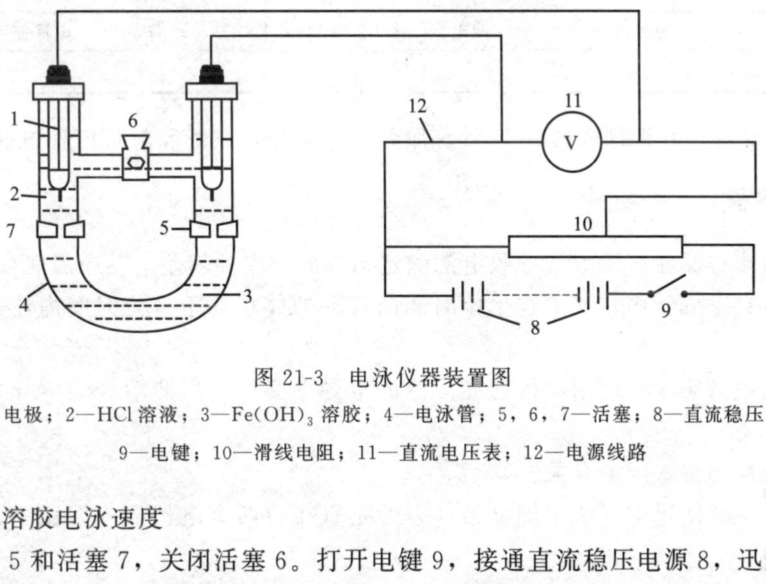

图 21-3　电泳仪器装置图

1—Pt 电极；2—HCl 溶液；3—$Fe(OH)_3$ 溶胶；4—电泳管；5，6，7—活塞；8—直流稳压电源；9—电键；10—滑线电阻；11—直流电压表；12—电源线路

（3）测定溶胶电泳速度

打开活塞 5 和活塞 7，关闭活塞 6。打开电键 9，接通直流稳压电源 8，迅速调节电压为 100 V，记下通电时间 t 和溶胶面上升的距离 d。从直流电压表上读取电压 E，并量取两极之间的距离 L。实验结束后，拆除线路。先用自来水清洗电泳管多次，最后用蒸馏水清洗一次。

六、注意事项

1. SiO_2 颗粒如果过细，会导致液体流动阻力增大；若颗粒过大，难以形成均匀致密的毛细管结构，可能造成孔隙分布不均。在装样时，需确保 SiO_2 粉末填充均匀且紧密，避免中间出现气泡。

2. 应适当控制气泡的大小，使其能有效隔离液体介质。

3. 电渗过程中，通电时间不宜过长，以防溶液电导率显著变化。

4. 使用式(21-3）计算 ζ 时，必须采用 CGS 单位制，相关数值可在附录四中查得。若改用 SI 单位制，相应数值亦需调整。水的介电常数受温度影响，可通过公式 $\ln\varepsilon_t =$

4.474226－4.54426×10^{-3} t/℃计算得出。

5. 测量两电极之间的距离时，应沿着电泳管的中心线进行。

七、数据记录和处理

1. 记录电渗实验数据，并计算 SiO_2 对水的 ζ 电势。

室温 t=________℃；气压 p=________kPa。

电流强度 I/mA	电渗时间 t/s	移动距离 d/cm	液体体积 $V/(cm \cdot s^{-1})$	水的电导率

已知：T=298.15 K 时，$\eta_{H_2O}=0.8903\times10^{-3}$ kg·m^{-1}·s^{-1}，$\varepsilon=78.30\times8.854\times10^{-12}$。根据式(21-10) 计算 SiO_2 对水的 ζ 电势，并根据水的流动方向确定 ζ 电势的正负。

2. 记录电泳实验数据，并计算 $Fe(OH)_3$ 溶胶的 ζ 电势。

电泳时间 t/s	电势差 E/V	两电极间距 L/cm	胶粒界面移动距离 d/cm	电泳速度 $u/(cm \cdot s^{-1})$

写出电极反应，并根据式(21-3) 计算胶粒的 ζ 电势，判断胶粒带何种电荷。

八、思考题

1. 固体粉末样品粒度太大，导致电渗测定结果的重现性较差，其原因何在？

2. 为什么在毛细管中，气泡在单位时间内移动的体积等于单位时间内流过样品室的液体量？

3. 为什么电泳实验中使用的稀盐酸溶液的电导率必须与所测溶胶的电导率相等或尽量接近？

4. 电泳速度与哪些因素有关？

5. 如果在电泳测定中不使用辅助液体，而是直接将两个电极插入溶胶中，会出现什么现象？

九、参考文献

[1] 东北师范大学，等．物理化学实验［M］．北京：高等教育出版社，2014：194-200.

[2] 韦楠楠，李红英，姚成立，等．教学情境创设的实践研究——以“海水资源的开发利用”课题为例［J］．安徽化工，2019，45 (3)：125-126＋129.

[3] 张秀华．电渗实验研究［J］．江西化工，2018，(3)：67-68.

[4] 陈伟群．浅谈多媒体 CAI 系统在化学教学中的应用［J］．卫生职业教育，2005，(13)：61-62.

实验二十二 ▶ 黏度法测定高聚物的分子量

一、实验目的

1. 测定聚乙二醇的平均分子量。
2. 掌握使用乌氏黏度计测量黏度的技巧。

二、预习要求

1. 了解黏度法测定高聚物分子量的基本原理。
2. 了解乌氏黏度计的构造和操作方法。

三、实验原理

高聚物的分子量是反映其分子大小的重要基本数据，并且直接影响到高聚物的物理性能。这些高聚物是由不同大小的大分子组成的混合物，其分子量通常介于 $10^3 \sim 10^7$ 之间，因此它是一个平均值。有许多方法可以测定高聚物的分子量，例如，对于分子量在 $10^4 \sim 10^6$ 之间的样品，可以采用渗透压法进行测定；而对于分子量在这个范围之上的样品，则可以使用光散射法、超速离心沉降速度法、扩散法及黏度法等技术。黏度法具有设备简单、操作方便、实验精度高的优点，通过此法测得的平均值被称为黏均分子量。

高黏度是高聚物溶液的一个重要特征，其黏度远大于真溶液或溶胶。在稀溶液中，高聚物的黏度反映了其在流动过程中遇到的内摩擦力。这些内摩擦力包括溶剂分子之间的相互作用、高聚物分子与溶剂分子之间的相互作用，以及高聚物分子之间的相互作用。其中，溶剂分子间的内摩擦力被称为纯溶剂的黏度，用 η_0 表示。所有这些内摩擦力的总和构成了高聚物溶液的黏度，用 η 表示。实验表明，高聚物的分子量越大，它与溶剂的接触面积也越大，从而增加了摩擦，使得高聚物溶液的黏度更高。

1. 高聚物溶液黏度的几种表示方法

(1) 相对黏度（η_r）

相对黏度指的是高聚物溶液的黏度 η 与纯溶剂黏度 η_0 的比值，其量纲为 1。它描述了高聚物溶液的整体黏性行为。在实际应用中，我们通常使用乌氏黏度计测量的流出时间比值 t/t_0 来表示相对黏度。

$$\eta_r = \frac{\eta}{\eta_0} \tag{22-1}$$

(2) 增比黏度（η_{sp}）

增比黏度是指在相同温度下，通常 $\eta > \eta_0$，相对于溶剂，高聚物溶液黏度增加的比例，量纲为 1。因为已扣除溶剂分子间的内摩擦效应，所以增比黏度主要反映高聚物分子与溶剂分子间的内摩擦效应。

$$\eta_{sp}=\frac{\eta-\eta_0}{\eta_0}=\eta_r-1 \tag{22-2}$$

（3）比浓黏度（η_{sp}/c）

比浓黏度是指高聚物溶液的增比黏度 η_{sp} 通常随着溶液浓度 c 的增加而增加。为了便于比较不同溶液的性质，将单位浓度下所表现出的增比黏度定义为比浓黏度。此外，还有一种称为比浓对数黏度的度量即，$\ln\eta_r/c$。在测量中，浓度 c 的单位常采用 $g/100\ cm^3$。

（4）特性黏度（$[\eta]$）

特性黏度是一个重要的物理量，用于描述在无限稀释条件下高聚物分子与溶剂分子之间的内摩擦效应。为了准确测量特性黏度，需将高聚物溶液稀释至极限，确保高聚物分子之间的距离足够远，从而忽略它们之间的相互作用。在此过程中，相对黏度的对数与高聚物溶液浓度的比值被定义为高聚物的特性黏度。这一参数反映了在极端稀释条件下分子间的内摩擦情况，其具体数值也受到溶剂类型、高聚物分子的尺寸和形状的影响。

$$\lim_{c\to 0}(\eta_{sp}/c)=\lim_{c\to 0}(\ln\eta_r/c)=[\eta] \tag{22-3}$$

式中，$[\eta]$ 为特性黏度，$cm^3\cdot g^{-1}$，其数值不随浓度的改变而改变。

2. 特性黏度与高聚物分子量之间的关系

特性黏度的数值取决于高聚物的分子量及结构、溶液的温度和溶剂特性。若温度和溶剂固定且高聚物分子结构相同，则某高聚物的黏度仅与其分子量相关。实验表明，在溶剂和温度固定且高聚物分子结构相同的情况下，该高聚物溶液的特性黏度与其分子量之间的关系，通常采用 Mark-Houwink 经验方程来表示：

$$[\eta]=KM_\eta^\alpha \tag{22-4}$$

式中，M_η^α 为黏均分子量；K 和 α 为常数，与温度、高聚物性质、溶剂等因素有关，可通过其他方法求得。该式适用于非支化的、聚合度不太低的高聚物。实验证明，α 值一般为 0.5～1。聚乙二醇的水溶液在 25℃时，$\alpha=0.50$，$K=1.56\times10^{-4}\ m^3\cdot kg^{-1}$；在 30 ℃时，$\alpha=0.78$，$K=1.25\times10^{-5}\ m^3\cdot kg^{-1}$。因此只要求出 $[\eta]$ 的值，代入 Mark-Houwink 经验方程就可求出高聚物的黏均分子量。

在足够稀的高聚物溶液里，η_{sp}/c 与 c 和 $\ln\eta_r/c$ 与 c 之间分别符合下述经验关系式：

$$\eta_{sp}/c=[\eta]+k[\eta]^2c \tag{22-5}$$

$$\ln\eta_r/c=[\eta]-\beta[\eta]^2c \tag{22-6}$$

在两式中，κ 和 β 分别被称为 Huggins 和 Kramer 常数。通过 η_{sp}/c 对 c 或 $\ln\eta_r/c$ 对 c 作图，可以得到两条直线。将这两条直线外推至 $c=0$ 时，所得截距相同（图 22-1），从而可以求出相应的 $[\eta]$。为了绘图方便，我们引入了相对浓度 c' 的概念，其定义为 c 除以 c_1（$c'=\frac{c}{c_1}$），其中 c 是溶液的真实浓度，而 c_1 是溶液的起始浓度。从图 22-1 可以看出这一关系：

$$[\eta]=\frac{A}{c_1} \tag{22-7}$$

式中，A 为截距。

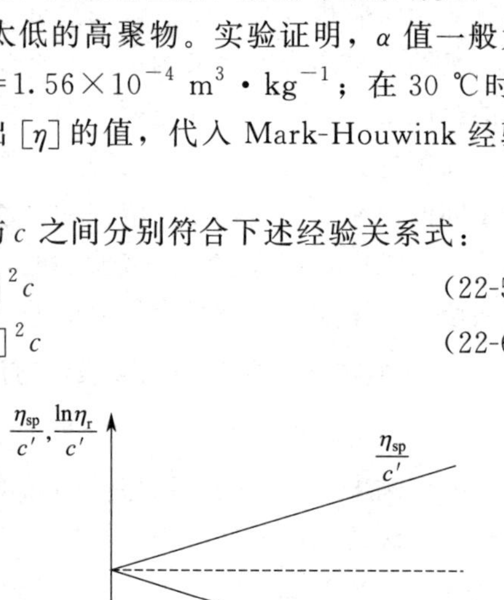

图 22-1 外推法求 $[\eta]$

3. 乌氏黏度计测定溶液黏度的原理和方法

测定黏度的方法主要包括毛细管法、转筒法和落球法。在测定高聚物溶液的 $[\eta]$ 时，使用毛细管黏度计最为方便。当液体在毛细管黏度计中因重力作用而流出时，它遵守泊肃叶（Poiseuille）定律：

$$\eta=\frac{\pi r^4 thg\rho}{8lV} \tag{22-8}$$

式中，V 为流经毛细管的液体体积；ρ 为液体的密度；l 为毛细管的长度；r 为毛细管的半径；t 为流出的时间；h 为流过毛细管液体的平均液柱高度，$h=\frac{1}{2}(h_1+h_2)$；g 为重力加速度。

液体在毛细管中因重力作用而流动。其位能主要用于克服分子间的摩擦力，此外，这种流动也赋予液体一定的动能，导致实验测得的液体黏度值偏低。在液体流速较大的情况下，由于动能的消耗，能量损失可以达到 20%，因此需要对泊肃叶公式进行修正。而在液体流速较慢时，动能的损失相对较小，可以不予考虑。在这种情况下，对于特定的黏度计，参数 h、r、l、V 均为固定值，根据这一点，可以得出式(22-8) 的具体形式。

$$\eta=K'\rho t \tag{22-9}$$

由于测定时通常使用高聚物的稀溶液，因此，溶液的密度 ρ 与纯溶剂的密度 ρ_0 可视为相等，则溶液的相对黏度可以表示为：

$$\eta_r=\frac{\eta}{\eta_0}=\frac{K'\rho t}{K'\rho_0 t_0}=\frac{t}{t_0} \tag{22-10}$$

式中，t 为高聚物溶液的流出时间；t_0 为纯溶剂的流出时间。所以通过溶剂和溶液在毛细管中的流出时间就可从式(22-10) 求得 η_r，从而可以求出相应的增比黏度 η_{sp}，再通过作图求得 $[\eta]$。

图 22-2 展示了乌氏黏度计的结构。其中 A 管和 F 球用于装载溶液，C 管作平衡用，而 B 管、D 球、E 球和 G 球构成主体部分。D 球与 E 球之间连接着一段毛细管。E 球上下各有一道刻度线，实验目的是测量液体流过这些刻度线所需的时间。

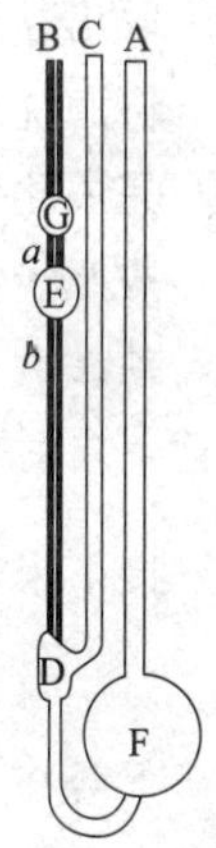

图 22-2 乌氏黏度计

四、仪器及试剂

仪器材料：恒温槽（南大万和 HK-3A）1 套，乌氏黏度计 1 支；移液管（10 mL）2 支；洗耳球 1 个；容量瓶（1000 mL）1 只；秒表 1 块；玻璃砂漏斗（3 号）1 个。

试剂药品：聚乙二醇溶液。

五、实验步骤

1. 溶液的配制

使用分析天平准确称取 40 g 聚乙二醇，放入预先清洗并干燥的 1000 mL 容量瓶中。向其中加入约 600 mL 蒸馏水，待聚乙二醇完全溶解后，在 25 ℃水浴中恒温保持 10 min。接着，加入去离子水稀释至刻度线。如果溶液中存在不溶物，应通过预先清洗并烘干的 3 号玻璃砂漏斗进行过滤，然后保存备用。

2. 乌氏黏度计的洗涤

从乌氏黏度计的 A 管上端加水，在 C 管的上端套上一根软胶管，并使用夹子将其夹紧以确保不漏气。使用洗耳球从 B 管吸取液体直至 G 球的中部，然后松开 C 管，再使用洗耳球吹气，重复此操作 2～3 次。向 A 管中加入少量乙醇，然后重复清洗过程 2～3 次。最后，将清洗干净的乌氏黏度计放置在烘箱中进行干燥，以便备用。

3. 溶剂流出时间 t_0 的测定

开启恒温水浴和搅拌器电源，调节温度为 25 ℃。将乌氏黏度计垂直置于恒温槽中，确保 G 球及其以下部分浸没于水浴之下。适当调节恒温槽的搅拌速度，避免剧烈震动干扰测定结果。通过 A 管加入约 10 mL 蒸馏水，并使用夹子封闭 C 管上的软胶管，阻断与大气的连通。使用洗耳球通过 B 管将溶剂沿毛细管抽至 G 球中部，注意防止液体进入洗耳球内部。之后移除洗耳球，确保管 B 与大气相通，并打开管 C 的夹子，允许溶剂依靠重力自由流动。一旦液面触及刻度线 a，立即启动秒表计时；待液面降至刻度线 b 时，停止秒表计时并记录溶剂流过毛细管的时间 t_0。重复此过程三次，每次时间差不应超过 0.2 s，取平均值。若差异过大，应检查毛细管是否存在堵塞，并确认恒温槽的温度设置是否正确。

4. 溶液流出时间的测定

取出黏度计，并倾去其中的水。随后，加入少量无水乙醇润洗黏度计内部，确保彻底清洁。将润洗后的黏度计连接到水泵上，让乙醇从毛细管中被抽出，以清除残留的水分和杂质。完成此操作后，将黏度计放入烘箱中烘干。

按照步骤 3 的指示，安装并调节好黏度计。使用移液管吸取 10.0 mL 的溶液，小心地注入到黏度计内，注意避免溶液黏附在管壁上。在溶液恒温的过程中，应用部分溶液润洗毛细管，之后再测定溶液流出的时间 t。

接下来，依次向黏度计中加入 10.0 mL 蒸馏水，稀释成原浓度的$\frac{1}{2}$、$\frac{1}{3}$、$\frac{1}{4}$、$\frac{1}{5}$的溶液。对于每一浓度的溶液，都按照上述方法分别测量其流出时间 t。每次稀释后，确保将溶液在 F 球中充分搅匀，可以使用洗耳球打气的方法来辅助搅拌，但需注意避免溶液溅到管壁上。

稀释完成后，使用稀释液抽洗黏度计的毛细管、E 球和 G 球，以确保黏度计内各处溶液的浓度均匀一致。此外，整个操作过程中需要保持溶液的温度恒定。

实验完毕，黏度计应洗净，然后用洁净的蒸馏水浸泡或倒置使其晾干。

六、注意事项

在本实验中，溶液的稀释过程直接在黏度计内进行。需使用移液管精确量取液体，并确保充分混合后才可进行测定。确保黏度计保持清洁；如果毛细管壁上有水珠，应使用铬酸洗液进行浸泡。在进行测定时，确保黏度计保持垂直固定。

七、数据记录和处理

1. 实验数据记录及计算结果。

室温：________℃；气压：________ kPa；恒温槽温度：________℃。

		流出时间 t/s			η_r	η_{sp}	$\frac{\eta_{sp}}{c'}$	$\ln\eta_r$	$\frac{\ln\eta_r}{c'}$
	测量值			平均值					
	1	2	3						
溶剂:水									
溶液 $c'=\frac{1}{2}$									
溶液 $c'=\frac{1}{3}$									
溶液 $c'=\frac{1}{4}$									
溶液 $c'=\frac{1}{5}$									

2. 作$\frac{\eta_{sp}}{c'}$-c'及$\frac{\ln\eta_r}{c'}$-c'图，并外推到$c'=0$求得截距，由截距求出$[\eta]$。

3. 根据已知的K和α，按$[\eta]=KM_\eta^\alpha$公式计算分子量。

八、思考题

1. 乌氏黏度计中的支管C（请指明是哪一种支管）有什么特定作用？如果移除支管C，是否还能继续测量黏度？

2. 请评价使用黏度法测定高聚物分子量的优缺点，并指出哪些因素会影响测量结果的准确性。

3. 对于黏度计，毛细管过粗或过细，各自会有哪些特点？

4. 为什么使用$[\eta]$来求算高聚物的分子量？特性黏度与纯溶剂黏度之间存在的差异是什么？

九、参考文献

[1] 复旦大学，等．物理化学实验［M］．3版．北京：高等教育出版社，2005：201-203.

[2] 曹杰，孙明波．黏度法测定部分水解聚丙烯酰胺相对分子质量教学实验的改进［J］．化学教育，2014，35（14）：29-31.

[3] 王亚珍，林雨露，吴天奎．黏度法测高聚物相对分子质量实验成败探讨［J］．江汉大学学报（自然科学版），2004，（4）：58-60.

[4] 梁振江，纪明慧，李繁，等．黏度法测定高聚物相对分子质量方法的改进［J］．海南师范学院学报（自然科学版），2002，（1）：73-77.

实验二十三 ▸ 偶极矩的测定

一、实验目的

1. 掌握通过稀溶液法确定偶极矩的基本方法。
2. 测定乙醇的偶极矩。
3. 理解偶极矩与分子电性质之间的关系。

二、预习要求

1. 探究偶极矩与分子电性质之间的联系。
2. 学习利用溶液法测量偶极矩的具体实验方法。

三、实验原理

1. 偶极矩与极化度

分子结构可近似地看作由电子云和分子骨架（原子核及内层电子）构成。分子本身是电中性的。由于空间构型的不同，正、负电荷中心可能重合，也可能不重合。如果它们重合，则该分子是非极性的；如果不重合，则是极性的。分子极性的大小可以用偶极矩来度量：

$$\boldsymbol{\mu}=qd \tag{23-1}$$

式中，q 代表正负电荷中心所携带的电荷量，而 d 表示这两个电荷中心之间的距离。$\boldsymbol{\mu}$ 为向量，规定方向为从正电荷指向负电荷。在分子中，原子间的距离约为 10^{-10} m，电荷量约为 110^{-20} C，因此偶极矩大约是 10^{-30} C·m。

极性分子具有永久偶极矩。但由于分子的热运动，偶极矩指向各个方向的概率相等，因此偶极矩的统计平均值为 0。当极性分子被置于一个均匀的外电场中时，偶极矩会在电场的作用下趋向于沿电场方向排列。这种现象称为分子的极化，极化程度的大小可以用摩尔极化度 P 来衡量。

在外部电场的作用下，极性分子会发生电子云相对于分子骨架的移动，同时分子骨架也会相应地变形。这种现象称为诱导极化或变形极化，用摩尔诱导极化度 $P_{诱导}$ 来衡量。诱导极化可以分为两项：一是由电子与原子核的相对位移引起的电子极化（记为 P_e）；二是由原子核间的相对位移引起的原子极化（记为 P_a）。除了诱导极化，极性分子还会沿电场方向转动，这种现象称为极性分子的转向极化，用转向极化度 P_μ 衡量。因此，极性分子的摩尔极化度为：

$$P=P_e+P_a+P_\mu \tag{23-2}$$

$P_{诱导}$ 与外电场强度成正比，与温度无关。转向极化会产生转向偶极矩，P_μ 与永久偶极矩的平方 μ^2 成正比，与热力学温度 T 成反比：

$$P_\mu=\frac{4}{3}\pi N_A\frac{\mu^2}{3kT}=\frac{4}{9}\pi N_A\frac{\mu^2}{kT}\qquad 即\ \mu=\sqrt{\frac{9kTP_\mu}{4\pi N_A}} \tag{23-3}$$

式中，k 为玻尔兹曼常数，N_A 为阿伏伽德罗常数。

非极性分子在电场中的极化仅包括电子极化和原子极化，所以 $P=P_e+P_a$。

如果外电场是交变电场，那么极性分子的极化程度将与交变电场的频率相关。在频率低于 $10^{10}\ s^{-1}$ 的低频电场或静电场情况下，极性分子产生的摩尔极化度 P 是由转向极化、电子极化和原子极化的贡献总和构成的，即 $P=P_e+P_a+P_\mu$。对于频率在 $10^{12}\ s^{-1}\sim10^{14}\ s^{-1}$ 之间的中频电场（对应红外光区），由于电场的交变周期短，极性分子的转向运动无法跟上电场的变化，导致极性分子无法沿着电场方向定向排列，因此 $P_\mu=0$，这时 $P=P_e+P_a$，也就是说，分子的摩尔极化度等于摩尔诱导极化度。当交变电场的频率超过 $10^{15}\ s^{-1}$（可见光和紫外光区）时，极性分子的转向运动和分子骨架变形都无法跟上电场的变化，这时极性分子的摩尔极化度只等于电子极化度，即 $P=P_e$。

理论上，只需在低频电场下测量极性分子的摩尔极化度 P，并在中频（红外频率）下测量极性分子的摩尔诱导极化度 P 诱导。通过两者之差，可以得到极性分子的摩尔转向极化度 P_μ。接着，将这一结果代入式(23-3)，便能计算出其永久偶极矩 μ。值得注意的是，P_a 仅占 $P_{诱导}$ 的 5%～15%。由于实验条件的限制，通常使用高频电场替代中频电场进行测量，因此在实践中，高频电场下测量得到的摩尔极化度常被近似视为摩尔诱导偶极矩 $P_{诱导}$。

2. 极化度和偶极矩的测定

在分子间相互作用很小的体系中，Clausius、Mosotti-Debye 根据电磁理论推导出摩尔极化度 P 与介电常数 ε 的关系为：

$$P=\frac{\varepsilon-1}{\varepsilon+2}\times\frac{M}{\rho} \tag{23-4}$$

式中，M 为被测物质的摩尔质量，ρ 为该物质的密度，ε 可以通过实验测定。

由于上式是假定分子间无相互作用而推导出的，因此这个关系式只适用于温度不太低的气相体系。然而，测定气相的介电常数和密度在实验上较为困难。有些物质可能无法以气体状态存在，因为它们在加热汽化时可能已经分解。因此，提出了采用溶液法来解决这个问题。所谓的溶液法涉及将极性化合物溶解于非极性溶剂中，制备成无限稀释的溶液。此时，溶质分子所处的状态与气相时相似，因此，无限稀释溶液中溶质的摩尔极化度 P_2^∞ 可以视为式(23-4) 中的 P，即：

$$P=P_2^\infty=\lim_{x_2\to0}P_2=\frac{3\alpha\varepsilon_1}{(\varepsilon_1+2)^2}\times\frac{M_1}{\rho_1}+\frac{\varepsilon_1-1}{\varepsilon_1+2}\times\frac{M_2-\beta M_1}{\rho_1} \tag{23-5}$$

式中，ε_1、M_1、ρ_1 分别为溶剂的介电常数、摩尔质量和密度；M_2 为溶质的摩尔质量；α 和 β 为两常数，可由下面两个稀溶液的近似公式求出：

$$\varepsilon_{12}=\varepsilon_1(1+\alpha x_2) \tag{23-6}$$

$$\rho_{12}=\rho_1(1+\beta x_2) \tag{23-7}$$

式中，下角 1，2 和 12 分别表示溶剂、溶质和溶液，ε_{12} 和 ρ_{12} 分别为溶液的介电常数和密度，x_2 为溶质的摩尔分数。

在红外频率下，测量极性分子的摩尔诱导极化度 $P_{诱导}$ 较为困难。因此，我们通常选择在高频电场中进行 P_e 的测定，此时 P_a 和 P_μ 均为零，故 P 等于 P_e。根据光的电磁理论，当物质处于高频电场时，其介电常数 ε 与折射率 n 之间的关系为：

$$\varepsilon = n^2 \tag{23-8}$$

通常用摩尔折射度 R_2 表示高频区测得极化度：

$$R_2 = P_e = \frac{n^2-1}{n^2+2} \times \frac{M}{\rho} \tag{23-9}$$

同样，通过测定不同浓度溶液的摩尔折射度 R_2 并外推至无限稀释，可以得出溶质的摩尔折射度公式。

$$R_2^{\infty} = \lim_{x_2 \to 0} R_2 = \frac{n_1^2-1}{n_1^2+2} \times \frac{M_2 - \beta M_1}{\rho_1} + \frac{6n_1^2 M_1 \gamma}{(n_1^2+2)\rho_1} \tag{23-10}$$

式中，R_2^{∞} 为无限稀释时极性分子的摩尔折射度；n_1 为溶剂折射率；γ 为常数，可由下式求出：

$$n_{12} = n_1(1+\gamma x_2) \tag{23-11}$$

其中 α、β、γ 分别根据 ε_{12}-x_2、ρ_{12}-x_2、n_{12}-x_2 图求出。则：

$$P_{\mu} = P_2^{\infty} - R_2^{\infty} = \frac{4\pi N_A \mu^2}{9kT} \tag{23-12}$$

$$\mu = 0.0128\sqrt{(P_2^{\infty} - R_2^{\infty})T}\,(\mathrm{D}) = 0.04274 \times 10^{-30}\sqrt{(P_2^{\infty} - R_2^{\infty})T} \tag{23-13}$$

3. 介电常数的测定

偶极矩的大小是根据介电常数、密度和折射率三种数据计算得出的。其中，介电常数是通过测定电容得到的。当在电容器的两个极板间充满某种电解质时，电容器的电容会增大。若保持极板上的电荷量不变，此时充满电解质的电容器两极板间的电势差会减少。令 C_0 表示极板间处于真空时的电容，C 表示充满电解质时的电容，则 C 与 C_0 之比 ε 即为该电解质的介电常数。

$$\varepsilon = \frac{C}{C_0} \tag{23-14}$$

在实验中，通常将使用空气作为介质的电容器的电容标记为 C_0。空气相对于真空的介电常数约为 1.0006，因此与真空作为介质的情况相比，差异极小。

实验室测定介电常数的常用方法包括电桥法、拍频法和谐振法。其中，拍频法和谐振法在测定时具有较好的抗干扰性能和较高的结果精度，不过这两种方法所需的仪器价格较高。本实验采用电桥法进行测量，使用的仪器是 PCM-1A 型小电容测定仪。需要注意的是，通过该小电容测定仪测得的电容值 C_x 是由样品的电容 $C_{样}$ 与测试系统中的分布电容 C_d 共同组成的：

$$C_x = C_{样} + C_d \tag{23-15}$$

在此，$C_{样}$ 值会根据介质的不同而变化，而 C_d 是特定于每台仪器的固定值，即仪器的本底。若将 C_x 值误用为 C 值进行计算，则会产生误差。因此，必须首先确定 C_d 值，并在后续测量中相应扣除。

测定电容 C_d 的方法是测量一个已知介电常数的标准物质的电容值 $C'_{标}$。

$$C'_{标} = C_{标} + C_d \tag{23-16}$$

再测定电容器中不放样品时的电容：

$$C'_{空} = C_{空} + C_d \tag{23-17}$$

式中的 $C_{标}$、$C_{空}$ 分别为标准物质和空气的电容。由于 $C_{空} \approx C_0$，则：

$$C'_{标}-C'_{空}=C_{标}-C_0 \tag{23-18}$$

由于

$$\varepsilon_{标}=\frac{C_{标}}{C_0}\approx\frac{C_{标}}{C_{空}} \tag{23-19}$$

式中，$\varepsilon_{标}$ 表示标准物质的介电常数。通过结合式(23-17)～式(23-19)可以得到：

$$C_0=\frac{C'_{标}-C'_{空}}{\varepsilon_{标}-1} \tag{23-20}$$

$$C_d=C'_{空}-C_0=C'_{空}-\frac{C'_{标}-C'_{空}}{\varepsilon_{标}-1} \tag{23-21}$$

根据式(23-21)，可以计算出 C_d 值。测量以不同浓度溶液为介质时的电容 C_x，将这些值代入式(23-15)，从而计算出每种不同浓度溶液的 $C_{样}$ 值。接着使用式(23-14)计算每个待测溶液的介电常数 ε。

在本实验中，将乙醇溶解在非极性的环己烷中以制备稀溶液。通过测量不同浓度溶液的介电常数、密度和折射率，根据式(23-5)和式(23-10)，可以计算得到 P^{∞} 和 R^{∞} 的值。随后利用式(23-13)来计算乙醇的分子偶极矩。

四、仪器及试剂

仪器材料：数字式电容测量仪（南京南大万和，PCMA）1台；密度管1支；阿贝折射仪1台；容量瓶（50 mL）5只；注射器（5 mL）1支；超级恒温槽1台；烧杯（10 mL）5只；移液管（5 mL）1支；滴管5根。

试剂药品：环己烷（AR）；乙醇（AR）。

五、实验步骤

1. 溶液配制

首先，对5个干燥的容量瓶进行编号，并使用电子天平对它们进行称量，确保读数稳定后读取其质量。接下来，在这5个已经称量过的50 mL干燥容量瓶中各加入25 mL的环己烷，并进行称重。之后，分别向每个容量瓶中加入0.5 mL、1.0 mL、2.0 mL、3.0 mL、4.0 mL的乙醇，再次称量以确定其质量。在整个操作过程中，需要特别注意防止溶质和溶剂的挥发，以及避免吸收空气中极性较大的水汽。配制完成后，应迅速盖上每个容量瓶的瓶塞，并将其存放在干燥器中以保持溶液的稳定性。

2. 折射率的测定

在25 ℃下，使用阿贝折射仪来测定纯环己烷以及各种配制的溶液的折射率。

3. 液体密度的测定

首先，取一支已经洗净并干燥的密度管。接着，称量空瓶的质量。然后，测定纯环己烷的密度。最后，测定所配制溶液的密度。

4. 介电常数的测定

本实验采用环己烷作为标准物质。其介电常数的温度公式为：

$$\varepsilon_{环己烷}=2.052-1.55\times10^{-3}t/℃$$

式中，t 为测定时的温度，℃。

将小电容测量仪的插头连接电源并开启电源开关，让设备预热 5 min。当电容测量仪的数字显示稳定后，按下面板上的置零按钮，使电容显示值归零。使用洗耳球吹干电容器的内外，确保其保持干燥。然后，将电容器的测量线正确连接到电容测量仪的面板上，此时仪器显示的数值即为空气的电容值 $C'_{空}$。

打开电容器上盖，确保电容器样品室处于干燥和清洁的状态。使用移液管准确量取大约 2mL 的环己烷，然后小心地将其注入到电容器中的样品室内。缓慢地放回电容器上盖，并观察数字显示直到其稳定。一旦稳定，立即记录测试结果。此时需要注意，为了确保每次测量时样品体积的一致性，任何多余的样品都会自动溢出到溢液槽中。因此，每次清理都应同时清理样品小瓶和溢液槽。

完成测试后，再次打开电容器上盖，使用注射器抽走样品室和溢液槽内的环己烷。随后，使用洗耳球吹扫，确保内部彻底干净。通过比较空气电容值与初始值，决定是否需要进一步吹扫。之后，重新测定电容值，并将两次测定的平均值作为 $C'_{标}$。

使用上述方法，分别测定不同浓度的溶液的 $C'_{溶液}$。

六、注意事项

1. 本实验所用的试剂容易挥发，因此在配制溶液时应迅速操作，以避免影响其浓度。一旦溶液配好，应立即盖上盖子，以防挥发和吸湿。在加液过程中，确保液体不会黏附在锥形瓶口上。

2. 在进行实验时，需特别注意保持电容器两侧的干燥，并确保密度管外部的水分被完全吸干。在测定折射率的过程中，应均匀滴加样品，且量不宜过少，同时确保滴管不接触棱镜，防止损坏镜面。最后，连接电容器各部件时，务必注意保持绝缘。

七、数据记录和处理

1. 记录测定结果。

室温：________℃；气压：________ kPa；$M_{环己烷}=84.6\ \mathrm{g\cdot mol^{-1}}$；$M_{乙醇}=46\ \mathrm{g\cdot mol^{-1}}$。

样品号	0	1	2	3	4	5
乙醇摩尔分数 x_2						
密度 ρ						
折射率 n						
介电常数 ε						

2. 作 ρ_{12}-x_2 图，由直线斜率求 β 值。

3. 作 n_{12}-x_2 图，由直线斜率求 γ 值。

4. 作 ε_{12}-x_2 图，由直线斜率求 α 值。

5. 将 ρ_1、ε_1、α、β 值代入式(23-5)，求 P_2^{∞}

6. 将 ρ_1、n_1、β、γ 值代入式(23-10)，求 R_2^{∞}

7. 将 P_2^{∞}、R_2^{∞} 值代入式(23-13) 计算乙醇的偶极矩 μ。

八、思考题

1. 在准确测定溶质的摩尔极化度与摩尔折射度时，为什么要外推至无限稀释？

2. 请分析实验中可能引起误差的因素，并考虑应如何进行改进以减少这些误差。

九、参考文献

[1]　王文珍．物理化学实验［M］．北京：化学工业出版社，2017：141-144.
[2]　王亚琴，吴世彪，徐玲，等．“偶极矩的测定”实验教学中的几点思考与改进［J］．合肥师范学院学报，2011，29（3）：80-81.
[3]　朱方，陈建梅，罗士平，等．偶极矩的测定实验中剩余液的回用［J］．广西轻工业，2007，（11）：29＋28.
[4]　方伯名，黄桂萍，王燕飞，等．偶极矩的测定条件的探讨［J］．江西化工，2007，（3）：85-87.
[5]　曾平，蓝庭钊，陈联群，等．溶液法测定偶极矩实验的改进［J］．内江师范学院学报，2007，（4）：71-73＋125.

实验二十四 ▶ 液体接界电势的测定

一、实验目的

1. 明确液体接界电势、可逆电极的电动势与原电池电动势之间的关系。
2. 深入理解原电池电动势的建立过程。

二、预习要求

1. 了解浓差电池、液体接界电势、离子迁移数、电化学势的概念及物理意义。
2. 回顾原电池电动势的测定方法并复习离子迁移数的测定方法。

三、实验原理

液体接界电势（简称液接电势）存在于不同溶质的溶液界面上，或存在于两种溶质相同但浓度不同的溶液界面上。在液-液界面上，存在一个电势差，用 E_j 表示。因为液体接界电势的产生是一个热力学上的不可逆过程，我们应尽量避免它。当无法避免时，应使用盐桥来尽量减少液体接界电势。液体接界电势产生的主要原因在于离子的迁移速率不同。

例如，浓差电池：

$$(+)Cu(s)|CuSO_4(a_1)|CuSO_4(a_2)|Cu(s)(-)$$

式中，a_1 及 a_2 为 $CuSO_4$ 的活度，且 $a_1<a_2$。

如图 24-1 所示，由于 $a_1<a_2$，右侧溶液中 Cu^{2+} 和 SO_4^{2-} 均会向左侧扩散，而 SO_4^{2-} 的迁移速率快于 Cu^{2+}，因此界面处左侧会有过剩的 SO_4^{2-}（带负电），界面处右侧会有过剩的 Cu^{2+}（带正电），于是在界面处产生了液接电势。这种电势的形成对原电池中离子的电迁移有阻碍作用，即阴离子向阳极移动、阳离子向阴极移动受阻，因此本例中液接电势的存在降低了电池的总电动势。

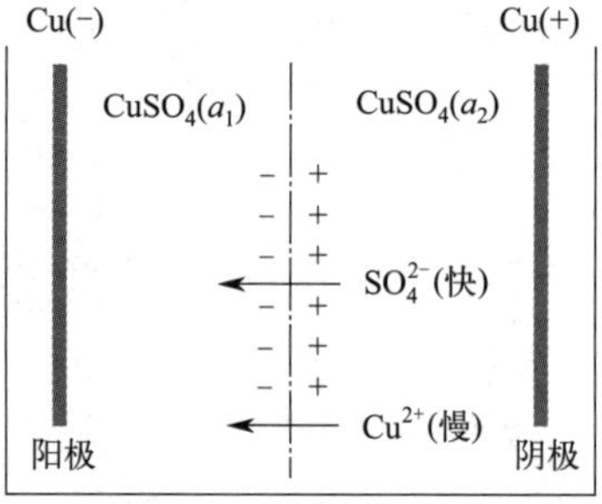

图 24-1 浓差电池形成原理图

$$E_j=\left(\frac{t_+}{z_+}-\frac{t_-}{z_-}\right)\frac{RT}{F}\ln\frac{a_1}{a_2} \tag{24-1}$$

在分析浓差电池时，我们发现当条件满足 Cu^{2+} 的离子迁移数 $t_+<SO_4^{2-}$ 的离子迁移数 t_- 且 $a_1<a_2$ 时，可以推导出该浓差电池的液接电势 E_j 大于 0。因此，电池的总电动势 E、无液接电势的可逆电池电动势 E_R 以及液接电势 E_j 之间的关系可以表示为 $E=E_R-E_j$。

特别地，对于可逆浓差电池 $Cu(s)|CuSO_4(a_1)\|CuSO_4(a_2)|Cu(s)$，其电动势可以通过使用盐桥来抵消液接电势的方法进行测量。这样测得的电动势值即为该电池的实际电动势。

$$E_R=\frac{RT}{zF}\ln\frac{a_2}{a_1}=\frac{RT}{2F}\ln\frac{a_2}{a_1} \tag{24-2}$$

由于式(24-1)中的 z_+、z_-、R、F、T、a_1、a_2 均已知，在测出液接电势 E_j 后，通过式(24-3)即可求得 Cu^{2+} 的离子迁移数 t_+。

$$E_j=(t_+-t_-)\frac{RT}{zF}\ln\frac{a_1}{a_2}=(2t_+-1)\frac{RT}{zF}\ln\frac{a_1}{a_2} \tag{24-3}$$

当正负极材料不同时，例如在锌铜电池 $Zn|ZnSO_4(m)|CuSO_4(m)|Cu$ 中，也会存在液接电势。这种液接电势的数值符合 Lewis-Sargent 公式：

$$E_j=\frac{RT}{zF}\ln\frac{\Lambda_{m,1}}{\Lambda_{m,2}} \tag{24-4}$$

式中，$\Lambda_{m,1}$、$\Lambda_{m,2}$ 分别为 $ZnSO_4$、$CuSO_4$ 溶液的摩尔电导率。

四、仪器及试剂

仪器材料：烧杯；量筒；胶头滴管；玻璃棒；塑料固定套壳；砂纸；滤纸；恒温磁力搅拌器；电镀装置（WANPTEK 固测程控直流电源 KPS1005D，电流表，导线若干）；EM-3C 数字式电位差计（南京大万和）；INESA DTS-1C 电导率仪。

试剂药品：硫酸铜（分析纯）；硫酸锌（分析纯）；氯化钾（分析纯）；无水乙醇（分析纯）；稀硫酸（3 mol·L^{-1}）；铜棒四根（纯度为 99.995%）；粗铜棒一根；锌棒两根（纯度为 99.995%）；半透膜若干。

五、实验步骤

1. 电极的制备

用砂纸将铜棒表面打磨至光亮并擦净后，将其置于电镀液中。电镀液的配制方法如下：在 100 mL 水中溶解 9.6 g 硫酸铜和 6.4 mL 无水乙醇，加入 17 mL 3 mol·L^{-1} 的硫酸。控制电流密度为 25 mA·cm^{-2}，确保每根铜棒浸入电镀液的长度为 2.5 cm，电镀时间为 20 min。对于高纯度锌棒，同样进行打磨处理。

2. 半透膜装置的组装

如图 24-2 所示，首先将带有半透膜的壳套的塑料曲面一侧紧贴于杯壁，并置于一个 50 mL 的洁净干燥烧杯中。接着，沿着塑料壁向自制的简易半透膜装置（图中标记为橙色区域）缓慢倒入 20 mL 电解质溶液。确认无溶液渗漏后，继续沿烧杯壁倒入另外 20 mL 所需的电解质溶液至另一侧（图中标记为绿色区域）。这样设置后，该装置即可作为连接正负极的媒介，用于测量具有液接电势电池的总电动势。

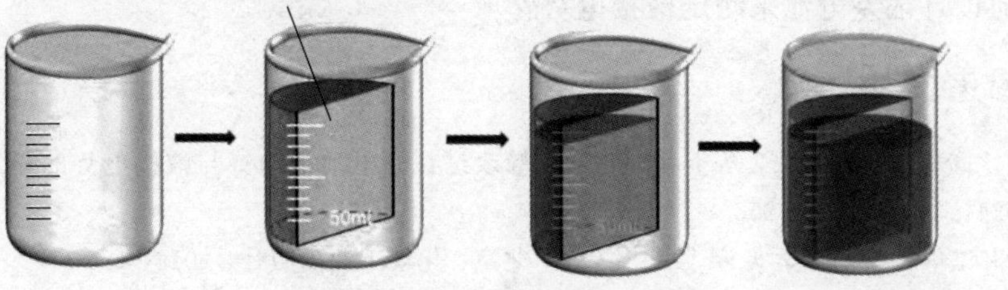

图 24-2　半透膜装置组装示意图

3. 电池的组装及电动势的测定

（a）电池：$Cu|CuSO_4(c_1=0.010\ mol\cdot L^{-1})\parallel CuSO_4(c_2=0.10\ mol\cdot L^{-1})|Cu$

（b）电池：$Cu|CuSO_4(c_1=0.010\ mol\cdot L^{-1})|CuSO_4(c_2=0.10\ mol\cdot L^{-1})|Cu$

根据图 24-3 的指示组装电池（a）和（b）。使用电位差计测量时，采用饱和氯化钾溶液作为盐桥来抵消液接电势。对于（a）电池，使用“盐桥组”测量无液接电池的电动势 E_R；而对于（b）电池，则使用“半透膜组”来测量电动势 E。另外，为了防止铜离子的水解，需要在每 60 mL 稀硫酸铜溶液中加入 1 滴 3 $mol\cdot L^{-1}$ 的稀硫酸溶液。

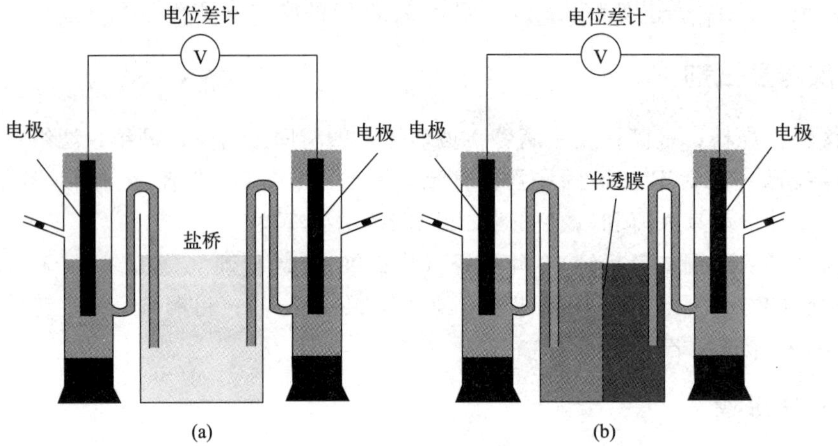

图 24-3 “盐桥组”（a）及“半透膜组”（b）装置示意图

六、数据记录和处理

1. 通过极限摩尔电导率计算得出，硫酸铜溶液中铜离子的理论离子迁移数 t_+。

2. 在 25℃条件下，0.10 $mol\cdot L^{-1}$ 和 0.010 $mol\cdot L^{-1}$ 的 $CuSO_4$ 溶液的平均活度因子分别为 0.16 和 0.41，计算得到的理论无液接电势电池的电动势 E。

3. 计算液接电势 E_j。

七、思考题

1. 为什么要消除液接电势？

2. 在锌铜电池（$Zn|ZnSO_4(m)|CuSO_4(m)|Cu$）中，电池的电动势 E、无液接电势的可逆电池电动势 E_R 和液接电势 E_j 三者之间有何关系？E_j 是正值还是负值？

3. 如何设计浓差电池来测定液接电势？

八、参考文献

[1] 徐开颜，高梅霞，方正法，等．物理化学实验改进：原电池电动势与液接电势的测定［J］．大学化学，2024，39（1）：248-253.

[2] 李楠，宋建华．物理化学实验［M］．2 版．北京：化学工业出版社，2016：175-177.

实验二十五 ▸ Ni 基催化剂用于制备生物燃料

一、实验目的

1. 掌握工业上常用的浸渍法制备负载型催化剂的技术。
2. 掌握采用气相色谱对物质进行定量分析的方法。
3. 熟悉 X 射线衍射光谱仪、X 射线光电能谱仪、透射电镜等分析工具。
4. 综合培养学生的实验能力、创新能力、能源危机意识和环保意识。

二、预习要求

1. 熟悉 X 射线衍射光谱仪的工作原理。
2. 理解 X 射线光电能谱仪的功能原理。
3. 掌握透射电镜分析的基本方法。
4. 学习气相色谱分析的原理。
5. 认识内标法的应用。
6. 探究生物燃料的常用制备技术。

三、实验原理

生物质因其可再生、低成本和“碳中性”等特点，被认为是缓解能源危机和环境危机的理想化石燃料替代品。动植物油中的脂肪酸及其衍生物是生物质能源的重要原料，但因其具有高含氧量、高黏度和低热值等缺点，需要通过脱氧处理提高其作为燃料的品质，从而获得与石油基燃料分子结构类似的产物。脱氧主要有三种路线，如图 25-1 所示。在加氢脱氧过程中，脂肪酸通过催化反应转化为碳氢化合物（生物燃料）和水，此时碳的原料利用率最高；在脱羰路线中，羰基以一氧化碳和水的形式分离；在脱羧路线中，羧基以二氧化碳的形式分离。催化剂的选择对脱氧路线以及烃类产物的产率和选择性有重要影响。目前，常用的脱氧催化剂可分为贵金属催化剂（包括 Pd、Pt、Ru、Rh 等）和非贵金属催化剂（Ni、Mo、Fe 等）两大类。

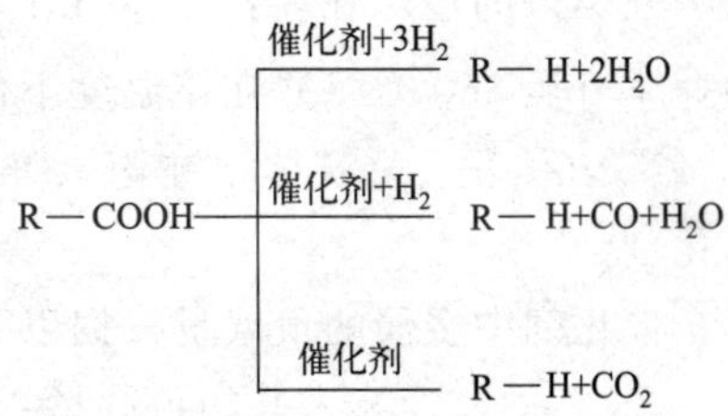

图 25-1　脂肪酸及其衍生物的脱氧路线

Ni 基催化剂因其优异的加氢脱氧性能而被广泛研究，但它们普遍面临稳定性不足的问题。这一问题主要源自两个方面：一是 Ni 金属易于团聚和浸出；二是在高温（≥300 ℃）条件下，C—C 键发生加氢裂化，导致 Ni 烧结和积炭。因此，提升 Ni 基催化剂在高温下的抗团聚和抗积炭能力是一个亟待解决的问题。

文献研究表明，增强 Ni 与载体之间的相互作用可以有效防止团聚。在这方面，二氧化铈作为一种常见的可还原功能稀土材料，由于其丰富的氧空位特性，在三效催化、电化学、

CO_2 甲烷化、光学等领域展现出广泛的应用前景。Ce 元素的特殊 4f 电子层结构赋予了二氧化铈出色的还原能力。一旦二氧化铈的萤石结构中形成 Ce^{3+}，晶格中便会形成氧空位。

研究显示，Ni/CeO_2 催化剂在对含氧化合物进行加氢脱氧时表现出优异的催化性能，有潜力替代贵金属催化剂。因此，本实验的主要目的是合成 Ni/CeO_2 催化剂。此外，为了帮助学生初步了解催化剂结构与性能之间的关系，实验还包括了对比合成 Ni/SiO_2 和 Ni/CeO_2-SiO_2 催化剂的任务。

四、仪器及试剂

仪器材料：采用荷兰帕纳科公司生产的 EMPYREAN 型仪器分析催化剂的晶相结构；其织构性质在美国 Micromeritics 公司生产的 Tristar Ⅱ 3020 型比表面及孔径分析仪上测试；催化剂金属价态等性质采用英国 Kratos 公司生产的 AXIS Ultra DLD 型仪器进行测试；形貌特征采用美国 FEI 公司生产的 Tecnai G2 20 Twin 型仪器进行测试。

试剂药品：氢氧化钠；硝酸铈；硝酸镍；二氧化硅；二氧化铈；正庚烷；十六酸；乙醇。

五、实验步骤

1. Ni/SiO_2、Ni/CeO_2-SiO_2 和 Ni/CeO_2 催化剂制备

分别取 SiO_2、复合载体（CeO_2 和 SiO_2 按 1∶1 质量比混合均匀）和 CeO_2 载体各 2.0 g，浸泡在 20 mL 去离子水中 20 min。另取 1.1g $Ni(NO_3)_2 \cdot 6H_2O$，超声溶解于 20 mL 去离子水后，滴加到上述载体中。搅拌 2 h 后，将混合物在 110 ℃下空气中干燥过夜。干燥后的样品经研磨，置入马弗炉中进行程序升温焙烧：从 20 ℃起始，以 5 ℃·min^{-1} 的速率升温至 350 ℃，并在此温度保持 4 h。随后，将得到的样品压片并过筛，获得 40～60 目的前驱体。

前驱体的还原处理：在 30 mL·min^{-1} 的 H_2 气氛下，从 20 ℃起始，以 2 ℃·min^{-1} 的速率升至 350 ℃，并在该温度下保持 2 h。之后，降至室温并在 10 mL·min^{-1} 的 5%O_2/95%N_2（体积比）气体中钝化 12 h。样品分别标记为 Ni/CeO_2、Ni/CeO_2-SiO_2 和 Ni/SiO_2 催化剂。

催化剂中金属的负载量根据以下公式计算：

$$\text{Ni 的负载量} = W_{Ni}/(W_{total\ metals} + W_{support}) \times 100\% \quad (25\text{-}1)$$

其中，W_{Ni} 为催化剂中金属 Ni 的质量，$W_{total\ metals}$ 为催化剂中负载的所有金属总质量，$W_{support}$ 为催化剂中载体质量。

2. 活性实验

取 0.2 g 的催化剂、1.0 g 的反应物棕榈酸（棕榈油的主要成分之一）和 100 mL 的溶剂正庚烷加入 300 mL 的反应釜中。在室温下使用纯氮气吹扫一次以检查漏气，然后通入氢气吹扫三次。加压至 2 MPa，将温度升至 270 ℃，并保持 10 h。取样时间设定为反应开始后的 0.5 h、1 h、2 h、4 h、6 h、8 h 和 10 h。反应结束后，停止加热，待温度降至室温后释放压力。

3. 产物分析

对产物进行了气相色谱（gas chromatography，GC）分析。使用的色谱柱是 HP-5(30 m×0.25 mm×0.26 μm)，设置的进样口温度和检测器温度均为 320 ℃。选择正十四烷作为内标

物。分析条件包括：N_2 流量为 30 mL·min^{-1}，空气流量为 400 mL·min^{-1}，以及 H_2 流量为 40 mL·min^{-1}。具体的升温程序如下：首先在 70℃下维持 3 min，然后以 5℃·min^{-1} 的速率升温至 160℃并维持 3 min；接着以 10 ℃·min^{-1} 的速率升温至 250 ℃并维持 7 min。最后，采用内标法来计算各产物的浓度。

（a）产物收率（Y）：

$$Y=W_{\text{product}}/W_1\times 100\% \tag{25-2}$$

其中，W_{product} 为反应后收集的产物的质量，W_1 为反应前加入的棕榈酸质量。

（b）产物选择性（S）：

$$S=W_{C_n}/W_{\text{product}}\times 100\% \tag{25-3}$$

其中，下标 C_n 为不同碳原子数的烷烃，W_{C_n} 为其质量。

（c）棕榈酸转化率（C）：

$$C=(C_1-C_2)/C_1\times 100\% \tag{25-4}$$

其中，C_1 和 C_2 分别为原料和产物中棕榈酸的含量。

$$\text{收率}(\%)=\text{转化率}\times\text{选择性} \tag{25-5}$$

4. 催化剂物相分析

为了分析催化剂的晶相结构和晶粒尺寸，利用 XRD 技术对反应前后三种催化剂进行了表征。同时，为了更深入地了解催化剂的形貌特征、Ni 颗粒的尺寸及分散情况，采用了透射电子显微镜进行观察。此外，通过 XPS 技术，对催化剂表面的元素种类进行了鉴别并测定了其含量。

六、注意事项

1. 熟悉设备操作流程，重点掌握反应釜内衬的最大液体容量、耐压极限等关键参数。

2. 棕榈酸脱氧转化为生物燃料的实验开始前全面了解反应机理、潜在风险及安全操作规范。

3. XRD、XPS、TEM 等精密仪器的使用需由专业测试人员全程负责，包括设备原理讲解、操作流程演示、数据采集与处理方法指导。未经授权或培训者不得独立操作仪器。

七、数据记录和处理

1. 根据公式计算产物的收率、产物的选择性以及棕榈酸的转化率。

2. 绘制 Ni/SiO_2、Ni/CeO_2-SiO_2 和 Ni/CeO_2 催化剂在反应过程中产物的收率图，绘制不同催化剂的条件下，反应 10h 后棕榈酸的转化率和十五烷的选择性图。

3. 对催化剂进行 XRD、TEM 和 XPS 分析。

八、结果与讨论

根据催化剂的 XRD、TEM 和 XPS 结果，讨论 Ni 基催化剂对于制备生物燃料的催化性能。

九、参考文献

李丹，辛慧，衣晓凤. Ni 基催化剂用于制备生物燃料的综合实验设计［J］. 大学化学，2024，(7)：1-8.

实验二十六 ▶ 无机粉体（$CaCO_3$）的聚合物胶囊化改性

一、实验目的

1. 探究无机粉体的聚合物封装技术。
2. 理解聚合物在改变无机粉体表面特性方面的作用。

二、预习要求

1. 探究无机粉体如何通过聚合物胶囊化过程被包裹，并理解聚合物在改变无机粉体表面特性方面的作用。
2. 回顾如何使用黏度计测量流体的黏度，包括设备的设置、操作步骤和数据解读。

三、实验原理

采用物理或化学方法对粉体颗粒进行表面处理，有目的地改变其表面的物理和化学性质。这种工艺被称为粉体表面改性，目的是提高粉体与基体间的界面兼容性，从而提升复合材料的各种力学性能。

矿物和其他粉体的表面改性可以通过多种方法进行分类。这些方法根据其改性作用可分为物理、化学和包覆法。考虑到改性的作用、手段和目的，它们可以被细分为包覆法、沉淀反应法、表面化学法、接枝法和机械力化学法。

包覆法涉及使用无机物或有机物覆盖矿粒表面以实现改性。这也包括通过吸附、附着或简单的化学反应和沉积来形成包膜。另外，沉淀反应法是通过化学反应将生成物沉积在矿粒表面，形成一层或多层“改性层”。表面化学法是通过表面改性剂与颗粒表面进行化学反应或化学吸附完成改性的。而机械力化学法则是在矿物超细粉碎的同时实施表面化学改性，利用粉体机械力效应，可促进和强化改性效果。这种方法实质上是表面化学等改性方法的一种促进手段。

利用紫外线、红外线、电晕放电和等离子体等方法进行矿物等粉体表面改性的方法称为高能处理改性。这种方法通常作为激发手段，用于单体烯烃或聚烯烃在矿物颗粒表面的接枝改性。例如，玻璃纤维和 γ-Al_2O_3 等无机粉体经 γ 射线照射后，可以实现聚乙烯等单体在其表面的接枝聚合。

胶囊化改性是在颗粒表面覆盖均质且具有一定厚度薄膜的一种表面改性方法。例如，使用原位聚合法可以制造出聚甲基丙烯酸甲酯包覆的钛白粉胶囊。在胶囊化改性工艺中，内藏物通常被称为芯物质或核物质（core material），而包覆物则被称为膜物质（wall material）。胶囊的作用在于控制芯物质的释放条件，即通过控制制造胶囊的条件来调节芯物质的溶解、挥发、发色、混合以及反应时间。此外，胶囊还能对在相间起反应的物质起到隔离作用，以便长期保存，同时对有毒物质起到隐蔽作用。

矿物粉体的胶囊化是一个正在快速发展的领域。随着科学技术的进步，人们对材料提出了更高的要求，特别是在多功能性和高附加值方面。通过特定的方法将不同种类的材料制成复合材料，这种新材料不仅保留了原有组分的优点，还克服了它们的缺点，并展现出新的性能。这种复合技术的研究已经受到了国内外科技工作者的广泛关注。

无机物质和有机物质各有其独特的优势和不同的表面性质。通常，当这两者单独使用时都存在一定的局限性。然而，如果通过某种方法将有机物质包覆在无机粉体的表面，就可以得到兼具两者优点的无机-有机复合粒子。此外，将有机聚合物包覆在无机粉体的表面还可以实现无机粉体的表面改性，从而改善其在有机溶剂中的分散稳定性。

通常用的表面改性剂包括偶联剂、高级脂肪酸及其盐、不饱和有机酸、有机硅、聚烯烃低聚合物等。偶联剂是一种两性结构物质，其分子中的一部分基团可与矿物表面的各种官能团反应，形成强有力的化学键；另一部分基团则与有机高分子发生化学反应或物理缠绕，从而将矿物与有机基体这两种性质差异很大的材料牢固结合在一起。

在本实验中采用十二烷基硫酸钠作为表面改性剂，甲基丙烯酸甲酯作为聚合单体，过硫酸铵作为引发剂，并通过乳液聚合的方法，在 $CaCO_3$ 粉体表面包裹上一层均质且有一定厚度的有机聚合物薄膜，以达到粉体表面改性的效果，并改善其在有机溶剂中的分散稳定性。

乳液聚合是在乳化剂的作用下，借助于机械搅拌，单体在水中分散成乳状液的过程。这个过程是由水溶性引发剂引发而进行的聚合反应。乳液聚合的最简单配方由单体、水、水溶性引发剂、乳化剂这四组分组成。乳化剂通常是一些兼有亲水的极性基团和疏水（亲油）的非极性基团的表面活性剂。按其结构，可分为三大类（基于其亲水基的类型）：

① 阴离子型：亲水基团一般为—COONa、—SO_4Na、—SO_3Na 等，亲油基一般是 C_{11}～C_{17} 的直链烷基，或是 C_3～C_6 烷基与苯基或萘基结合在一起的疏水基。这类乳化剂在碱性溶液中较稳定，遇酸性物质乳液会被破坏。

② 阳离子型：通常是一些胺盐和季铵盐。其特点是在酸性介质中稳定，在碱性介质中不稳定。由于其乳液稳定性较差，所以在乳液聚合中使用较少。

③ 非离子型：有代表性的是聚乙烯醇、环氧乙烷的聚合物等。这类乳化剂具有非离子特性，所以对 pH 的变化不敏感，微酸性溶液中反而较稳定。在乳液聚合中，常用作辅助乳化剂，对乳液也起着稳定的作用。

乳液聚合具有多个优点。首先，使用水作为分散介质既经济又安全。乳液的黏度不依赖于聚合物的分子量和含量，这有利于搅拌、传热以及管道输送，从而便于连续操作。其次，聚合速率快，同时产物具有高分子量，可以在较低温度下进行聚合。此外，在需要直接使用胶乳的应用场合，例如水乳漆、黏结剂以及纸张、皮革和织物处理剂，还有乳液泡沫橡胶的生产中，乳液聚合尤为适合。

然而，乳液聚合也存在一些缺点。例如，当需要固体聚合物时，必须经过凝聚（破乳）、洗涤、脱水和干燥等多个步骤，这使得生产成本相比悬浮法更高。另外，产品中残留的乳化剂等杂质很难完全去除，这可能会损害电性能。

四、仪器及试剂

仪器材料：烧杯；量筒；三口圆底烧瓶；回流冷凝管；温度计；搅拌器；电子天平；氮气袋；布氏漏斗；滤纸；黏度计；铁架台；300 目筛。

试剂药品：$CaCO_3$；蒸馏水；甲基丙烯酸甲酯（MMA）；十二烷基硫酸钠（SDS）；过硫酸铵；液体石蜡。

五、实验步骤

搭建搅拌装置：首先安装水浴装置，接着依次安装三口圆底烧瓶、聚四氟乙烯搅拌棒、温度计、回流冷凝管和电动搅拌器，确保从正面和侧面观察时所有组件成一条直线。

将碳酸钙在 100 ℃下烘干 10 h，冷却后过 300 目筛。在三口圆底烧瓶中加入 200 mL 蒸馏水、10 g 碳酸钙和 7 mL 1%十二烷基硫酸钠，通入氮气并搅拌 10～15 min。加入 4 mL 甲基丙烯酸甲酯，继续搅拌 10 min。加入 5 mL 1%过硫酸铵溶液，搅匀。20 min 后，将混合物升温至 60 ℃并保持 90 min。待自然降温后，使用布氏漏斗过滤。将所得固体置于真空干燥箱中，在 40 ℃下烘干。取等量的未处理碳酸钙和处理好的碳酸钙分别加入等量液体石蜡中，搅拌均匀后测量各自的黏度。

六、注意事项

注意控制氮气流速和搅拌速度，不宜过快。

七、数据记录和处理

1. 测定等量的未处理碳酸钙和处理好的碳酸钙分别加入等量液体石蜡中的黏度。
2. 比较未处理碳酸钙和处理好的碳酸钙的 SEM。

八、思考题

1. 请问烘干并过筛 $CaCO_3$ 的目的是什么？
2. 为什么 $CaCO_3$ 在经过包覆处理后需要在 40 ℃的温度下进行烘干？
3. 在实验过程中添加十二烷基硫酸钠的作用是什么？

九、参考文献

[1] 杨文超，冯丽娟，李东洋，等．无机粉体表面改性方法与工艺［J］．化工进展，2012，31（S2）：199-202.
[2] 黄颖芬．无机粉体表面改性方法综述［J］．黎明职业大学学报，2011，(1)：36-40.
[3] 王宝利，朱振峰．无机纳米粉体的团聚与表面改性［J］．陶瓷学报，2006，(1)：135-138.

实验二十七 ▶ 乳状液的制备、鉴定及蛋白质等电点测定

一、实验目的

1. 学习使用机械搅拌技术制备花生油（或大豆油）与水形成的乳状液。
2. 掌握识别不同类型乳化液的技巧。
3. 理解等电点的定义以及它如何影响蛋白质分子的聚沉性能。

二、预习要求

1. 了解鉴别乳状液类型的方法。
2. 了解等电点的意义。
3. 了解乳状液聚沉方法及电解质的聚沉能力。

三、实验原理

1. 乳状液的形成

通常把具有乳化作用并能提高乳状液稳定性的物质称为乳化剂。两个互不相容的液体，经乳化剂的作用，可以生成一种液体在另一种液体中分散的乳状液。其中一种通常是水，另一种非极性液体被称为油。因此，乳状液可分为两类，即油在水中和水在油中的乳状液，这些乳状液的液珠大小一般在 1～50 μm 之间，可用显微镜观察到。乳化剂通常是表面活性剂，它被吸附在分散相与分散介质之间，形成保护膜，防止了分散相的聚集。同时，它能降低液体表面张力，使乳化作用容易发生。当乳化剂与水之间的界面张力大于乳化剂与油之间的界面张力时，水滴收缩，形成油包水型（W/O 型）；反之，形成水包油型（O/W 型）。如果改变乳化剂，则乳化剂与水之间的界面张力和乳化剂与油之间的界面张力大小发生变化，因而能改变乳化液的类型。

根据分散相体积分数的不同，乳状液可分为三类：稀乳状液（分散相体积分数＜1%）、浓乳状液（1%≤体积分数＜75%）和高浓度乳状液（体积分数≥75%）。这种分类体系基于胶体科学中的相体积理论，其中高浓度乳状液的流变特性会因分散相颗粒形成紧密堆积结构而发生显著改变。

2. 乳状液类型的鉴别

染色法：向乳状液中加入少量油性染料并进行振荡。如果乳状液整体呈现染料颜色，则为 W/O 型；如果仅液滴呈现染料颜色，则为 O/W 型。改用水溶性染料时，操作相同但现象相反。

稀释法：通过添加与乳状液外液体相同的液体来稀释乳状液，可以方便地鉴别乳状液类型。具体操作为：向乳状液中加入极少量的水或油，观察哪一种能与乳状液混溶，该种即是

乳状液的外相。

3. 蛋白质的等电点

蛋白质具有很大的分子量，它们能形成稳定且均一的溶液，这是因为蛋白质分子都带有相同符号的电荷，并且蛋白质分子周围有一层溶剂化的水膜，防止蛋白质分子之间聚集而沉降。蛋白质的电荷与溶液的 pH 值有很大关系，蛋白质是两性电解质，在酸性溶液中表现为阳离子，在碱性溶液中表现为阴离子，如图 27-1 所示。

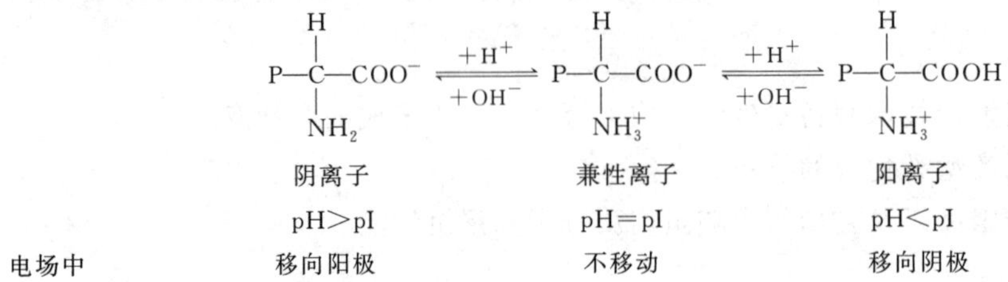

图 27-1 蛋白质分子电学性质图

蛋白质分子所带净电荷为零时的 pH 值被称为蛋白质的等电点（pI）。在等电点时，蛋白质分子不会在电场中向任何一极移动（如图 27-1 所示）。此外，分子之间的碰撞会增加聚集沉淀的可能性，导致蛋白质溶液的黏度和渗透压降至最低，并且使溶液变浑浊。如果再加入一定量的溶剂，如乙醇或丙酮，它们会与蛋白质分子竞争水分子，从而减少蛋白质水膜的厚度，使浑浊现象更加明显。

不同蛋白质的等电点各不相同，其中许多偏酸性。例如，牛乳中的酪蛋白的等电点介于 4.7～4.8 之间，血红蛋白的等电点为 6.7～6.8，胰岛素的等电点是 5.3～5.4。相比之下，鱼精蛋白是一种典型的碱性蛋白，其等电点在 pH 12.0～12.4 之间。近年来，通过等电聚焦技术可以准确测定蛋白质的等电点，但这需要特定的实验条件。在本实验中，通过观察蛋白质在不同 pH 值溶液中的浑浊度来确定等电点，即浑浊度最大时的 pH 值就是该蛋白质的等电点。尽管这种方法的准确性不如等电聚焦技术，但它在一般实验条件下易于操作且实施简单。

四、仪器及试剂

仪器材料：直径为 1.5 cm 的试管 9 个；1 mL 吸量管 2 个；2 mL 吸量管 2 个；10 mL 吸量管 2 个；50 mL 容量瓶 2 个；500 mL 容量瓶 1 个；试管架 1 个；滴定管 1 个；搅拌器 1 个；锥形瓶若干。

试剂药品：醋酸溶液（0.01mol・L^{-1}）；醋酸溶液（0.1mol・L^{-1}）；醋酸溶液（1 mol・L^{-1}，需标定）；氢氧化钠溶液（1mol・L^{-1}，需标定）；大豆油；油酸钠或十六烷基酰胺（AR）；亚甲基蓝（AR）；苏丹Ⅲ(AR)；酪蛋白。

五、实验步骤

1. 乳状液的制备及鉴别

在 250 mL 锥形瓶中加入适量的水后，再加入适量的油酸钠或十六烷基酰胺。在一定条件下搅拌 10～20 min。使用滴定管逐滴加入大豆油，直至再加入 1 mL 油时不再发生乳化反应，而是漂浮在上方为止。此时，从滴管的读数可以获知被乳状液体的体积，进而计算乳状液的浓度。

接下来，用染色法鉴定乳状液的类型：首先，取 5 mL 乳状液放入试管中，然后滴入几滴苏丹Ⅲ染色的大豆油。接着，另取 5 mL 乳状液置于另一试管中，并滴入一滴亚甲基蓝的水溶液。若乳状液被苏丹Ⅲ染色，则表明其为 W/O 型；若被亚甲基蓝染色，则表明其为 O/W 型。

2. 蛋白质胶液的制备

称取酪蛋白 3 g，放在烧杯中，加入 40 ℃的蒸馏水。然后加入 50 mL 1 mol·L^{-1} 氢氧化钠溶液，微热搅拌直到蛋白质完全溶解。将溶解好的蛋白质溶液转移到 500 mL 容量瓶中，并用少量蒸馏水洗净烧杯，一并倒入容量瓶。接着在容量瓶中加入 50 mL 的 1 mol·L^{-1} 醋酸溶液，摇匀。最后加入蒸馏水定容至 500 mL，得到略显浑浊的，在 0.1 mol·L^{-1}NaAc 溶液中的酪蛋白胶体。

3. 等电点测定

按照数据记录表所示的顺序，向每个试管中加入蛋白质胶液。然后准确加入蒸馏水和不同浓度的醋酸溶液。完成添加后，立即摇匀试管。观察每个试管中出现的浑浊现象，并根据浑浊的程度来判断酪蛋白的等电点。观察时，可以使用“＋”“＋＋”“＋＋＋”来表示浑浊程度。

六、数据记录和处理

1. 计算乳状液的浓度，说明所得乳状液鉴别的结果，何者为分散相，何者为介质？

2. 蛋白质胶液等电点的测定。

管号	蛋白质胶液体积/mL	H_2O 体积/mL	0.01 mol·L^{-1} HAC 体积/mL	0.1 mol·L^{-1} HAC 体积/mL	1 mol·L^{-1} HAC 体积/mL	pH	观察		
							0 min	10 min	20 min
1	1	8.38	0.62	—	—	5.9			
2	1	7.75	1.25	—	—	5.6			
3	1	8.75	—	0.25	—	5.3			
4	1	8.50	—	0.50	—	5.0			
5	1	8.00	—	1.00	—	4.7			
6	1	7.00	—	2.00	—	4.4			
7	1	5.00	—	4.00	—	4.1			
8	1	1.00	—	8.00	—	3.8			
9	1	7.40	—	—	1.60	3.5			

七、思考题

1. 胶体与乳状液有何区别？乳状液的稳定性条件是什么？

2. 乳化剂有何作用？应如何选择合适的乳化剂？

3. 为什么在等电点时蛋白质的溶解度最低？请结合实验结果和蛋白质的胶体性质进行说明。

4. 在本实验中，酪蛋白质在等电点时从溶液中沉淀析出。因此，可以推断所有蛋白质在等电点时都会沉淀出来吗？为什么？

5. 等电点在蛋白质分离中的实际应用意义是什么？

八、参考文献

［1］ 徐开颜，高梅霞，方正法，等．物理化学实验改进：原电池电动势与液接电势的测定［J］．大学化学，2024，39（1）：248-253.

［2］ 张笔觅．高职《理化检验技术》课程教学设计与课堂实施——以蛋白质等电点测定及性质实验为例［J］．吉林农业，2019，（21）：112.

［3］ 屈宜春，李里．最大泡压法测定明胶等电点的实验设计［J］．实验科学与技术，2018，16（4）：88-91.

［4］ 黄虎，葛旦之．水花生等青饲植物叶蛋白等电点测定［J］．中国饲料，1997，（6）：35-36.

［5］ 屠幼英．茶叶各种酶蛋白等电点的快速测定［J］．茶叶通讯，1990，（3）：35.

实验二十八 活性炭固体表面吸附罗丹明 B 热力学平衡常数的测定

一、实验目的

1. 掌握固-液吸附体系中热力学平衡常数的物理意义及其在活性炭吸附罗丹明 B 过程中的应用。

2. 规范使用分光光度计精确测定溶液中罗丹明 B 的浓度变化，并完成吸附平衡数据的采集。

3. 计算吸附平衡常数，探讨温度、浓度等因素对吸附平衡的影响。

二、预习要求

1. 复习有关分光光度法的基本原理。

2. 掌握固体吸附的基本原理。

三、实验原理

罗丹明 B，亦称碱性玫瑰精或花粉红，是一种人工合成的碱性染料，以其鲜艳的桃红色而闻名，是氧杂蒽类染料的重要成员。它在洗护用品的着色和造纸印染工业中有着广泛的应用。

罗丹明 B 一旦进入土壤，便能被植物吸收并在植物体内发生生物迁移，这不仅影响植物生长，还可能对植物生命构成威胁。当其进入水体后，会改变水的吸光度和表面温度，阻碍阳光到达水底，影响深水植物的光合作用，导致深水植物因缺氧而死亡，进而破坏水生生态系统，形成恶性循环。在水中，罗丹明 B 会经历溶解、扩散、迁移等过程，并可能发生水解、氧化还原、生物迁移、溶解沉淀、光降解等一系列化学反应。通过生物迁移进入植物和动物体内后，人类食用这些含有罗丹明 B 的生物，可能会摄入罗丹明 B，其在人体内经生物转化后，有可能形成致癌物质。实验表明，罗丹明 B 可能诱发皮下组织肉瘤，并对皮肤和眼睛产生刺激性伤害。

罗丹明 B 的分子结构如图 28-1 所示，三个苯环连接在一个碳原子上，含氮基团结构不稳定，在反应中易被去除，从而形成稳定的化学结构。其复杂的化学结构使其极难降解，而共轭 π 键和活泼的助色基团的结合，赋予了罗丹明 B 高效的化学反应发光效率。

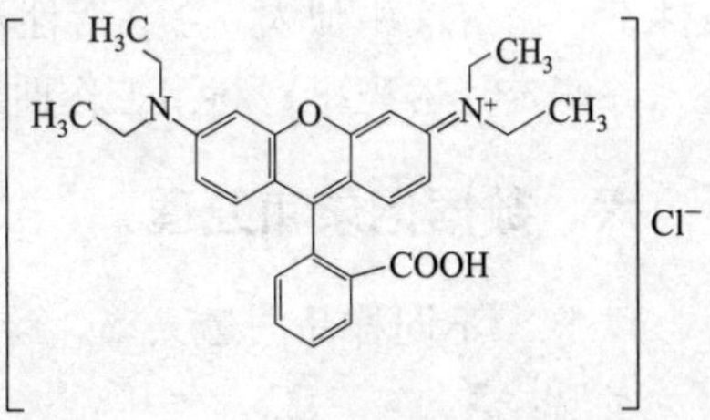

图 28-1 罗丹明 B 分子的结构式

吸附法被认为是去除废水中污染物的最有前途的方法之一。活性炭因其巨大的比表面积和丰富的内部孔隙形成了一个发达的网络系统，对各种污染物都展现出良好的吸附效果。活性炭的性能稳定、耐热、耐酸碱、易于再生，因此被广泛用作罗丹明 B 的优异吸附剂。

通过热力学过程中的吸附量、吸附平衡常数（K）和吸附吉布斯自由能（ΔG）的测定，可以讨论吸附情况，相关公式如下：

$$q=\frac{c_0V_0-c_eV_e}{m} \tag{28-1}$$

$$K=\frac{c_0-c_e}{c_e} \tag{28-2}$$

$$\Delta G=-RT\ln K \tag{28-3}$$

式中，q 为 t 时刻的吸附量，$mg \cdot g^{-1}$；V_0 为染料溶液的初始体积，L；V_e 为染料溶液的吸附体积，L；c_0 为吸附初始时染料溶液的浓度，$mg \cdot L^{-1}$；c_e 为吸附平衡时染料溶液的浓度，$mg \cdot L^{-1}$；m 为活性炭的质量，g。

四、仪器及试剂

仪器材料：紫外可见分光光度计（上海光谱仪器有限公司，SP-721）1 套；比色皿 2 个；恒温槽 1 套；容量瓶（50 mL）7 只；离心机 1 台；移液管（5 mL）3 支；移液管（10 mL）3 支；具塞比色管（25mL）5 支。

试剂药品：罗丹明 B（10.00 $mg \cdot L^{-1}$）标准使用溶液；活性炭。

五、实验步骤

1. 罗丹明 B 工作溶液的配制

在 5 支 25 mL 具塞比色管中，分别加入 1.00 mL、2.00 mL、4.00 mL、6.00 mL、10.00 mL 的 10.00 $mg \cdot L^{-1}$ 罗丹明 B 标准使用溶液，定容至刻度线，振荡摇匀，以配制成浓度分别为 0.40 $mg \cdot L^{-1}$、0.80 $mg \cdot L^{-1}$、1.60 $mg \cdot L^{-1}$、2.40 $mg \cdot L^{-1}$、4.00 $mg \cdot L^{-1}$ 的罗丹明 B 工作溶液，分别标记为 1＃、2＃、3＃、4＃、5＃。

2. 工作曲线的测定

将分光光度计的波长设定为 554 nm。按照浓度递增的顺序，将不同浓度的罗丹明 B 工作溶液装入 1 cm 光程的比色皿中，并使用去离子水作为空白对照。测量各浓度罗丹明 B 工作溶液的透光率，并据此绘制工作曲线，同时计算相关系数以评估曲线的线性关系。

3. 平衡常数的测定：

直接使用 5＃和 4＃的罗丹明 B 工作溶液，准确记录各自的体积。在 25℃和 35℃的恒温条件下，向溶液中加入 0.1 g 活性炭，并让其吸附 15 min。吸附后，通过离心分离出上层清液，并测定其透光率。利用工作曲线，查得相应的罗丹明 B 剩余浓度，进而计算平衡常数。

六、数据记录和处理

1. 记录不同样品的透光率，绘制工作曲线。

室温：________℃，气压：________ kPa。

	1＃	2＃	3＃	4＃	5＃
体积/mL	25.00	25.00	25.00	25.00	25.00
浓度/$mg \cdot L^{-1}$	0.40	0.80	1.60	2.40	4.00
透光率					
平均值					

2. 记录不同样品在吸附后的透光率，测定平衡常数。

	吸附温度/℃	吸附前浓度/($mg \cdot L^{-1}$)	吸附前体积/mL	吸附平衡浓度/($mg \cdot L^{-1}$)	透光率（3次）	平均值
4#						
5#						

3. 绘制工作曲线，工作曲线上查得4#和5#的吸附后的浓度，并计算吸附量、吸附平衡常数和吸附吉布斯自由能。

七、思考题

1. 影响吸附平衡常数的因素有哪些？
2. 实验中得到的启示有哪些？

八、参考文献

[1] 唐凯忻，王树同，于清小，等. 分子筛对水中罗丹明B吸附性能的研究 [J]. 应用化工，2022，51（2）：367-372.

[2] 任冬梅，于清小，赵阳，等. 物理法去除废水中罗丹明B研究进展 [J]. 渤海大学学报（自然科学版），2020，41（2）：97-104.

第三章
物理化学实验习题

一、选择题

1. 开启气体钢瓶的操作顺序是（　　）。

（1）顺时针旋紧减压器旋杆；（2）反时针旋松减压器旋杆；（3）观测低压表读数；

（4）观测高压表读数；　　　（5）开启高压气阀

A. (5)-(4)-(3)-(1)　　　　B. (2)-(5)-(4)-(1)-(3)

C. (1)-(5)-(4)-(2)-(3)　　　　D. (2)-(5)-(1)

2. 欲装配一个恒温性能良好的恒温槽，需要一些必要的仪器，但不包括（　　）。

A. 温度计　　B. 接触温度计　　C. 贝克曼温度计　　D. 温度控制器

3. 接触温度计是用来（　　）。

A. 测定恒温槽的温度的　　　　B. 测量恒温槽的温度波动的

C. 设定恒温槽的温度计的　　　　D. 提高恒温槽的灵敏度的

4. 下面四条曲线分别代表 A、B、C、D 四个恒温槽的灵敏度曲线，其中恒温效果最好的是（　　）。

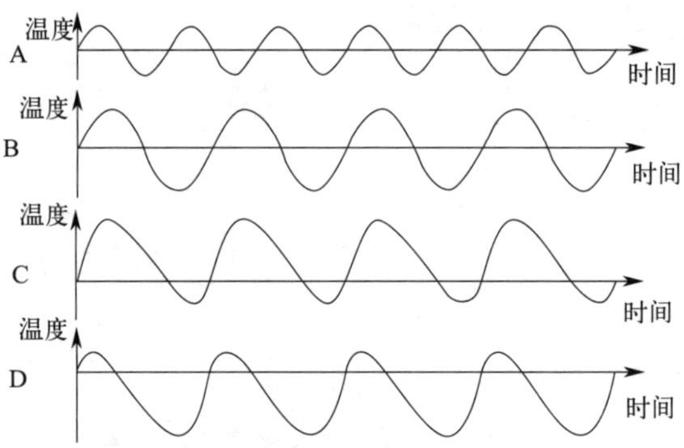

5. 欲提高恒温槽的灵敏度，下面说法错误的是（　　）。

A. 搅拌速率要足够大，以保证恒温槽内温度均匀

B. 恒温介质的流动性和传热性要好

C. 加热器的功率要适当

D. 指示恒温槽温度的温度计要精确

6. 某恒温槽的灵敏度曲线如下所示。对于该恒温槽的性能，下面描述正确的是（　　）。

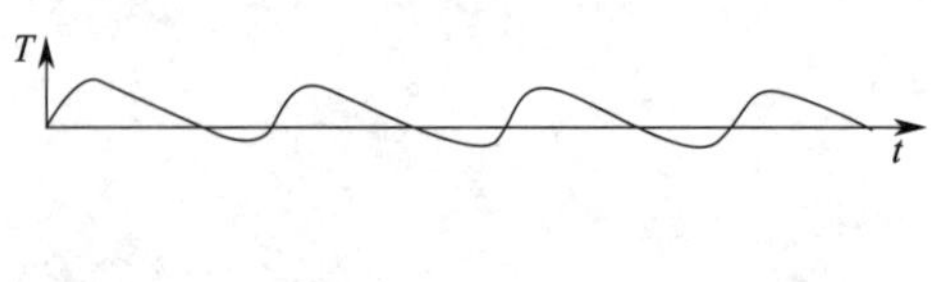

A. 恒温槽各部件配置合理　　B. 恒温槽散热太快

C. 加热功率过大　　D. 搅拌器的搅拌效果不好

7. 对恒温槽控温过程的描述，有下列四种说法：①接触温度计两引出线导通，加热器加热；②接触温度计两引出线导通，加热器不加热；③接触温度计两引出线断开，加热器加热；④接触温度计两引出线断开，加热器不加热。上述四种说法中正确的是（　　）。

A. ①和③　　B. ①和④　　C. ②和③　　D. ②和④

8. 欲使贝克曼温度计的水银柱液面在 25 ℃时停在 2.5 刻度位置，则调节贝克曼温度计所用恒温水浴的温度大约为（　　）。

A. 25 ℃　　B. 29.5 ℃　　C. 21.5 ℃　　D. 18 ℃

9. 欲将恒温槽的温度调节到 30 ℃，调节时最好使接触温度计标铁的（　　）处于刻度板的 30 ℃。

A. 上端面　　B. 中间部位　　C. 下端面　　D. 任何部位

10. 对于贝克曼温度计的描述，下面说法正确的是（　　）。

A. 用于测量温度的绝对值，精确读至 0.01 ℃

B. 用于测量温差，精确读至 0.01 ℃

C. 用于测量温度的绝对值，精确读至 0.002 ℃

D. 用于测量温差，精确读至 0.002 ℃

11. 某同学在调节贝克曼温度计时，欲使水银液面在 30 ℃停在 2.5 刻度位置上，结果却停在 1.5 刻度位置上，可能的原因是（　　）。

A. 在调节用的恒温水浴中放置时间过长

B. 从恒温水浴中取出贝克曼温度计后，用手腕击打操作太慢

C. 调节贝克曼温度计所用的恒温水浴温度略低

D. 调节贝克曼温度计所用的恒温水浴温度略高

12. 在燃烧热实验中，需用作图法求取反应前后真实的温度改变值 ΔT，主要是因为（　　）。

A. 温度变化太快，无法准确读取

B. 校正体系和环境热交换的影响

C. 消除由于略去有酸形成而放出的热而引入的误差

D. 氧弹量热计绝热，必须校正所测温度值

13. 在燃烧热测定实验中，若要使用氧弹量热计测定样品在 293 K 时的燃烧热，则在实验时（　　）。

A. 将环境温度调至 293 K　　B. 将内筒中水温调至 293 K

C. 将外套中水温调至 293 K　　D. 无法测定指定温度下的燃烧热

14. 在燃烧热测定实验中若测得 $\Delta_c H_m = -5140.7\ \text{kJ}\cdot\text{mol}^{-1}$，$\Delta|\Delta H|_{最大} = 25.47\ \text{kJ}\cdot\text{mol}^{-1}$，则实验结果的正确表示应为（　　）。

A. $\Delta_c H_m = -5140.7\ \text{kJ}\cdot\text{mol}^{-1}$

B. $\Delta_c H_m = -5140.7 \pm 25.47\ \text{kJ}\cdot\text{mol}^{-1}$

C. $\Delta_c H_m = (-5.1407 \pm 0.02547) \times 10^3\ \text{kJ}\cdot\text{mol}^{-1}$

D. $\Delta_c H_m = -5140.7 \pm 25.5\ \text{kJ}\cdot\text{mol}^{-1}$

15. 在氧弹量热计中萘的燃烧反应为：$C_{10}H_8(s)+12O_2(g)\longrightarrow 10CO_2(g)+4H_2O(l)$。在 298.2 K 时，测得反应的恒容反应热 $Q_V=-5152\ kJ\cdot mol^{-1}$，则萘的燃烧焓 $\Delta_c H_m=$ (　　) $kJ\cdot mol^{-1}$。

A. −5157　　B. −5149　　C. −5147　　D. −5154

16. 某物质燃烧反应的温差校正图如下所示。则线段（　　）表示由于样品燃烧量热计温度升高的数值。

A. EF'　　B. EF　　C. $E'F$　　D. $E'F'$

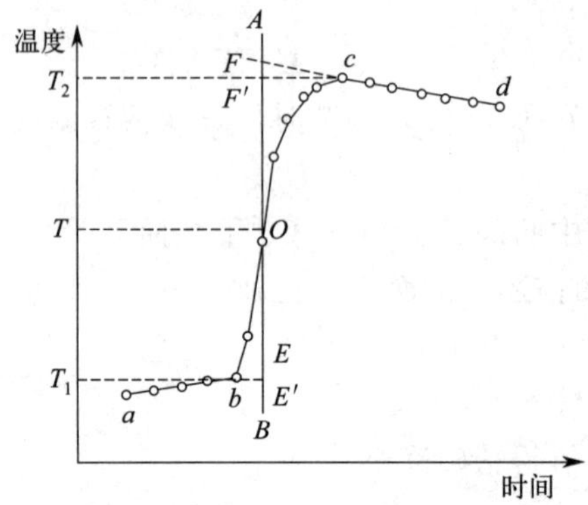

17. 在燃烧焓测定实验中，需用作图法求取反应前后真正的温度改变值 ΔT，主要是因为（　　）。

A. 温度变化太快，无法准确读取

B. 校正体系和环境之间热交换的影响

C. 扣除点火丝燃烧所放出的那部分热量

D. 氧弹绝热，必须校正所测的温度值

18. 在 298.2 K 时，测得苯甲酸的标准燃烧焓 $\Delta_c H_m^\ominus=-3228.7\ kJ\cdot mol^{-1}$。已知 $H_2O(l)$ 和 $CO_2(g)$ 的标准生成焓分别为 $-285.85\ kJ\cdot mol^{-1}$ 和 $-393.51\ kJ\cdot mol^{-1}$，则苯甲酸的标准生成焓 $\Delta_f H_m^\ominus$ 为（　　）$kJ\cdot mol^{-1}$。

A. −532.48　　B. 532.48　　C. 383.42　　D. −383.42

19. 关于氧弹量热计的性能，下列说明不正确的是（　　）。

A. 氧弹必须要耐高压　　B. 氧弹的密封性要好

C. 氧弹要具备一定的抗腐蚀性　　D. 氧弹的绝热性能要好

20. 关于 16 题图，下面说法正确的是（　　）。

A. 线段 EF 代表样品燃烧使量热计温度升高的数值

B. O 点是 EF 线段的中点

C. EF' 代表环境辐射进来的热量所造成的温度升高

D. 该量热计的绝热性能可能较好

21. 在燃烧焓测定的实验中，测得 0.5678 g 苯甲醛完全燃烧后温度上升 $\Delta T_1=1.026$ K。在同样条件下，测得 0.4894 g 萘完全燃烧后温度上升 $\Delta T_2=1.345$ K。已知苯甲酸的恒容热效应 $Q_V=-26460\ J\cdot g^{-1}$。若忽略点火丝燃烧所放出的热量，则萘燃烧反应的定容热为（　　）$J\cdot g^{-1}$。

A. −40250　　B. −5152　　C. −38470　　D. −28630

22. 为减少测量燃烧焓的实验误差，下列说法不正确的是（ ）。

A. 确保样品在氧弹内完全燃烧

B. 样品需要精确称量

C. 在标定量热计热容和测定未知样品燃烧焓的前后两次实验中内筒的盛水量应保持一致

D. 氧弹内的充氧量越多越好

23. 萘在氧弹内燃烧结束后，不会对测量结果产生影响的是（ ）。

A. 氧弹内有大量水蒸气　　B. 氧弹内壁有黑色残余物

C. 氧弹内有未燃烧的点火丝　　D. 氧弹内出现了硝酸酸雾

24. 用量程为 5 ℃的玻璃贝克曼温度计测量燃烧前后温度的改变值 ΔT，测量前需将贝克曼温度计调节至合适的刻度位置是（ ）。

A. 0　　B. 1.0　　C. 4.5　　D. 5.0

25. 为测定物质在 600～100 ℃间的高温热容，首先要精确测量物质的温度。此时测温元件宜选用（ ）。

A. 贝克曼温度计　　B. 精密水银温度计

C. 铂-铑热电偶　　D. 热敏电阻

26. 在测定中和热的实验中，试样体积为 10 mL，中和作用的热效应引起试样的温度改变不到 1 ℃，根据这样的实验对象宜选择的测温元件是（ ）。

A. 贝克曼温度计　　B. 0.1 ℃间隔的精密温度计

C. 铂-铑热电偶　　D. 热敏电阻

27. 某固体样品质量为 1 g 左右，估计其分子量在 10000 以上，可用（ ）的方法测定分子量较简便。

A. 沸点升高　　B. 凝固点降低　　C. 蒸气压下降　　D. 黏度法

28. 凝固点降低法测摩尔质量仅适用下列溶液中的（ ）。

A. 浓溶液　　B. 稀溶液

C. 非挥发性溶质的稀溶液　　D. 非挥发性非电解质的稀溶液

29. 采用凝固点降低法测定溶质摩尔质量的实验需要精确测定（ ）。

A. 纯溶剂的凝固点　　B. 溶液的凝固点

C. 溶液和纯溶剂凝固点的差值　　D. 可溶性溶质的凝固点

30. 有 A、B 二组分溶液，已知与溶液平衡的气相中 B 组分增加使总蒸气压升高，则（ ）。

A. B 组分的气相浓度大于液相浓度

B. B 组分的液相浓度大于气相浓度

C. 溶液中 B 组分的浓度大于 A 组分的浓度

D. 气相中 B 组分的浓度小于 A 组分的浓度

31. 对旋光度不变的某样品，若用长度为 10 cm、20 cm 的旋光管测其旋光度，则测量值 α_1、α_2 的关系是（ ）。

A. $\alpha_1=2\alpha_2$　　B. $2\alpha_1=\alpha_2$　　C. $\alpha_1=\alpha_2$　　D. $\alpha_1\neq\alpha_2$

32. 在 20 ℃室温和大气压力下用凝固点降低法测摩尔质量。若所用的纯溶剂是苯，其正常凝固点为 5.5 ℃，为使冷却过程在比较接近平衡的情况下进行，比较合适作为冷剂的恒温介质浴是（ ）。

A. 冰水　　B. 冰盐水　　C. 干冰、丙酮　　D. 液氮

33. 已知环己烷、醋酸、萘、樟脑的摩尔凝固点降低常数 K_f 分别为 6.5、16.60、80.25、173。今有一未知物能在上述四种溶剂中溶解，欲测定该化合物的摩尔质量，则最适宜的溶剂是（　　）。

A. 萘　　B. 樟脑　　C. 环己烷　　D. 醋酸

34. 常利用稀溶液的依数性来测定溶质的摩尔质量，其中最常用来测定高聚物溶质摩尔质量的是（　　）。

A. 蒸气压降低　　B. 沸点升高　　C. 凝固点降低　　D. 渗透压

35. 通过测定液体饱和蒸气压求算摩尔汽化焓，所依据的是克劳修斯-克拉贝龙方程 $\ln p = -\frac{\Delta_{vap}H_m}{RT} + B$，它是克拉贝龙方程 $\frac{dp}{dT} = \frac{\Delta_l^g H_m}{T\Delta_l^g V_m}$ 的进一步推演，在推导过程中引入三点假设，下列不属于此假设内容的是（　　）。

A. 蒸气的摩尔体积 $V_m(g)$ 远大于液体的摩尔体积 $V_m(l)$

B. 蒸气视为理想气体

C. $\Delta_{vap}H_m$ 视为与温度无关

D. 液体的沸点低于 100 ℃

36. 下图为等压计的示意图。将此等压计置于恒温槽，在不放气的情况下，开始升温时，所发生的现象是（　　）。

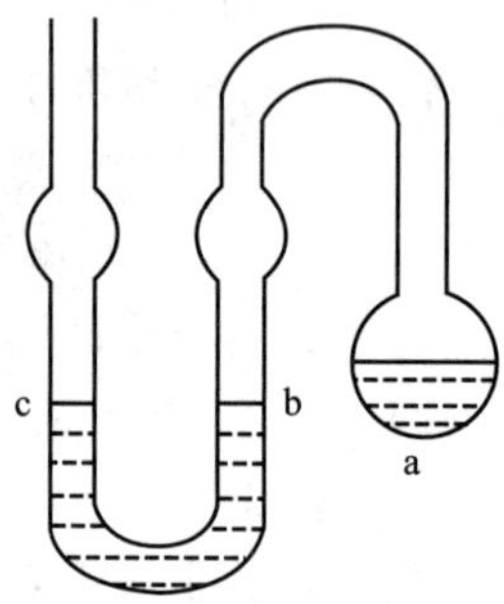

A. c 液面升高，b 液面下降　　B. c 液面下降，b 液面升高

C. a、b、c 三液面均不变　　D. a、b、c 三液面均下降

37. 在测定液体饱和蒸气压实验中，在升温放气时由于操作不慎，放气量稍大一点，出现了 c 液面低于 b 液面的情况（如 36 题图所示），但空气尚未进入到 a、b 之间的管内。有下列四种解决办法：①升高少许温度，再调整 b、c 两液面平齐；②用泵进行少许抽气，使 c 液面高过 b 液面后停止抽气，再调整 b、c 两液面平齐；③摇晃等压计，使样品池 a 中的液体溅入等压计内，再调整 b、c 两液面平齐；④继续放气，使 b 液面多余的液体进入样品池 a 中后，再调整 b、c 两液面平齐。上述解决办法中正确的是（　　）。

A. ①和②　　B. ②和③　　C. ①和④　　D. ②和④

38. 在饱和蒸气压测定的实验中，第一个温度的蒸气压记录完之后，要求在此温度下重新抽气，再进行一次测试，这样做是（　　）。

A. 因为只经过一次抽气不可能抽净空气

B. 为了测定两个数据取平均值

C. 为了比较两个数据大小，判断空气是否被抽净

D. 因等压计内的乙醇量太多，影响等压计内液面的调整

39. 在液体饱和蒸气压测定的实验中，所求得的摩尔汽化焓 $\Delta_{vap}H_m$ 与标准值相比，存在 2%左右的偏差。不会导致这种偏差的是（　　）。

A. $\ln p/[p]=-\dfrac{\Delta_{vap}H_m}{RT}+B$ 公式本身的近似性

B. 作图法求直线的斜率

C. 测定时没有严格按照温度间隔 4 ℃进行测定

D. 空气未被抽净

40. 在液体饱和蒸气压测定的实验中，下列说法正确的是（　　）。

A. 当等压计 U 形管内的液体被抽干后，必须从加料口重新加入液体

B. 为提高实验结果的精确度，测量每个温度的蒸气压时都要重新抽气

C. 测定完一个温度的蒸气压之后，在升温过程中可随时放气以保持等压计内液面平齐

D. 每个温度下的蒸气压都要重复测定两次

41. 在蒸气压的测量装置中毛细管与缓冲瓶有一个相同的作用，这一作用是（　　）。

A. 抽气时防止液体暴沸　　B. 抽气时防止液体被抽干

C. 放气时可以缓慢放入空气　　D. 放气时保护压力计

42. 对于真空机械泵的使用，下面错误的说法是（　　）。

A. 抽气结束时，先将泵与真空系统隔断，停机后再打开进气口

B. 抽气结束时，先将泵与真空系统隔断，打开进气口，然后停机

C. 开始抽气时，先将泵与被抽系统连接，然后开机，再打开抽气口

D. 抽易挥发性液体时，要在泵的进气口前面接上吸收瓶或冷阱

43. 在液体饱和蒸气压测定的实验中，如果空气未被抽净，则由此产生的后果是（　　）。

A. 蒸气压偏低，沸点偏高　　B. 蒸气压偏高，沸点偏低

C. 蒸气压和沸点均偏低　　D. 蒸气压和沸点均偏高

44. 在测量液体饱和蒸气压的实验过程中需读取当天的大气压力，这么做的原因是（　　）。

A. 大气压力只是实验记录的内容，没有其他用处

B. 大气压力用于计算液体饱和蒸气压

C. 本实验所得的沸点不是正常沸点，需看一下外压对蒸气压的影响到底有多大

D. 通过外压的大小就可以知道真空泵所能达到的真空度

45. 在动态法测定水的饱和蒸气压实验中，实验温度在 80～100 ℃之间所测得的汽化热数据（　　）。

A. 是水在 80 ℃时的汽化热　　B. 是水在 100 ℃时的汽化热

C. 与温度无关　　D. 是实验温度范围内汽化热的平均值

46. 纯水的饱和蒸气压是通过测定不同外压下纯水的沸点得到的，这种测定饱和蒸气压的方法属于（　　）。

A. 静态法　　B. 动态法　　C. 饱和气流法　　D. 流动法

47. 若 A、B 二组分可形成具有最低恒沸点的 T-x 图，则此二组分的蒸气压对拉乌尔定律的偏差情况是（　　）。

A. A 发生正偏差，B 发生负偏差　　B. A 发生负偏差，B 发生正偏差

C. A、B 均发生正偏差　　D. A、B 均发生负偏差

48. 在双液系气液相图绘制的实验中，某学生原想加入 5 mL 环己烷，由于看错刻度，结果加入了 5.5 mL 环己烷，对这一后果的正确处理方法是（　　）。

A. 由于不会影响测量结果，直接进行升温回流操作

B. 因为液相的组成改变，所以需将溶液倒掉，重新加样测量

C. 为保持溶液组成不变，需精确补加一部分异丙醇后，再进行下一步操作

D. 再补加环己烷 4 mL，做下一个实验

49. 某学生从气相冷凝液中取样品测量折射率时，不慎将样品洒掉，无法测量出气相组成，对这一情况正确的处理办法是（　　）。

A. 将沸点仪内的液体全部倒掉，重新开始实验

B. 重新加热回流至平衡后，再取样测定

C. 用移液管加料，做下一个实验点

D. 只测量出液相组成，气相组成用相邻两个气相组成的平均值代替

50. 在二组分气液相图的实验教材中，写着“加入环己烷 2 mL、3 mL、4 mL，…”，规定样品加入量的目的是（　　）。

A. 因为相图的横坐标是组成，所以作图时保证了组成的精确性

B. 使相图中各点的分布合理

C. 防止加入量过多使沸点仪的蒸馏瓶容纳不了

D. 节约药品的用量

51. 在二组分气液相图实验中，在加样回流平衡后，需要记录沸点和测定气、液相的组成。记录这三个量的先后顺序是（　　）。

A. 温度、气相组成、液相组成　　B. 气相组成、温度、液相组成

C. 液相组成、气相组成、温度　　D. 温度、液相组成、气相组成

52. 已知异丙醇（A）-环己烷（B）的最低恒沸点的组成为 66%（环己烷的质量分数），则环己烷的质量分数为 50% 的混合物处于气液两相平衡时，两相组成的关系及蒸馏情况是（　　）。

A. $x_B^g < x_B^l$，蒸馏时液相得到恒沸混合物，气相得到异丙醇（A）

B. $x_B^g < x_B^l$，蒸馏时液相得到异丙醇（A），气相得到恒沸混合物

C. $x_B^g > x_B^l$，蒸馏时液相得到恒沸混合物，气相得到异丙醇（A）

D. $x_B^g < x_B^l$，蒸馏时液相得到异丙醇（A），气相得到恒沸混合物

53. 在二组分气液平衡实验中，常选择测定折射率来确定混合物的组成。下列选择的根据中不对的是（　　）。

A. 测定折射率操作简单　　B. 对任何双液系都能适用

C. 测定所需的样品量少　　D. 测量所需时间短

54. 用阿贝折射仪测量液体的折射率时，下列操作中不正确的是（　　）。

A. 阿贝折射仪的零点事先应当用标准液进行校正

B. 阿贝折射仪应与超级恒温槽串接以保证恒温测量

C. 阿贝折射仪的棱镜镜面用滤纸擦净

D. 应调节补偿镜使视场内呈现清晰的明暗分界线

55. 在二组分气液平衡实验中，有时沸腾后温度一直在变化，造成这种现象有多种可能的因素，但不可能是（　　）。

A. 装置的密封性不好　　　　　　　　B. 沸腾十分激烈，且冷凝效果不好

C. 冷凝蒸气的凹形储槽体积过大　　　D. 样品的加入量不准确

56. 下面对恒沸混合物的描述下面哪一点不正确的是（　　）。

A. 与化合物一样具有确定的组成　　　B. 当压力恒定时其组成一定

C. 平衡时气、液两相组成相同　　　　D. 其沸点随外压的改变而改变

57. 关于定压下的二组分固液体系的“步冷曲线”，下列阐述不正确的是（　　）。

A. “步冷曲线”是熔融物在均匀降温过程中，体系温度随时间的变化曲线

B. “步冷曲线”上出现“拐点”或“平阶”转折变化时，说明有相变发生

C. “步冷曲线”上出现“拐点”时体系处于两相平衡，出现“平阶”时处于三相平衡

D. 每条“步冷曲线”都是先出现“拐点”，再出现“平阶”

58. 在金属相图绘制的实验中，选择了具有低共熔点的铅锡体系，已知纯铅和纯锡的熔点分别为 327 ℃和 232 ℃，则比较合适的测温元件为（　　）。

A. 铂-铂铑热电偶　　　　　　　　　B. 镍铬-镍硅热电偶

C. 玻璃水银温度计　　　　　　　　　D. 铜-康铜热电偶

59. 下图是 Bi-Cd 二组分相图，若将 Cd 质量分数为 80%的熔融混合物冷却，则步冷曲线上将（　　）。

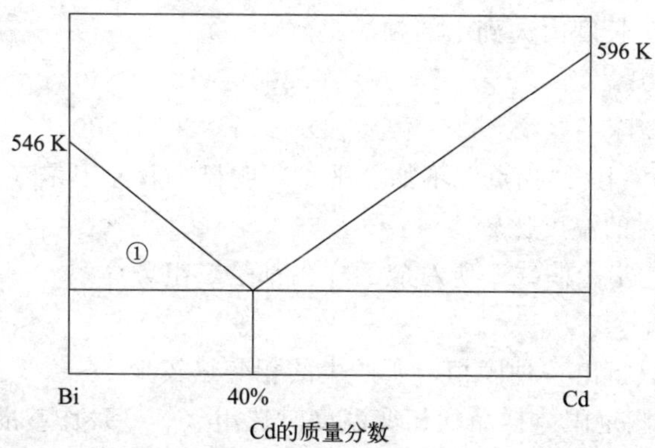

A. 只出现一个“拐点”

B. 只出现一个“平阶”

C. 先出现一个“拐点”，后出现一个“平阶”

D. 先出现一个“平阶”，后出现一个“拐点

60. 根据“步冷曲线”确定体系的相变温度时，“步冷曲线”经常因过冷现象而变形。下图是铅锡混合物的步冷曲线，其“拐点”和“平阶”所对应的点分别是（　　）。

A. *a* 和 *d*　　　　B. *a* 和 *c*　　　　C. *b* 和 *c*　　　　D. *b* 和 *d*

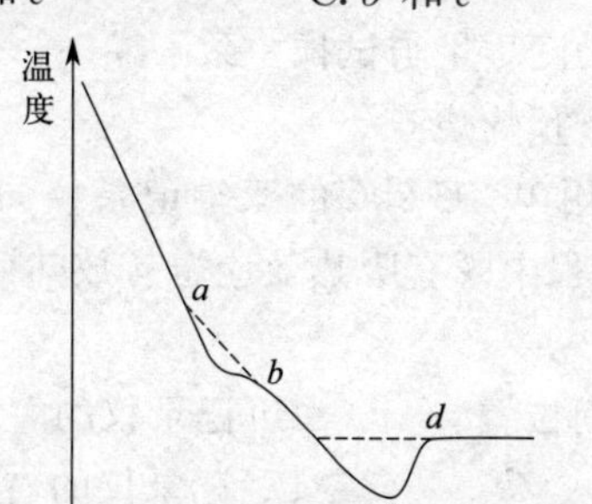

61. 二组分合金体系的“步冷曲线”上的“平阶”长短与（　　）无关。

A. 样品的质量　　B. 样品的组成

C. 样品的降温速率　　D. 样品开始降温的温度

62. 59 题图是 Bi-Cd 二组分固液体系相图，图中“①”所在区域的相态是（　　）。

A. 熔液 l　　B. 熔液 l+Bi(s)　　C. 熔液 l+Cd(s)　　D. Bi(s) +Cd(s)

63. 二组分体系“步冷曲线”上的“拐点”和“平阶”，所呈现的相数分别是（　　）。

A. “拐点”处为两相，“平阶”处为三相

B. “拐点”处为一相，“平阶”处为二相

C. “拐点”和“平阶”处均为二相

D. “拐点”和“平阶”处均为三相

64. “热分析法”绘制相图是根据“步冷曲线”的转折变化来确定体系的相变温度的。发生转折变化的原因是，从熔液中析出固相时（　　）。

A. 体系放热，降温速率减慢　　B. 体系吸热，降温速率减慢

C. 体系放热，降温速率增加　　D. 体系吸热，降温速率增加

65. 对于 Pb-Sn 二组分固液体系，其低共熔物组成为 61.9%(Sn 的质量分数)。现配制 Sn 质量分数分别为 20%、30%、50% 的样品各 100 g，在其他条件均相同的条件下，其“步冷曲线”上“平阶”长度由大到小的顺序是（　　）。

A. 20%>30%>50%　　B. 30%>50%>20%

C. 50%>30%>20%　　D. 50%>20%>30%

66. 在“步冷曲线”上，“拐点”不如“平阶”明显，其原因是（　　）。

A. 出现“拐点”时的温度比较高

B. 有“拐点”的“步冷曲线”所对应的样品都是二组分体系

C. 有过冷现象存在

D. 在“拐点”处只析出一种固相，所产生的相变热较少

67. 用差热分析仪测定固体样品的相变温度时选用（　　）作基准物较合适。

A. 无水氯化钙　　B. 三氧化二铝　　C. 苯甲酸　　D. 水杨酸

68. 绘制水-盐物系相图的实验一般常采用的方法是（　　）。

A. 电导法　　B. 溶解度法　　C. 热分析法　　D. 色谱法

69. 在差热分析中，需选择符合一定条件的参比物，下列对参比物的要求中应该除外的是（　　）。

A. 在整个实验温度范围是热稳定的

B. 其导热系数与比热容尽可能与试样接近

C. 其颗粒度与装填时的松紧度尽量与试样一致

D. 使用前不能在实验温度下预灼烧

70. 差热分析实验中，当使用 WXC-200 的双笔记录仪同时记录加热时的升温曲线和差热曲线时，若已知试样在加热过程中既有吸热效应也有放热效应，则差热曲线的基线应调在（　　）。

A. 记录仪量程范围内的任何位置　　B. 记录仪的左端位置

C. 记录仪的中间位置　　D. 记录仪的右端位置

71. 在氨基甲酸铵分解反应的实验装置中采用等压计，其中封闭液的选择对实验结果颇

有影响，为减少封闭液选择不当所产生的实验误差及提高实验测定的灵敏度，下列各液体中宜选用（　　）。

A. 水　　B. 液体石蜡　　C. 硅油　　D. 汞

72. 在 $KI+I_2 = KI_3$ 的平衡常数测定的实验中，必须利用 I_2 在 H_2O 和 CCl_4 两液层中的分配系数和配制溶液的已知浓度来进行计算。为此，实验时用了四个磨口锥形瓶，对这些瓶子的要求是（　　）。

A. 四只瓶子只要洗净而均不必干燥

B. 其中两只必须干燥

C. 其中一只必须干燥

D. 四只皆必须干燥

73. 以等压法测 NH_2COONH_4 分解反应的分解压力的实验中，在 298 K 时若测得的分解压力比理论值小，下列引起误差的原因，不正确的是（　　）。

A. 恒温水浴的实际温度比 298 K 低

B. NH_2COONH_4 试剂吸潮

C. 盛 NH_2COONH_4 的小球内空气未抽净

D. 分解平衡尚未建立

74. 对一级反应特征的描述，不正确的是（　　）。

A. 以 $\ln c_A$ 对时间作图可得一条直线，其斜率为 $-k$

B. 半衰期与起始浓度无关

C. 速率常数 k 的量纲为“时间$^{-1}$”

D. 半衰期与反应的速率常数成正比

75. 蔗糖水解反应为：蔗糖＋水⟶葡萄糖＋果糖。已知蔗糖、葡萄糖和果糖的比旋光度分别为 66.65°、52.5°和－91.9°（正值表示右旋，负值表示左旋）。则蔗糖水解反应体系的比旋光度在反应过程中（　　）。

A. 逐渐减小　　B. 逐渐增加　　C. 先减小后增加　　D. 先增加后减小

76. 对于给定的旋光性物质，其比旋光度 $[\alpha]_D^t$ 与（　　）无关。

A. 温度　　B. 溶液的浓度　　C. 光源的波长　　D. 溶剂的性质

77. 研究蔗糖水解反应动力学需将浓度用反应体系的旋光度代替，下面正确的关系式是（　　）。

A. $\dfrac{c_0}{c}=\dfrac{\alpha_t-\alpha_\infty}{\alpha_0-\alpha_\infty}$　　B. $\dfrac{c_0}{c}=\dfrac{\alpha_\infty-\alpha_t}{\alpha_0-\alpha_\infty}$

C. $\dfrac{c_0}{c}=\dfrac{\alpha_0-\alpha_\infty}{\alpha_t-\alpha_\infty}$　　D. $\dfrac{c_0}{c}=\dfrac{\alpha_0-\alpha_t}{\alpha_t-\alpha_\infty}$

78. 蔗糖水解反应速率常数与（　　）无关。

A. 蔗糖的浓度　　B. 酸的浓度　　C. 反应的温度　　D. 催化剂的类型

79. 在蔗糖水解反应速率常数测定的实验中，在用旋光仪进行测量之前，先用蒸馏水校正旋光仪的零点，若不校正零点，对（　　）的测量结果没有影响。

A. α_0　　B. α_t　　C. α_∞　　D. k

80. 手动式旋光仪的外形如下图所示。通过调节刻度盘旋转手轮，可以从目镜中观察到四种交替出现的视场图。当测量旋光度时，应调节到（　　）视场进行读数。

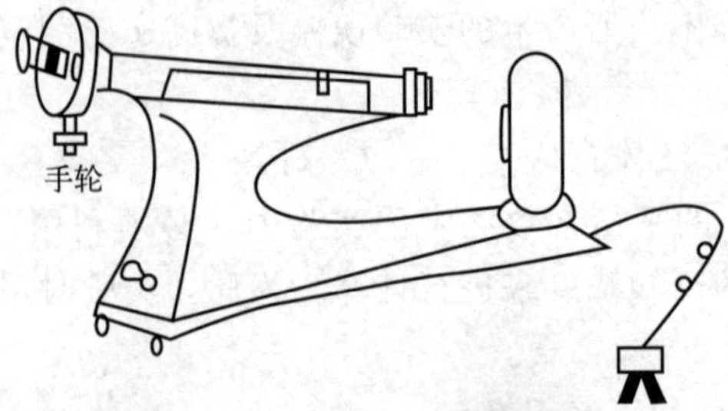

A.  B. 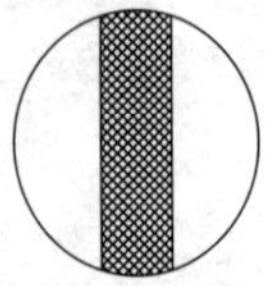 C.  D. 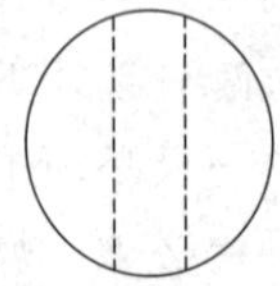

81. 在蔗糖水解反应速率常数测定的实验中，为了测量反应结束时的旋光度α_∞，通常采用的方法是将反应液（　　）。

A. 在 25 ℃水浴中放置 100 min　　B. 在 60 ℃水浴中放置 30 min

C. 在 80 ℃水浴中放置 20 min　　D. 在 100 ℃水浴中放置 10 min

82. 在蔗糖水解反应实验点偏离直线，以 ln（$\alpha_t-\alpha_\infty$）对时间 t 作图时，常常出现反应初期的几个实验点偏离直线，可能的原因是（　　）。

A. 实验原理的近似性，即 $\ln(\alpha_t-\alpha_\infty)$ 与时间 t 近似成线性关系

B. 反应为吸热反应，反应初期温度发生了改变

C. 蔗糖没有精确称量

D. 盐酸的浓度配制得不准确

83. 对二级反应特点的描述，下列不正确的是（　　）。

A. 以 $1/c$ 对时间 t 作图可得一直线，其斜率为 k

B. 半衰期与起始浓度成正比

C. 速率常数的量纲为：浓度$^{-1}$·时间$^{-1}$

D. 反应速率随时间逐渐减小

84. 乙酸乙酯的皂化反应为：$CH_3COOC_2H_5+OH^- \longrightarrow CH_3COO^-+C_2H_5OH$。在反应进行过程中体系的电导（　　）。

A. 逐渐减小　　B. 逐渐增加　　C. 先增加后减小　　D. 先减小后增加

85. 乙酸乙酯的皂化反应适合于电导法测量，并在满足诸多条件下得到如下关系：$G_t=\frac{1}{kc_0}\times\frac{G_0-G_t}{t}+G_\infty$，下列选项中与此式推导条件无关的是（　　）。

A. 乙酸乙酯和碱的起始浓度相同　　B. 忽略乙酸乙酯和乙醇对电导的贡献

C. 反应体系的电解质全部电离　　D. 反应过程中电导有较大的变化

86. 在乙酸乙酯皂化反应速率常数测定的实验中，反应是将 0.02 mol·dm^{-3}的乙酸乙酯溶液和 0.02 mol·dm^{-3}的氢氧化钠溶液混合后在恒温状态下进行的。下面说法中不正确的是（　　）。

A. 反应起始时刻的电导 G_0 即是 0.01 mol·dm^{-3}氢氧化钠溶液的电导

B. 反应结束后的电导 G_∞ 即是 0.01 mol·dm^{-3}醋酸钠溶液的电导

C. 反应 t 时刻的电导 G_t 是溶液中 Na^+、OH^- 和 CH_3COO^- 对电导的贡献之和

D. 只有测定出 G_0、G_t 和 G_∞，才能求得反应速率常数

87. 在乙酸乙酯的皂化反应实验中，获得 G_∞ 有以下四种方法：①测定反应结束后溶液的电导；②测定 0.01 mol•dm^{-3} 醋酸钠溶液的电导；③将反应液在 60 ℃水浴恒温 30min 后测定溶液的电导；④以 G_t 对（G_0-G_t）/t 作图所得直线之截距。以上四种说法中正确的是（　　）。

A. ①和②　　B. ①和③　　C. ②和④　　D. ③和④

88. 在乙酸乙酯皂化反应实验中，若测得 25℃时的反应速率常数 $k_1=6.27$ dm^3•mol^{-1}•min^{-1}，35 ℃时的反应速率常数 $k_2=12.49$ dm^3•mol^{-1}•min^{-1}，则反应的活化能为（　　）kJ•mol^{-1}。

A. 52.7　　B. 41.2　　C. 60.8　　D. 73.9

89. 电导法研究乙酸乙酯皂化反应基于电导 G 与浓度 c 有如下关系：$G=Kc$。对于式中比例系数 K 的描述不正确的说法是（　　）。

A. 在无限稀释溶液中 K 为一常数

B. K 与电解质的本性有关

C. K 与电解质的浓度无关

D. K 值的大小反映了电解质导电能力的强弱

90. 在乙酸乙酯皂化反应实验中需分别测定 298 K 和 308 K 两组数据，对于此两组数据的比较，正确的关系是（　　）。

A. 斜率 m(298 K)＜斜率 m(308 K)　　B. k(298 K)＞k(308 K)

C. $t_{1/2}$(298 K)＞$t_{1/2}$(308 K)　　D. 同一时刻：G_t(298 K)＜G_t(308 K)

91. 关于电导仪的使用，叙述不正确的是（　　）。

A. 需调节“温度补偿”，使其指示值与待测液温度相同

B. 需调节“常数校正”，使仪器显示出电导池常数的数值

C. 要经常用滤纸擦拭电导电极的铂黑

D. 测量结束后用蒸馏水冲洗，并浸泡在蒸馏水中

92. 在乙酸乙酯皂化反应实验中，为了得到准确的反应速率常数 k，必须保证各实验点均在同一直线上，影响这种线性关系的因素很多，但不包括（　　）。

A. 氢氧化钠溶液和乙酸乙酯溶液的起始浓度相等

B. G_0 的测量

C. 整个实验过程保持恒温

D. G_∞ 的测量

93. H_2O_2 分解反应的动力学实验中，待反应进行了两分钟以后才开始收集生成的氧气并测量其体积，这是为了（　　）。

A. 赶走反应容器中的空气　　B. 使反应溶液溶解氧气达到饱和

C. 使反应液混合均匀　　D. 使反应平稳地进行

94. 在测定 H_2O_2 在 KI 水溶液中均相催化分解速率常数时，加入(1)H_2O_2、(2)KI 溶液的方法是（　　）。

A. (1)，(2) 同时加入　　B. 先加入(1)，后加入(2)

C. 先加入(2)，后加入(1)　　D. 不必注意加入的方法

95. 在乙酸乙酯皂化反应速率常数的测定中，称取 a mg 乙酸乙酯，而 NaOH 的浓度为 c，则它加入的体积为（　　）。

A. $\frac{a}{2\times 88.1}\div c$(mL)　　B. $\frac{a}{88.1}\div c\times 10^{-3}$(mL)

C. $\frac{a}{88.1}\div c$(mL)　　D. $\frac{a}{2\times 88.1}\div c\times 10^{-3}$(mL)

96. 在测定乙酸乙酯皂化反应的动力学常数实验中，下列数据之间成线性关系的是（　　）。

A. $\frac{k_0-k_t}{k_t-k_\infty}$-$t$　　B. $\frac{k_0+k_t}{k_t+k_\infty}$-$t$

C. $\ln\left(\frac{k_0-k_t}{k_t-k_\infty}\right)$-$t$　　D. $\ln\left(\frac{k_0+k_t}{k_t+k_\infty}\right)$-$t$

97. 在测定蔗糖水解转化反应的动力学常数实验中，下列数据间成线性关系的是（　　）。

A. a_t-t　　B. $\ln a_t$-t　　C. $\ln(a_t-a_\infty)$ -t　　D. a_t-$1/t$

98. 丙酮溴化反应是（　　）。

A. 复杂反应　　B. 一级反应　　C. 二级反应　　D. 简单反应

99. 蔗糖水解反应为：$C_{12}H_{22}O_{11}+H_2O\xrightarrow{H^+}C_6H_{12}O_6$(葡萄糖)$+C_6H_{12}O_6$(果糖)，下列说法正确的是（　　）。

A. 该反应为复杂反应，H^+为催化剂

B. 该反应为一级反应，H_2O不参加反应

C. 该反应为二级反应，H_2O在反应前后浓度不变

D. 该反应为一级反应，H_2O在反应前后浓度变化很小

100. 在测定蔗糖溶液的旋光度时，使用的光源是（　　）。

A. 钠光灯　　B. 白炽灯　　C. 水银灯　　D. 红外灯

101. 在电导实验测定中，需用交流电源而不用直流电源的原因是（　　）。

A. 防止在电极附近的溶液浓度发生变化

B. 能准确测定电流的平衡点

C. 简化测量电阻的线路

D. 保持溶液不致升温

102. 测量溶液的电导时应使用（　　）。

A. 甘汞电极　　B. 铂黑电极　　C. 银-氯化银电极　　D. 玻璃电极

103. 用电导法可以测量（　　）溶液的平衡电离常数。

A. CH_3COONa　　B. CH_3COOH　　C. CH_3CH_2OH　　D. H_2SO_4(稀)

104. 电导率仪在用来测量电导率之前必须进行（　　）。

A. 零点校正　　B. 满刻度校正　　C. 确定电导池常数　　D. 以上三种都需要

105. 在测定 $Ag/AgNO_3(m)$ 的电极电势时，可以采用（　　）作为盐桥中的电解质。

A. 饱和 KCl　　B. NH_4Cl　　C. NH_4NO_3　　D. NaCl

106. 用惠斯通电桥法测定电解质溶液的电导，电桥所用的电源为（　　）。

A. 220 V、50 Hz 市电

B. 40 V 直流电源

C. 一定电压范围的交流电，频率越高越好

D. 一定电压范围 1000 Hz 左右的交流电

107. pH 计是利用（　　）测定水溶液中氢离子的活度的。

A. 电导　　B. 电容　　C. 电感　　D. 电位差

108. 惠斯通电桥测量的是（　　）。

A. 电容　　B. 电位　　C. 电阻　　D. 电感

109. 常用酸度计上使用的两个电极是（　　）。

A. 玻璃电极，甘汞电极　　B. 氢电极，甘汞电极

C. 甘汞电极，铂电极　　D. 铂电极，氢电极

110. 用对消法测量可逆电池的电动势时，发现检流计光标总是朝一侧移动，而调不到指零位置，与此现象无关的因素是（　　）。

A. 工作电源电压不足　　B. 工作电源电极接反

C. 测量线路接触不良　　D. 检流计灵敏度较低

111. 用补偿法测可逆电池电动势，主要是为了（　　）。

A. 消除电极上的副反应

B. 减少标准电池的损耗

C. 在接近可逆情况下测定电池的电动势

D. 简便易测

112. 在使用电位差计测电动势时，首先必须进行“标准化”操作，其目的是（　　）。

A. 校正标准电池的电动势　　B. 校正检流计的零点

C. 标定工作电流　　D. 检查线路是否正确

113. 用对消法测得原电池 $Zn|ZnSO_4(a_1)\|KCl(a_2)|Ag\text{-}AgCl(s)$的电动势与温度关系为 $E/V=1.0367-5.42\times10^{-4}(T/K-298)$，则反应 $Zn+2AgCl(s)=\!=\!=2Ag+ZnCl_2$ 在 293.2 K 时的焓变为（　　）。

A. $169.9\ kJ\cdot mol^{-1}$　　B. $-169.9\ kJ\cdot mol^{-1}$

C. $-231.3\ kJ\cdot mol^{-1}$　　D. $231.3\ kJ\cdot mol^{-1}$

114. 某同学用对消法测得电池 $Zn|ZnSO_4(0.1000\ mol\cdot kg^{-1})\|KCl(1.0000\ mol\cdot kg^{-1})|Ag\text{-}AgCl(s)$的电动势与温度的关系为：$E/V=1.0367-5.42\times10^{-4}(T/K-298)$，则 298 K 时该电池的可逆热效应为（　　）。

A. −31.2 kJ　　B. −200.1 kJ　　C. 31.2 kJ　　D. 200.1 kJ

115. 多数情况下降低液体接界电势采用 KCl 盐桥，这是因为（　　）。

A. K^+、Cl^-的电荷数相同，电性相反

B. K^+、Cl^-的核电荷数相近

C. K^+、Cl^-的迁移数相近

D. K^+、Cl^-的核外电子构型相同

116. 如下图所示，对消法测原电池电动势时，当电路得到完全补偿，即检流计指针为 0 时，未知电池电动势 E_x(电阻丝读数为 R_{AB}）与标准电池电动势 E_s(电阻丝读数为 R_{Ab}）之间的关系为（　　）。

A. $E_x=\dfrac{R_{Ab}}{R_{AB}}E_s$　　B. $E_x=\dfrac{R_{AB}}{R_{Ab}}E_s$

C. $E_x=\dfrac{R_{AB}}{R_{Bb}}E_s$　　D. $E_x=\dfrac{R_{Bb}}{R_{AB}}E_s$

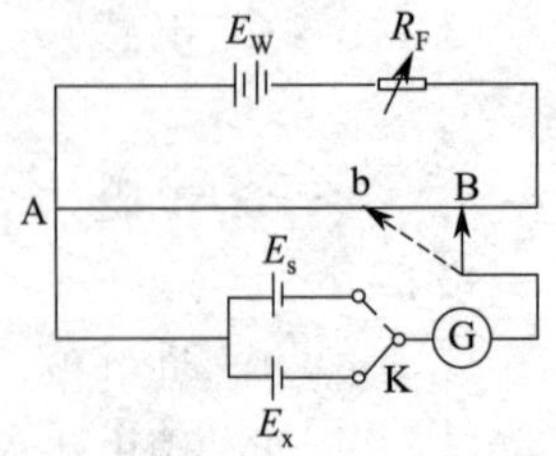

117. 有人希望不用量热法测定反应 $2Ag^+ + Sn^{2+} \longrightarrow 2Ag + Sn^{4+}$ 的热效应。若用电化学方法，应选用的电池是（　　）。

A. $Ag\text{-}AgCl|KCl(a_1) \| AgNO_3(a_2)|Ag(s)$

B. $Ag(s)|AgNO_3(a_1) \| Sn^{4+}(a_2), Sn^{2+}(a_3)|Pt(s)$

C. $Pt(s)|Sn^{4+}(a_1), Sn^{2+}(a_2) \| Ag^+(a_3)|Ag(s)$

D. $Ag(s)|Ag^+(a_1) \| Sn^{4+}(a_2), Sn^{2+}(a_3)|Sn(s)$

118. 饱和标准电池在 20 ℃时的电动势为（　　）。

A. 1.01845 V　　B. 1.01800 V　　C. 1.01832 V　　D. 1.01865 V

119. 惠斯通（Wheatstone）电桥只用于测量电解质溶液的（　　）。

A. 电势　　B. 电阻　　C. 离子的迁移数　　D. 电容

120. 按照电极电势的定义，电极电势是（　　）与待测电极组成原电池的电动势。

A. 标准氢电极　　B. 甘汞电极　　C. 锌电极　　D. 铜电极

121. 按照电化学可逆电池理论，下列各关系式中不正确的是（　　）。

A. $E = \varphi_+ - \varphi_-$　　B. $\varphi_{Zn^{2+}/Zn} = \varphi^{\ominus}_{Zn^{2+}/Zn} + \frac{RT}{2F}\ln\frac{\alpha_{Zn^{2+}}}{\alpha_{Zn}}$

C. $\varphi_{Cu^{2+}/Cu} = \varphi^{\ominus}_{Cu^{2+}/Cu} + \frac{RT}{2F}\ln\frac{\alpha_{Cu^{2+}}}{\alpha_{Cu}}$　　D. $E = E^{\ominus} + \frac{RT}{2F}\ln\frac{\alpha_{Cu}\alpha_{Zn^{2+}}}{\alpha_{Cu^{2+}}\alpha_{Zn}}$

122. 测量电池电动势时，采用对消法的目的是（　　）。

A. 使回路的电阻接近于零　　B. 使通过待测电池的电流接近于零

C. 使通过工作电池的电流接近于零　　D. 使回路电压接近于零

123. 对消法测量电池电动势具有许多特点，但不包括（　　）。

A. 完全对消时无电流通过被测电池

B. 不需要测量线路中的电流强度

C. 测量精度只依赖于标准电池电动势和滑线电阻的精度

D. 可以降低电池中的液体接界电势

124. 用对消法测定原电池电动势的实验中若发现检流计始终偏向一边，则可能的原因是（　　）。

A. 被测电池温度不均匀　　B. 被测电池的两极接反了

C. 标准电池电动势不够精确　　D. 检流计灵敏度差

125. 在应用对消法测定电池电动势的实验中，通常必须用到（　　）。

A. 标准氢电极　　B. 甘汞电极　　C. 标准电池　　D. 铜锌电池

126. 实验室测定由电极 $Ag|AgNO_3(aq)$及 $Ag|AgCl|KCl(aq)$组成的电池的电动势时不能采用的是（　　）。

A. 电位差计　　B. 标准电池　　C. 饱和 KCl 盐桥　　D. 直流检流计

127. 在电极制备及电池电动势测量的实验中，下列说法不正确的是（　　）。

A. 制备铜电极时，需要进行电镀，电镀时以该电极作阳极

B. 制备锌电极时，需要进行汞齐化处理

C. 使用饱和甘汞电极时，应将上下两橡皮塞取下，电极内的溶液中一定要保持有 KCl 晶体存在

D. 测量铜锌电池的电动势时，要用盐桥降低液接电势

128. 在电池电动势测量实验中，测得如下两个电池的电动势分别为：铜-甘汞为 0.1485 V；锌-甘汞为 0.9513 V。已知甘汞电极的电极电势为 0.2415 V。则铜电极和锌电极的电极电势分别为（　　）。

A. 0.3900 V，−0.7098 V　　B. 0.3900 V，0.7098 V

C. 0.093V，−0.7098 V　　D. 0.093 V，0.7098 V

129. 氢超电势实验所测的是（　　）。

A. 电阻超电势　　B. 浓差超电势

C. 活化超电势　　D. 电阻超电势与浓差超电势之和

130. 阴极极化曲线测定的实验装置都配有鲁金毛细管，它的主要作用是（　　）。

A. 当作盐桥　　B. 降低溶液欧姆电位降

C. 减少活化过电位　　D. 增大测量电路的电阻值

131. 极谱分析的基本原理是根据滴汞电极的（　　）而分析的。

A. 电阻　　B. 浓差极化的形成

C. 汞齐的形成　　D. 活化过电位

132. 用补偿法测定可逆电池电动势的实验中，发现检流计光点始终不动，原因可能是（　　）。

A. 检流计线圈已烧坏　　B. 电池正负极接反

C. 参比电极已坏　　D. 工作电池电压太低

133. 在最大气泡法测溶液表面张力实验中，乙醇溶液浓度可用（　　）准确测定。

A. 分光光度计　　B. 旋光仪　　C. 电导率仪　　D. 阿贝折射仪

134. 在最大泡压法测定溶液表面张力的实验中，下面的实验操作中不正确的是（　　）。

A. 毛细管壁必须严格清洗干净

B. 毛细管口必须平整

C. 毛细管垂直插入内部，每次浸入深度尽量保持不变

D. 毛细管应垂直放置并刚好与液面相切

135. 最大气泡法测定液体表面张力利用表面张力 γ 与最大液柱差 Δh_m 的正比关系 $\gamma = K\Delta h_m$。在推导此式时，必须用到的关系式是（　　）。

A. $\Gamma = -\dfrac{c}{RT}\left(\dfrac{\partial \gamma}{\partial c}\right)_T$　　B. $\Gamma = \Gamma_m \dfrac{ac}{1+ac}$

C. $\Delta p = \dfrac{2\gamma}{R'}$　　D. $\gamma = \dfrac{\gamma_{H_2O}}{\Delta h_{m,\ H_2O}}\Delta h_m$

136. 在最大气泡法测定液体表面张力的实验中，从毛细管中逸出气泡的过程中，气泡的曲率半径 R 的变化过程是（　　）。

A. 逐渐变大　　B. 逐渐变小

C. 先逐渐变大再逐渐变小　　D. 先逐渐变小再逐渐变大

137. 朗格缪尔吸附等温式为 $\Gamma=\Gamma_m \dfrac{ac}{1+ac}$。为了用实验数据计算 Γ_m 及 a，常将该式改写成线性方程。c/Γ 对 c 作图可得一直线，则（　　）。

A. 斜率为 $\dfrac{1}{\Gamma_m}$，截距为 $\dfrac{1}{a\Gamma_m}$　　B. 斜率为 $\dfrac{1}{a\Gamma_m}$，截距为 $\dfrac{1}{\Gamma_m}$

C. 斜率为 $\dfrac{1}{\Gamma_m}$，截距为 $\dfrac{1}{a}$　　D. 斜率为 Γ_m，截距为 a

138. 下图是最大气泡法测量液体表面张力的装置。欲调节气泡从毛细管中的逸出速率，应调节（　　）。

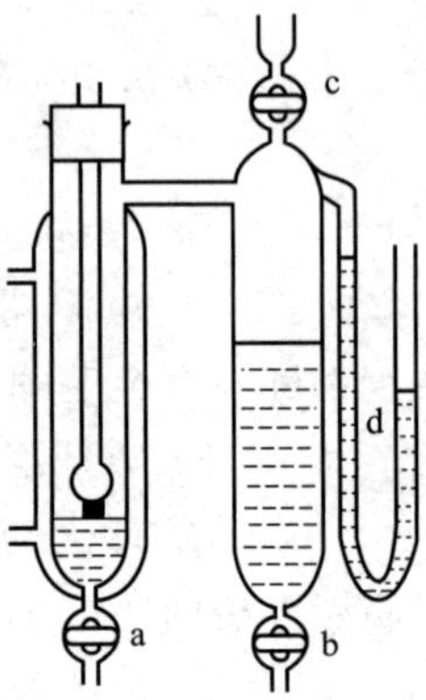

A. 活塞 a　　B. 活塞 b　　C. 活塞 c　　D. U 形管 d 中的液体量

139. 在最大气泡法测定表面张力的实验中，随着乙醇浓度的增加，测量的最大压差 Δh_m 和计算所得的表面吸附量 Γ 的变化规律是（　　）。

A. Δh_m 逐渐增加，Γ 逐渐减小　　B. Δh_m 逐渐减小，Γ 逐渐增加

C. Δh_m 和 Γ 均逐渐增加　　D. Δh_m 和 Γ 均逐渐减小

140. 在最大气泡法测定液体表面张力实验中，由最大压差 Δh_m 计算表面张力 γ 的公式为：$\gamma=K\Delta h_m$。式中的 K 与（　　）无关。

A. 室温　　B. 毛细管半径

C. U 形管压力计内液体的密度　　D. 待测液体的浓度

141. 在最大气泡法测定液体表面张力的实验中，在调节系统减压时，发现无气泡逸出，且 U 形管压力计两液面的高度不变，产生这一现象的原因是（　　）。

A. 系统漏气　　B. 毛细管堵塞

C. 减压管内的水量不足　　D. 毛细管被油污染

142. 在最大气泡法测定液体表面张力的实验中，选择 U 形管压力计内的液体时，可不必考虑（　　）。

A. 密度　　B. 水溶性　　C. 蒸气压　　D. 流动性

143. 利用最大气泡法测量水的表面张力时，甲同学测量得到 $\Delta h_m=10.35$ cm，乙同学用另外一套装置测量得到 $\Delta h_m=12.56$ cm。然而甲乙两同学经数据处理后发现，所得乙醇溶液的表面张力、表面吸附量等其他结果却完全一样。则 Δh_m 测量结果不同的原因可能是（　　）。

A. 读数的误差　　B. 气泡逸出速率的不同

C. 毛细管半径的不同　　　　　　　D. U 形管内液体量的不同

144. 测溶液中大分子化合物的平均摩尔质量时，不宜采用的方法是（　　）。

A. 渗透压法　　B. 光散射法　　C. 冰点降低法　　D. 黏度法

145. $\lim_{c \to 0} \frac{\eta_{sp}}{c} = [\eta]$ 中的 $[\eta]$ 是（　　）。

A. 无限稀溶液的黏度　　　　　　　B. 相对黏度

C. 增比黏度　　　　　　　　　　　D. 特性黏度

146. 测定相对黏度应用的计算公式 $\eta_r = \eta_i / \eta_0 = t_i / t_0$ 需要的条件是（　　）。

A. 同一温度测定

B. 使用同一支黏度计测定

C. 同一温度且使用同一支黏度计测定

D. 同一温度，使用同一支黏度计，且两个被测的液体密度相近

147. 在“黏度法测定高聚物的分子量”的实验中，通过测定液体的流出时间，最先得到的黏度是（　　）。

A. 相对黏度　　B. 增比黏度　　C. 比浓黏度　　D. 比浓对数黏度

148. 高聚物溶液的黏度是它在流动过程中分子间内摩擦的反映。仅仅反映溶剂与溶质之间内摩擦的黏度是（　　）。

A. 相对黏度　　B. 增比黏度　　C. 比浓黏度　　D. 特征黏度

149. 通过测量黏度而获得的高聚物的分子量是（　　）。

A. 数均分子量　　B. 质均分子量　　C. Z 均分子量　　D. 黏均分子量

150. 用同一黏度计测定纯溶剂，稀释至 1/2、1/3、1/4 浓度的溶液的流出时间时，流出时间最长的是（　　）。

A. 纯溶剂　　　　　　　　　　　　B. 稀释至 1/2 浓度的溶液

C. 稀释至 1/3 浓度的溶液　　　　　D. 稀释至 1/4 浓度的溶液

151. 下图是乌氏黏度计的示意图。液体在此黏度计中的流出时间的长短与（　　）的体积大小有关。

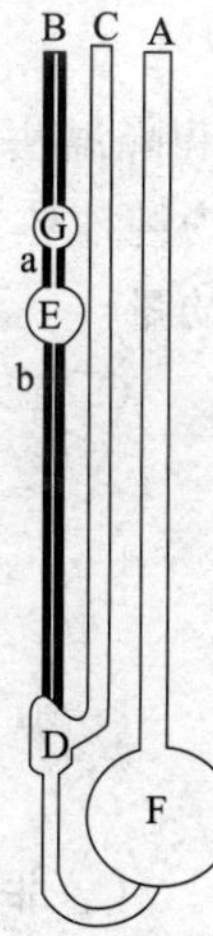

A. D 球　　B. E 球　　C. F 球　　D. G 球

152. 关于乌氏黏度计侧管 C 的作用，下列说法正确的是（　　）。

A. 使溶剂的流出时间在 100～130 s 之间

B. 使测量不受溶液体积多少的影响

C. 让液体仅凭重力作用流下

D. 可以将被测液体抽吸，从而实现对同一样品进行多次测量

153. 在测量某液体的流出时间时，按下秒表开始计时后，并没有将C管上的夹子取下，则此次测量的流出时间（　　）。

A. 偏小　　B. 偏大　　C. 不变　　D. 视被测液体而定

154. 用乌氏黏度计测量某溶液的流出时间时发现三次测量结果重现性不好，出现这种情况的原因有多种，但可以排除（　　）。

A. 温度波动　　B. 恒温槽的搅拌器马达不稳

C. 溶液未混合均匀　　D. 用移液管量取溶液的体积不准

155. 当液体在重力作用下流经毛细管时，其黏度可按泊塞勒（Poiseuille）公式计算。用同一黏度计分别测量溶剂和溶液的黏度时，其中不相同的两个量是（　　）。

A. 流经毛细管液体的体积与流出时间

B. 流出时间与液体的平均液柱高度

C. 液体的密度与流出时间

D. 流经毛细管液体的体积与液体的密度

156. 下列关系式中正确的一组是（　　）。

A. $\eta_r < \eta_{sp}$　$\frac{\eta_{sp}}{c} < \frac{\ln\eta_r}{c}$　　B. $\eta_r < \eta_{sp}$　$\frac{\eta_{sp}}{c} > \frac{\ln\eta_r}{c}$

C. $\eta_r > \eta_{sp}$　$\frac{\eta_{sp}}{c} > \frac{\ln\eta_r}{c}$　　D. $\eta_r > \eta_{sp}$　$\frac{\eta_{sp}}{c} < \frac{\ln\eta_r}{c}$

157. 在$Fe(OH)_3$溶胶的电泳实验中，界面向负极移动，这说明（　　）。

A. 胶粒带正电荷　　B. 胶核带正电荷

C. 胶团带正电荷　　D. 胶体带正电荷

158. 纯液体饱和蒸气压测定实验中，下列说法正确的是（　　）。

A. 该实验每记录一个实验数据需检查一次气密性

B. U形管内空气对实验结果无影响

C. 纯液体饱和蒸气压的测定有升温法和降温法

D. U形管液面相平时，记录的压力就为纯液体的饱和蒸气压

159. 偶极矩是度量分子（　　）大小的量。

A. 极性　　B. 磁性　　C. 旋光性　　D. 导电性

160. 偶极矩的定义式是（　　）。

A. $\mu = qd$　　B. $\mu = md$　　C. $\mu = mq$　　D. $\mu = \alpha d$

161. 偶极矩的方向是（　　）。

A. 从正到负　　B. 从负到正　　C. 从左到右　　D. 从右到左

162. 具有永久偶极矩的是（　　）分子。

A. 非极性　　B. 极性　　C. 非极性和极性　　D. 中性

163. 无论是极性分子还是非极性分子在电场作用下都会产生的与电场方向反向平行的极化效应是（　　）。

A. 诱导极化　　B. 定向极化　　C. 永久极化　　D. 非定向极化

164. 非极性分子不具有（　　）。

A. 诱导偶极矩　　B. 定向偶极矩　　C. 永久偶极矩　　D. 非定向偶极矩

165. 电解质的介电常数是该电解质的电容与（　　）的比值。

A. 真空的电容　　B. 标准物质的电容

C. 空气的电容　　D. 四氯化碳的电容

166. 不随温度变化的极化率是（　　）。

A. 非定向极化率　　B. 定向极化率

C. 永久极化率　　D. 诱导极化率

167. 配制乙酸乙酯-四氯化碳溶液时用（　　）方法精确量取四氯化碳。

A. 移液管移取　　B. 目测　　C. 倾倒　　D. 差重

二、填空题

1. 量热实验中，量热计水当量的定义是________。通常用________方法测定量热计水当量。

2. 用氧弹量热计测定物质的燃烧热时，作雷诺图求 ΔT 的作用是：________。下图是测定数据描绘的 T-t 图，用雷诺图求 ΔT 时，由________确定 O 点的位置。

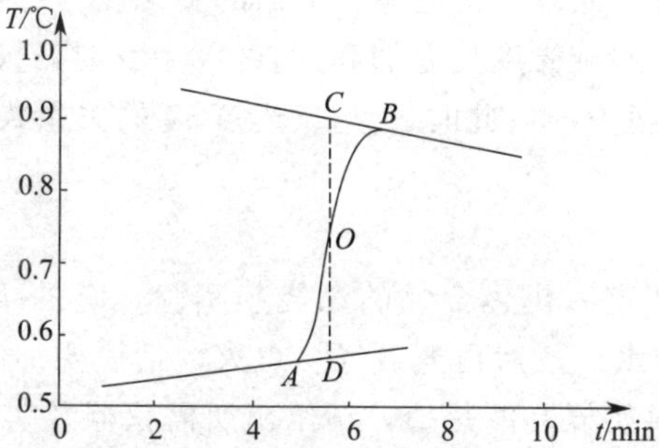

3. 量热实验中，先用已知燃烧热的苯甲酸标定________，然后直接测量的是萘的________。为了准确地测量体系温度变化，应使用________；为了得到较合理的 ΔT 值，对所测的温度值必须用________进行校正。

4. 在测定水的饱和蒸气压实验中使用了克劳修斯-克拉贝龙方程，其基本假设有________、________和________。为了准确测得水的饱和蒸气压，在测量之前，必须先将平衡管中的________。实验过程中，若 U 形压力计上的汞柱差越大，则气液平衡时，体系的温度________。

5. 液体饱和蒸气压的测定方法主要有以下三种：________、________、________。

6. 在测定双液系相图时，用________测定样品溶液的________来求得样品的组成。在该实验中，对用沸点仪测得的温度应进行________校正和________校正。

7. 测定电解质溶液的电导常用________法，电导池常数的定义式是________，它的测定方法是________。

8. 测量溶液电导时，由于离子在电极上放电会产生极化现象，因此通常都是用较高________的________电桥来测量的，所用的电极均镀以________来减少极化作用。

9. 测定离子迁移数的常用方法有________、________、________。

10. 希托夫法是根据电解前后两电极区__________的变化来计算离子迁移数的。

11. 界面移动法是直接测定溶液中离子的__________。

12. 用电位计测定可逆电池的电动势时，若所用工作电池的电压低于要求的最小电压值，操作时会出现__________的现象，出现同一现象的另一可能原因是__________。

13. 用 pH 计测定溶液的 pH 时，所用的参比电极是________，测定电极是________。在仪器定位时必须使用________溶液。

14. 以补偿法用电位差计测定可逆电池的电动势时，电位差计上的接触按钮（其作用是使标准化或测量电路呈通路或断路）只能瞬间接通。若接通时间长将引起电极________，其后果是________。

15. 可用来作盐桥的电解质的特性是________，常用作盐桥的电解质有________和________等。

16. 电极的超电势由________、________和________三部分组成，测定电极的超电势需用________个电极连成线路，这些电极分别称作________。

17. 在化学动力学实验中，测定反应中某反应物的反应级数常采用的方法是________，此法称为________法。

18. 用旋光仪测定蔗糖转化反应的浓度和时间（c-t）关系时，其中 c 是由跟踪反应体系的旋光性变化而间接得到的。蔗糖、葡萄糖、果糖的旋光度与各自的浓度成正比，比例常数依次为 A_1、A_2、A_3，体系的旋光度具有加和性。当 $t=0$ 时，蔗糖浓度为 c_0，葡萄糖、果糖的浓度为零，t 时蔗糖浓度为 c_t，此时 c_t 与旋光度 α_t 的关系式应为________。

三、问答题

1. 关于用氧弹量热计测定有机化合物的燃烧热实验，有的实验教材上要求在量热测定时在氧弹量热计中加几滴纯水，然后再充氧气、点火，请说明加的这几滴水的作用是什么。

2. 某研究所需要测定牛奶样品的热值，请给出所需仪器及实验步骤。

3. 某种不可燃固体物质，加热可使它分解成为另一种固体和一种气体，请设计一个实验以测定上述分解反应的 $\Delta_r H_m^\ominus$ 和 $\Delta_r S_m^\ominus$，简要叙述实验方法和所依据的热力学原理，不必绘出实验装置图。

4. 现要安装一个 50 ℃以下的恒温槽，应考虑下列问题：

① 需要有哪些部件？

② 如何配置恒温槽各部件？

③ 恒温槽放在 20 ℃的实验室内，欲控制恒温温度在 25.0 ℃。恒温槽在 25.0 ℃时的散热速率是 0.060 ℃·min^{-1}，恒温槽内盛水 10.0 dm^3，问应使用多少瓦的控温加热器为好？已知 1 dm^3 水的质量为 1000 g，水的比热容为 4.184 J·g^{-1}·K^{-1}。

④ 若恒温槽控制的温度略低于室温，应采取什么措施才能达到恒温目的（不用现成的制冷器)?

5. 欲用溶液法测定溴苯的偶极矩，现查得溴苯、苯、乙醇、环己烷、四氯化碳、水的一些物理常数如下表。上述物质中，哪些可选作溶剂？何种溶剂效果最佳？选择溶剂应考虑哪些因素？

	溴苯	苯	乙醇	环己烷	四氯化碳	水
密度 ρ(20 ℃)/(g·cm^{-3})	1.4950	0.879	0.789	0.7786	1.600	0.9982
折射率 n^{20}	1.5594	1.5011	1.3614	1.4266	1.4603	1.3330
沸点 T_b/℃	156.43	80.3	78	80	75.5	100

6. 已知某物质的分子量为146，它溶于环己烷中，但不知道它在环己烷中是以单体还是二聚体，或两者的平衡状态存在的。请提出一种实验方法，判断该物质在环己烷中的存在状况（需说明方法、已知和测定的数据）。

7. 测定萘-苯的固液二组分相图，请写出所需仪器、实验步骤。注：苯的凝固点是5.5 ℃，萘的凝固点是80 ℃。

8. 强电解质稀溶液符合 $\Lambda_m = \Lambda_m^{\infty} - Ac^{\frac{1}{2}}$ 规律，请设计一个实验方案，求出 KNO_3 稀溶液的 Λ_m 与 c 的具体函数关系式（写明实验方法原理、测定线路及主要测定步骤）。

9. 在电导仪说明书中，常指出测电解质溶液的电导时用镀了铂黑的电导电极（电导池），而测蒸馏水的电导时应用光亮铂电极，你认为这是为什么？

10. 用界面移动法测定 H^+ 的迁移数时，为什么选用一定浓度的 $CdCl_2$ 溶液作为指示溶液？

11. 试解释双液电池所用盐桥，为什么常用琼脂作支持物。

12. 在图中所示的电池的A、B两极上，要求加上0.1254 V电压（直流）。说明如何用电位差计实现这一要求。

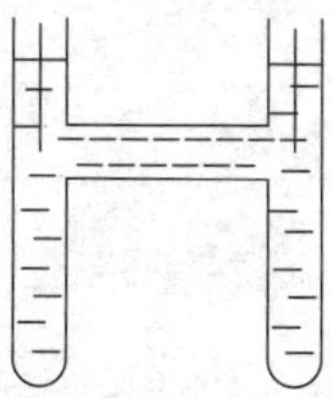

13. 用电位差计测定原电池的电动势时，标准化这一操作起什么作用？要测得精确的电动势值，测定操作的关键是什么？

14. 在用对消法测定电池电动势的装置中要使用电位差计及检流计，选用电位差计的型号及检流计的型号时要注意什么问题？

15. 请设计一电化学实验，测定下列反应的等压热效应，并说明其理论根据（不写实验装置及实验步骤）。

$$Ag(s) + HCl(aq) = AgCl(s)\downarrow + 1/2H_2(g)$$

16. 你在哪个物化实验中使用过标准电池？简述它在实验中起的作用，它是提供标准电极电势、标准电流，还是标准电势差？

17. 测定电极在有电流通过时的电极电势通常采用三电极的方法，请画出此测量装置的示意图，并标出三个电极的名称。

18. 在 H_2 超电势测定实验中，鲁金毛细管的作用是什么？实验线路中为什么要有三个电极，它们的作用是什么？

19. 已知反应 $C_2O_4^{2-} + Br_2 \longrightarrow 2CO_2 + 2Br^-$，请给出测定该反应速率常数及反应级数的实验方案。

20. 用物理法对某一反应的宏观动力学性质进行实验测定时，选择跟踪反应的某一物理量，一般希望它具有什么条件？

21. 在室温20 ℃及 $p^{\ominus}$ 下，用量氧气体积的方法测定30.0 ℃下反应 $H_2O_2 \longrightarrow H_2O + \frac{1}{2}O_2$ 的速率常数。测定装置中量气管体积为50 cm^3，若测定时取过氧化氢溶液20 cm^3，则

该溶液的浓度最大不能超过何值才能适应所用的量气管（假设 O_2 服从理想气体方程）。

22. 绘制惠斯通电桥的原理图。

23. 在热导式热量计中，把分别处在 283.15 K 的 1.0763 g 四甲基硅烷和 1.7211 g 的四甲基锡相混合，并自动记录由混合热所产生的峰面积 A_1，再在热量计电阻为 28.132 Ω的加热器上通以 0.068450 A 的电流 14.193 s，同样自动记录此热效应所产生的峰面积 A_2（温度同为 283.15 K），并得到 $A_2/A_1=1.3011$。

(1) 计算这两个液体样品在 283.15 K 时的混合焓。

(2) 计算摩尔混合焓和混合物｛$(1-x)$ $Si(CH_3)_4+x Sn(CH_3)_4$｝中的摩尔分数 x。

物理化学实验习题参考答案

一、选择题

1. B	2. C	3. C	4. A	5. D	6. D	7. C	8. B	9. A	10. B
11. B	12. B	13. C	14. D	15. A	16. B	17. B	18. D	19. D	20. D
21. A	22. D	23. C	24. B	25. C	26. D	27. D	28. D	29. C	30. A
31. B	32. A	33. B	34. D	35. D	36. A	37. A	38. C	39. C	40. C
41. C	42. A	43. B	44. B	45. D	46. B	47. C	48. A	49. B	50. B
51. A	52. A	53. B	54. C	55. D	56. A	57. D	58. B	59. C	60. A
61. D	62. B	63. A	64. A	65. C	66. D	67. B	68. B	69. D	70. C
71. C	72. B	73. C	74. D	75. A	76. B	77. C	78. A	79. D	80. C
81. B	82. B	83. B	84. A	85. D	86. D	87. C	88. A	89. C	90. C
91. C	92. D	93. B	94. C	95. C	96. A	97. C	98. A	99. D	100. A
101. A	102. B	103. B	104. D	105. C	106. D	107. D	108. C	109. A	110. D
111. C	112. C	113. C	114. A	115. C	116. B	117. C	118. A	119. B	120. A
121. D	122. B	123. D	124. B	125. C	126. C	127. A	128. A	129. C	130. B
131. B	132. A	133. D	134. C	135. C	136. D	137. A	138. B	139. C	140. D
141. A	142. B	143. C	144. C	145. D	146. D	147. C	148. D	149. A	150. D
151. B	152. C	153. D	154. A	155. B	156. C	157. A	158. C	159. A	160. A
161. A	162. B	163. A	164. B	165. A	166. D	167. D			

二、填空题

1. 在相同测定条件下，使量热计仪器本身升高 1 ℃的热量，可同样升高 1 ℃的水的质量；电热法或测量已知燃烧热的标准样品（一般为苯甲酸）在量热计中燃烧得到的温差

2. 校正由于测定体系绝热不完全而产生热量散失造成的 ΔT 的偏差；表示 B 点纵坐标值和 A 点纵坐标值的差值的线段的中点的水平线与 AB 线的交点，或表示 B 点横坐标值和 A 点横坐标值的差值的线段的中点的垂直线与 AB 线的交点，或 COB 与 AOD 的面积相等

3. 量热计水当量；恒容燃烧热；贝克曼温度计；雷诺图

4. $\Delta_{vap}H_m$ 在实验温度范围内为常数；气液两相平衡时 $V_m(g)-V_m(l)\approx V_m(g)$；气相为理想气体；空气排尽；越低

5. 静态法；动态法；饱和气流法

6. 阿贝折射仪；折射率；露茎校正；大气压力校正

7. 惠斯通电桥；$K_{cell}=l/A$；由交流电桥测已知电导率溶液的电阻 R，$1/R=\kappa/K_{cell}$

8. 频率；交流；铂黑

9. 希托夫法；界面移动法；电动势法

10. 电解质数量

11. 移动速率（或淌度）

12. 检流计光点总往一边偏转，找不到平衡点；标准化时标准电池或工作电池之一的正负极接反，测定时测定电池或工作电池之一的正负极接反

13. 饱和甘汞电极；玻璃电极；标准缓冲溶液

14. 极化现象产生；测定电池体系离开平衡状态，测得的电动势值不正确

15. 正负离子迁移数相近 $t_+ \approx t_-$；KCl；KNO_3 或 NH_4NO_3 溶液

16. 电阻超电势；浓差超电势；活化超电势；三；测定电极，参比电极和辅助电极

17. 除浓度外，其他条件一定时，使反应物［A］>>［B］，测定 B 的反应级数；孤立法（隔离法）

18. $\alpha_t = A_1[c_t] + (A_2 + A_3)([c_0] - [c_t])$或$[c_t] = \{\alpha_t - (A_2 + A_3)[c_0]\}/(A_1 - A_2 - A_3)$

三、问答题

1. 使产物 H_2O 尽快凝聚为液态水。

2. 仪器：氧弹燃烧热测定仪一套；实验步骤：（1）水当量的测量；（2）空白滤纸的热能测定；（3）牛奶样品用滤纸吸取并烘干称重。

3. 实验方法：将该固体放在密闭容器中，将容器抽成真空，置于电炉上加热，测定不同温度下的平衡分解压力。平衡时：$\Delta_r G_m^\ominus = -RT\ln K_p^\ominus = \Delta_r H_m^\ominus - T\Delta_r S_m^\ominus$，即 $\ln K_p^\ominus = -\dfrac{\Delta_r H_m^\ominus}{RT} + \dfrac{\Delta_r S_m^\ominus}{R}$，以 $\ln K_p^\ominus$-$\dfrac{1}{T}$ 作图得一直线，直线的斜率为 $\Delta_r H_m^\ominus$，在直线上找一点代入上式，求出 $\Delta_r S_m^\ominus$。

4. ①玻璃缸一个，功率恰当的加热器一个，水银温度计一根（50 ℃以下、1/10 刻度精度），水银导电表（50 ℃以下）一个，搅拌器一个，继电器一个，功率与加热器相当的调压变压器一个。

② 搅拌器与加热器靠近，使热量迅速传递，进而使恒温槽温度均匀。温度计与水银导电表靠近并尽量放置在恒温槽要使用的区间周围，以便控制使用区间的恒温温度。部件的安放要注意恒温槽的横截面，亦要注意深度。

③ $0.060/60 \times 10.0 \times 1000 \times 1.0 \times 4.184 \approx 42$ W。加热器功率为 42 W 与散热速率匹配。

④ 需在恒温槽内放置金属（传热好）蛇形管，管内通温度较低的冷却水，冷却水带走的热量要比室温传给恒温槽的热量多，再用小功率的加热器加热，由水银导电表及继电器控温，以达到低于室温的恒温。

5. 可选作溶剂的有苯、环己烷、四氯化碳；其中效果最佳的是环己烷，因为它毒性相对最小，与溶质的密度相差最大；选择溶剂应考虑的因素有三个，一是溶剂必须为非极性，二是溶剂与溶质的性质如密度等相差越大越好，这样不同浓度溶液测量数据的差别大，测定相对误差小，三是溶剂性质要稳定，毒性小，挥发性小，便于操作。

6. 可用凝固点降低测分子量（或摩尔质量）的方法。使用公式 $M_B = K_f \dfrac{W_B}{\Delta T_f W_A}$ 计算 M_B。需要已知环己烷的凝固点降低常数 K_f，测定纯环己烷的凝固点 T_f^*、溶剂质量 W_A 和溶质质量为 W_B 的溶液的凝固点 T_f。若用测定结果计算得 M_B 为 146，则物质以单体形式存在，若为 292 则以二聚体存在，若在 146～292 之间则以两者平衡存在。

7. 装置见下图，其中 A 为冰浴搅拌器；B 为溶液的搅拌器；C 为 3000 mL 大烧杯；D

为外管；E为内管；F为100 ℃的温度计，校准至1/10 ℃；G为冰浴。实验步骤：①配制好不同含量A的混合物；②对每一混合物测定温度-时间曲线。

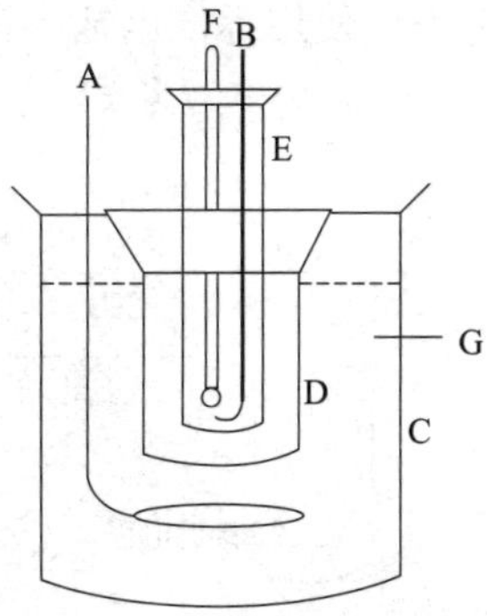

8. 测定线路如图所示。根据 $\frac{1}{R}=\frac{\kappa}{K_{cell}}$ 测得 κ，利用公式 $\Lambda_m=\frac{k}{c}$ 可得 Λ_m。作图 Λ_m-$\sqrt{c}$，曲线的截距 $\alpha=\Lambda_m^{\infty}$，斜率为 $-A$。测定步骤为：①测 K_{cell}；②测 R。

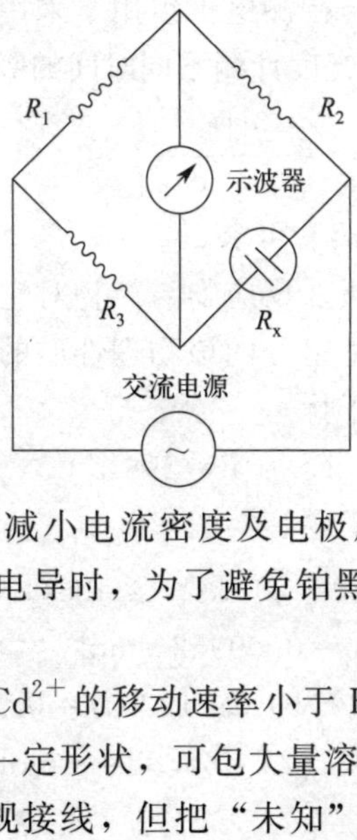

9. 测电解质溶液电导时，为了减小电流密度及电极反应过程活化能，减小电极极化作用，采用铂黑电极；而测蒸馏水的电导时，为了避免铂黑电极表面吸附的离子或杂质溶入而改变电导，采用光亮铂电极。

10. 因为 $CdCl_2$ 溶液呈紫色，Cd^{2+} 的移动速率小于 H^+ 的移动速率，界面清晰。

11. 琼脂是一种凝胶，它具有一定形状，可包大量溶液，不影响导电性。

12. 采用补偿法测电动势的常规接线，但把“未知”接在A、B两极上，然后在标准化以后，把该数调到0.1254 V。

13. 标准化操作的作用：利用标准电池 E_s 与 E_w 对消，标定电阻丝 AB 上的单位长度的电势降，从而测定未知电池的电动势 E_x；精确测定 E_x 要注意：①经常标准化操作；②接触电键接触时间要短，使电池尽量少极化。

14. ①如电位差计的精确度为 ΔE_x，测量回路总电阻为 R_0，则选用检流计的电流检测灵敏度应为 $\Delta E_x/R_0$，R_0 应略大于临界电阻 R_C，如 $R_0=(1.1\sim1.2)R_C$；②检流计应选择在合适的阻尼状态下工作。

15. ①设计电池为：$Ag\text{-}AgCl(s)|HCl(aq)|H_2(Pt)$。②压力 p 一定时，测该电池于某温度下的电动势 E 和电池的温度系数 $\left(\frac{\partial E}{\partial T}\right)_p$，可得电池的反应焓变值 $\Delta_r H_m=\Delta_r G_m+zFT\left(\frac{\partial E}{\partial T}\right)_p$，此 $\Delta_r H_m$ 即为该反应不在电池中进行时，反应的等压热效应。③因为反应不论

是否在电池中进行，其初、终态相同，利用状态函数的性质 $\Delta H_{电池}=\Delta H_{烧杯}$，在等 T 及 p 且 $W_f=0$ 时，$\Delta H=Q_p$。

16. 在电池电动势测定等实验中需要使用标准电池。该标准电池在实验中用于标定工作电流，提供标准电势差。

17.

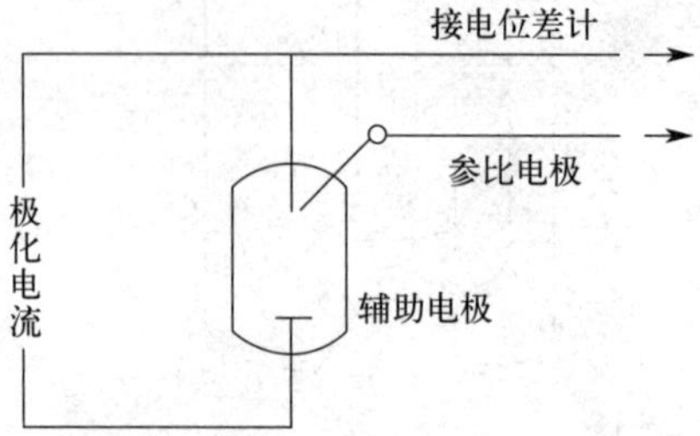

18. 鲁金毛细管的作用是消除电阻超电势；三个电极分别为待测电极、辅助电极及参比电极，其中辅助电极与待测电极组成电解池，通过改变电路中电阻控制待测电极的电流密度，得到不同的超电势；参比电极与待测电极组用于采用对消法测定待测电极的电势。

19. 根据 Br_2 有颜色，可用分光光度计测不同时间的吸光度；根据 CO_2 气体可测不同时间的气体量（压力一定时）；$-\dfrac{d[Br_2]}{dt}=\dfrac{1}{2}\dfrac{d[CO_2]}{dt}=k[C_2O_4^{2-}]^{\alpha}[Br_2]^{\beta}$，使 $[C_2O_4^{2-}]>>[Br_2]$ 可求 β，使 $[C_2O_4^{2-}]<<[Br_2]$ 可求 α。

20. （1）反应体系的该物理性质，反应物与产物对它的贡献有较大的差别；（2）该物理性质具有加和性；（3）反应体系中某组分的该物理性质的值与该组分的浓度有正比关系，且不受其他组分（包括中间产物）的干扰。

21. $n=pV/RT=2.04\times10^{-3}$ mol　（$T=298$ K）；$c=0.20$ mol·dm^{-3}

22. $R_x=R_3(R_1/R_2)$　（见 8 题答案图）

23. （1）$\Delta_{mix}H=[(0.068450)^2\times28.13\times14.193/1.3011]$ J·mol^{-1} $=1.4378$ J·mol^{-1}

（2）$n_A=0.01220$ mol，$n_B=0.009624$ mol

$x=0.009624/(0.009624+0.01220)=0.4410$

$\Delta_{mix}H_m=1.4378/0.021824=65.88$ J·mol^{-1}

附 录

附录一 国际单位制的基本单位

量	单位名称	单位符号	备注
长度	米	m	米等于氪(^{86}Kr)原子的 $2p_{10}$ 和 $5d_5$ 能级之间跃迁所对应的辐射,在真空中的1650763.73个波长的长度
质量	千克(公斤)	kg	千克是质量单位,等于国际千克原器的质量
时间	秒	s	秒是铯133原子基态的两个超精细能级之间跃迁所对应的辐射的9192631770个周期的持续时间
电流	安[培]	A	安培是一恒定电流,若保持在处于真空中相距1米的两无限长,而圆截面可忽略的平等直导线内,则在此两导线之间产生每米长度上等于 2×10^{-7} 牛顿的力
热力学温度	开[尔文]	k	热力学温度单位开尔文是水三相点热力学温度的1/273.16
物质的量	摩[尔]	mol	① 摩尔是一系统的物质的量,该系统中所包含的基本单元数与0.012千克碳12的原子数目相等 ② 在使用摩尔时,基本单元应予以指明,可以是原子、分子、离子、电子及其他粒子,或是这些粒子的特定组合
发光强度	坎[德拉]	cd	坎德拉是一光源在给定方向上的发光强度,该光源发出频率为 540×10^{12} 赫兹的单色辐射,且在此方向上的辐射强度为11683瓦特每球面度

附录二 国际单位制辅助单位

量	单位名称	单位符号	备注
平面角	弧度	rad	弧度是一圆内两条半径之间的平面角,这两条半径在圆周上截取的弧长与半径相等
立体角	球面度	sr	球面度是一立体角,其顶点位于球心。而它在球面上所截取的面积等于以球半径为边长的正方形面积

附录三 国际单位制具有专门名称的导出单位

量	单位名称	单位符号	其他单位表示式	基本单位表示式
频率	赫[兹]	Hz		S^{-1}
力	牛[顿]	N		$m\cdot kg\cdot s^{-2}$
压强,(压力),应力	帕[斯卡]	Pa	N/m^2	$m^{-1}\cdot kg\cdot s^{-2}$

续表

量	单位名称	单位符号	其他单位表示式	基本单位表示式
能,功,热量	焦[耳]	J	N·m	$m^2 \cdot kg \cdot s^{-2}$
功率,辐[射]通量	瓦[特]	W	J/s	$m^2 \cdot kg \cdot s^{-3}$
电量,电荷	库[仑]	C		s·A
电位(电势),电压,电动势	伏[特]	V	W/A	$m^2 \cdot kg \cdot s^{-3} \cdot A^{-1}$
电容	法[拉]	F	C/V	$m^{-2} \cdot kg^{-1} \cdot s^4 \cdot A^2$
电阻	欧[姆]	Ω	V/A	$m^2 \cdot kg \cdot s^{-3} \cdot A^{-2}$
电导	西[门子]	S	A/V	$m^{-2} \cdot kg^{-1} \cdot s^3 \cdot A^2$
磁通[量]	韦[伯]	Wb	V·s	$m^2 \cdot kg \cdot s^{-2} \cdot A^{-1}$
磁感应[强度],磁通密度	特[斯拉]	T	Wb/m^2	$kg \cdot s^{-2} \cdot A^{-1}$
电感	亨[利]	H	Wb/A	$m^2 \cdot kg \cdot s^{-2} \cdot A^{-2}$
摄氏温度	摄氏度	℃		K
光通[量]	流[明]	lm		cd·sr
[光]照度	勒[克斯]	lx	lm/m^2	$m^{-2} \cdot cd \cdot sr$
[放射性]活度,(放射性强度)	贝可[勒尔]	Bq		s^{-1}

附录四 其他单位制单位与 SI 单位互换表

单位名称	单位符号	折合 SI 单位制
1 吨力	tf	9806.65 N
1 公斤力	kgf	9.80665 N
1 达因	dyn	10^{-5} N
泊	P	$0.1\ N \cdot s \cdot m^{-2}$
厘泊	cP	$10^{-3}\ N \cdot s \cdot m^{-2}$
毫巴	mbar	$100\ N \cdot m^{-2}$
1 达因每厘米^2	$dyn \cdot cm^{-2}$	$0.1\ N \cdot m^{-2}$
1 公斤力每厘米^2	$kgf \cdot cm^{-2}$	$98066.5\ N \cdot m^{-2}$
1 工程大气压	at	$98066.5\ N \cdot m^{-2}$
1 毫米水柱	mmH_2O	$9.80665\ N \cdot m^{-2}$
1 毫米汞柱	mmHg	$133.322\ N \cdot m^{-2}$
1 公斤力米	kgf·m	9.80665 J
1 尔格	erg	10^{-7} J
1 马力小时	HP·h	2.648×10^6 J
1 升每大气压	L·atm	101.328 J
1 瓦特小时	W·h	3600 J
1 卡	cal	4.1868 J
1 公斤力米每秒	$kgf \cdot m \cdot s^{-1}$	9.80665 W
马力	HP	735.499 W
1 尔格每秒	$erg \cdot s^{-1}$	10^{-7} W
1 大卡每小时	$kcal \cdot h^{-1}$	1.163 W
1 卡每秒	$cal \cdot s^{-1}$	4.1868 W
1 卡每克度	$cal \cdot g^{-1} \cdot C^{-1}$	$4186.8\ J \cdot kg^{-1} \cdot K^{-1}$
1 尔格每克度	$erg \cdot g^{-1} \cdot C^{-1}$	$10^{-4}\ J \cdot kg^{-1} \cdot K^{-1}$
1 伏秒	V·s	1 Wb
1 伏每厘米	$V \cdot cm^{-1}$	$100\ V \cdot m^{-1}$
1 安小时	A·h	3600 C
1 安每厘米	$A \cdot cm^{-1}$	$100\ A \cdot m^{-1}$

附录五 物理化学基本常数

名称	符号	常数	量纲
阿伏伽德罗常数	L, N_A	$(6.022045 \pm 0.000031) \times 10^{23}$	mol^{-1}
玻尔半径	a_0	$(5.2917706 \pm 0.0000044) \times 10^{-11}$	m
玻尔兹曼常数	k	$(1.380662 \pm 0.000044) \times 10^{-23}$	J/K
磁导率(真空中)	μ_0	$4\pi \times 10^{-7}$	H/m
电子半径(经典)	r_e	$(2.8179380 \pm 0.0000070) \times 10^{-15}$	m
电子静止质量	m_e	9.109534×10^{-31}	kg
质子静止质量	m_p	$1.672621637 \times 10^{-27}$	kg
法拉第常数	F	$(9.648456 \pm 0.000027) \times 10^4$	C/mol
光速(真空中)、电磁波速度	c	$(2.99792458 \pm 0.000000012) \times 10^8$	m/s
基本电荷(电子电量)	e	$(1.6021892 \pm 0.0000046) \times 10^{-19}$	C
介电常数(真空中)	ε_0	$8.854187818 \times 10^{-12}$	F/m
里德伯常数	R_∞	$(1.097373177 \pm 0.000000083) \times 10^7$	m^{-1}
玻尔磁子	μ_B	$(9.274078 \pm 0.000036) \times 10^{-24}$	J/T
普朗克常数	h	$(6.626176 \pm 0.000036) \times 10^{-34}$	J·s
声速(在标准条件下空气中)	c	331.4	m/s
摩尔气体常数	R	8.31441 ± 0.00026	J/(mol·K)
万有引力常量	G	6.673×10^{-11}	$N \cdot m^2/kg^2$
质子的磁旋比	γ	$(2.6751987 \pm 0.0000075) \times 10^8$	$A \cdot m^2/(J \cdot s)$
重力加速度(标准)	g	9.80665	m/s^2

附录六 水的饱和蒸气压

温度 t/℃	饱和蒸气压/(10^3 Pa)	温度 t/℃	饱和蒸气压/(10^3 Pa)	温度 t/℃	饱和蒸气压/(10^3 Pa)
0	0.61129	35	5.6267	70	31.176
1	0.65716	36	5.9453	71	32.549
2	0.70605	37	6.2795	72	33.972
3	0.75813	38	6.6298	73	35.448
4	0.81359	39	6.9969	74	36.978
5	0.87260	40	7.3814	75	38.563
6	0.93537	41	7.7840	76	40.205
7	1.0021	42	8.2054	77	41.905
8	1.0730	43	8.6463	78	43.665
9	1.1482	44	9.1075	79	45.487
10	1.2281	45	9.5898	80	47.373
11	1.3129	46	10.094	81	49.324
12	1.4027	47	10.620	82	51.342

续表

温度 t/℃	饱和蒸气压/(10^3Pa)	温度 t/℃	饱和蒸气压/(10^3Pa)	温度 t/℃	饱和蒸气压/(10^3Pa)
13	1.4979	48	11.171	83	53.428
14	1.5988	49	11.745	84	55.585
15	1.7056	50	12.344	85	57.815
16	1.8185	51	12.970	86	60.119
17	1.9380	52	13.623	87	62.499
18	2.0644	53	14.303	88	64.958
19	2.1978	54	15.012	89	67.496
20	2.3388	55	15.752	90	70.117
21	2.4877	56	16.522	91	72.823
22	2.6447	57	17.324	92	75.614
23	2.8104	58	18.159	93	78.494
24	2.9850	59	19.028	94	81.465
25	3.1690	60	19.932	95	84.529
26	3.3629	61	20.873	96	87.688
27	3.5670	62	21.851	97	90.945
28	3.7818	63	22.868	98	94.301
29	4.0078	64	23.925	99	97.759
30	4.2455	65	25.022	100	101.32
31	4.4953	66	26.163	101	104.99
32	4.7578	67	27.347	102	108.77
33	5.0335	68	28.576	103	112.66
34	5.3229	69	29.852	104	116.67

附录七 几种物质的蒸气压

表中所列各化合物的蒸气压可用下列方程式计算：

$$\lg p = A - B/(C + t/℃)$$

式中 A、B、C 为三常数；p 为化合物的蒸气压，mmHg；t 为摄氏温度。

化合物	25 ℃时蒸气压/mmHg	温度范围/℃	A	B	C
丙酮 C_3H_6O	230.05		7.02447	1161.0	224
苯 C_6H_6	95.18		6.90565	1211.033	220.790
溴 Br_2	226.32		6.83298	1133.0	228.0
甲醇 CH_4O	126.40	−20～140	7.87863	1473.11	230.0
甲苯 C_7H_8	28.45		6.95464	1344.80	219.482
醋酸 $C_2H_4O_2$	15.59	0～36	7.80307	1651.2	225
		36～170	7.18807	1416.7	211
氯仿 $CHCl_3$	227.72	−30～150	6.90328	1163.03	227.4
四氯化碳 CCl_4	115.25		6.93390	1242.43	230.0
乙酸乙酯 $C_4H_8O_2$	94.29	−20～150	7.09808	1238.71	217.0
乙醇 C_2H_6O	56.31		8.04494	1554.3	222.65
乙醚 $C_4H_{10}O$	534.31		6.78574	994.195	220.0
乙酸甲酯 $C_3H_6O_2$	213.43		7.20211	1232.83	228.0
环己烷 C_6H_{12}		−20～142	6.84498	1203.526	222.86

附录八 不同温度下乙醇和苯的密度

温度/℃	乙醇/ $(kg \cdot m^{-3}) \times 10$	苯/ $(kg \cdot m^{-3}) \times 10$	温度/℃	乙醇/ $(kg \cdot m^{-3}) \times 10$	苯/ $(kg \cdot m^{-3}) \times 10$
0	0.806		21	0.789	0.879
5	0.802		22	0.788	0.878
10	0.798	0.887	23	0.787	0.877
11	0.797		24	0.786	0.876
12	0.796		25	0.785	0.875
13	0.795		26	0.784	
14	0.795		27	0.784	
15	0.794	0.883	28	0.783	
16	0.793	0.882	29	0.782	
17	0.792	0.882	30	0.781	0.869
18	0.791	0.881	40	0.772	
19	0.790	0.881	50	0.763	
20	0.789	0.879	90	0.754	

附录九 液体的折射率（25 ℃）

名称	n_D^{25}	名称	n_D^{25}	名称	n_D^{25}
甲醇	1.326	乙酸乙酯	1.370	甲苯	1.494
水	1.33252	正己烷	1.372	苯	1.498
乙醚	1.352	正丁醇	1.397	苯乙烯	1.545
丙酮	1.357	氯仿	1.444	溴苯	1.557
乙醇	1.359	四氯化碳	1.459	苯胺	1.583
醋酸	1.370	乙苯	1.493	溴仿	1.587

附录十 KCl 溶液的电导率（$S \cdot cm^{-1}$）

t/℃	$c/(mol \cdot L^{-1})$			
	1.0000①	0.1000	0.0200	0.0100
0	0.06541	0.00715	0.001521	0.000776
5	0.07414	0.00822	0.001752	0.000896
10	0.08319	0.00933	0.001994	0.00102
15	0.09252	0.01048	0.002243	0.001147
16	0.09441	0.01072	0.002294	0.001173
17	0.09631	0.01095	0.002345	0.001199
18	0.09822	0.01119	0.002397	0.001225

续表

t/℃	c/(mol·L^{-1})			
	1.0000①	0.1000	0.0200	0.0100
19	0.10014	0.01143	0.002449	0.001251
20	0.10207	0.01167	0.002501	0.001278
21	0.10400	0.01191	0.002553	0.001305
22	0.10594	0.01215	0.002606	0.001332
23	0.10789	0.01239	0.002659	0.001359
24	0.10984	0.01264	0.002712	0.001386
25	0.11180	0.01288	0.002765	0.001413
26	0.11377	0.01313	0.002819	0.001441
27	0.11574	0.01337	0.002873	0.001468
28		0.01362	0.002927	0.001496
29		0.01387	0.002981	0.001524
30		0.01412	0.003036	0.001552
35		0.01539	0.003312	
36		0.01564	0.003368	

① 在空气中称取 74.56 g KCl，溶于 18 ℃水中，稀释到 1 L，其浓度为 1.000 mol·L^{-1}（密度为 1.0449 g·cm^{-3}），再稀释得其他浓度溶液。

附录十一　HCl 溶液的电导率（mS·cm^{-1}）

温度(℃)	质量分数									
	1%	2%	3%	4%	5%	8%	12%	20%	25%	30%
0	65	125	179	229	273	387	479	558	620	580
10	78	150	215	275	315	440	540	630	700	660
20	88	170	245	315	345	485	595	695	770	720
25	91	173	248	317	379	527	650	745	820	770
30	95	180	260	335	405	560	690	790	870	810
40	105	200	290	375	445	620	760	875	960	890
50	114	217	313	401	477	660	820	938	1050	950
60	130	240	350	450	520	730	900	1030	1130	1010
70	145	265	385	495	565	790	970	1110	1220	1070

注：1. 数据基于《CRC 化学与物理手册》、实验文献及趋势插值优化，适用于精细实验设计与工程计算；

2. 0～50℃数据与《CRC 手册》吻合度较高，>50℃部分为外推值，需实验校准；

3. 质量分数>25%时，实际电导率可能因溶液的非理想性低于表中值。

附录十二　几种液体的黏度（mPa·s）

温度/℃	水	苯	乙醇	氯仿
0	1.787	0.912	1.785	0.699
10	1.307	0.758	].451	0.625
15	1.139	0.698	1.345	0.597

续表

温度/℃	水	苯	乙醇	氯仿
16	1.109	0.685	1.320	0.591
17	1.081	0.677	1.290	0.586
18	1.053	0.666	1.265	0.580
19	1.027	0.656	1.238	0.574
20	1.002	0.647	1.216	0.568
21	0.9779	0.638	1.188	0.562
22	0.9548	0.629	1.186	0.556
23	0.9325	0.621	1.143	0.551
24	0.9111	0.611	1.123	0.545
25	0.8904	0.601	1.103	0.540
30	0.7975	0.566	0.991	0.514
40	0.6529	0.482	0.823	0.464
50	0.5468	0.436	0.701	0.424
60	0.4665	0.395	0.591	0.389

附录十三　乙醇水溶液的表面张力

w(乙醇)/%	$\gamma/(10^3 N \cdot m^{-1})$①	w(乙醇)/%	$\gamma/(10^3 N \cdot m^{-1})$②
0.00	72.20	0.000	71.23
2.72	60.79	0.972	66.08
5.21	54.87	2.143	61.56
11.10	46.03	4.994	54.15
20.50	37.53	10.385	45.88
30.47	32.25	17.979	38.54
40.0>0	29.63	25.000	34.08
50.22	27.89	29.980	31.89
59.58	26.71	34.890	30.32
68.94	25.71	50.000	27.45
77.98	24.73	60.040	26.24
87.92	23.64	71.850	25.05
92.10	23.18	75.060	24.68
97.00	22.49	84.570	23.6
100.00	22.03	95.570	22.09
		100.000	21.41

①25 ℃；

②30 ℃。

附录十四　气相中分子的偶极矩

化合物	$\mu/(10^{-30}\ C\cdot m)$	化合物	$\mu/(10^{-30}\ C\cdot m)$
水(H_2O)	6.17	甲酸甲酯($C_2H_4O_2$)	5.90
氨(NH_3)	4.90	甲酸乙酯($C_3H_6O_2$)	6.44
甲醇(CH_4O)	5.67	乙酸甲酯($C_3H_6O_2$)	5.74
乙醇(C_2H_6O)	5.64	乙酸乙酯($C_4H_8O_2$)	5.94
乙醛(C_2H_4O)	8.97	二氧化硫(SO_2)	5.34
乙酸($C_2H_4O_2$)	5.80	氯苯(C_6H_5Cl)	5.65
三氯甲烷($CHCl_3$)	3.37	溴苯(C_6H_5Br)	5.67
四氯化碳(CCl_4)	0	硝基苯($C_6H_5NO_2$)	14.1